精通ABP框架

—— 遵循软件开发最佳实践构建可维护的.NET解决方案

[土] 哈利尔·伊布雷西姆·卡尔坎（Halil İbrahim Kalkan） 著

杨 帅 译

清华大学出版社

北京

<h1 style="text-align:center">内 容 简 介</h1>

本书全面介绍 ABP 框架,包括如何使用 ABP 框架及其提供的基础设施逐步构建可维护的模块化应用程序解决方案,是一本使用 ABP 框架构建现代 Web 应用程序的实用指南。本书既有关于战略设计的内容,又涉及具体的战术实现。不仅包含用于入门和理解原理的简单应用程序示例,还包括一个复杂的可媲美真实项目的案例,这些示例的源代码都是开源的。

全书包括 5 部分共 17 章。第 1 部分(第 1~4 章)简要介绍 ABP 框架;第 2 部分(第 5~8 章)重点探讨 ABP 框架提供的基础设施;第 3 部分(第 9~11 章)详细讨论如何使用 ABP 框架实现领域驱动设计;第 4 部分(第 12~14 章)讲述 ABP 框架为开发用户界面和 API 提供的基础设施;第 5 部分(第 15~17 章)讨论模块化系统、多租户和自动化测试。

本书可作为想要学习软件架构和最佳实践、使用微软技术和 ABP 框架构建可维护的 Web 解决方案的开发人员的参考书,也可作为高等院校计算机、软件工程等相关专业本科生的教学参考书。

北京市版权局著作权合同登记号　图字:01-2022-2075

Copyright © 2022 Packt Publishing

First published in the English language under the title "Mastering ABP Framework"-(978-1-80107-924-2).

图书在版编目(CIP)数据

精通 ABP 框架:遵循软件开发最佳实践构建可维护的.NET 解决方案/(土)哈利尔·伊布雷西姆·卡尔坎著;杨帅译. —北京:清华大学出版社,2023.7

ISBN 978-7-302-63596-3

Ⅰ.①精…　Ⅱ.①哈…　②杨…　Ⅲ.①网页制作工具－程序设计　Ⅳ.①TP393.092.2

中国国家版本馆 CIP 数据核字(2023)第 092793 号

责任编辑:安　妮
封面设计:刘　键
责任校对:李建庄
责任印制:杨　艳

出版发行:清华大学出版社
　　　网　　　址:http://www.tup.com.cn,http://www.wqbook.com
　　　地　　　址:北京清华大学学研大厦 A 座　　　邮　　　编:100084
　　　社 总 机:010-83470000　　　邮　　　购:010-62786544
　　　投稿与读者服务:010-62776969,c-service@tup.tsinghua.edu.cn
　　　质量反馈:010-62772015,zhiliang@tup.tsinghua.edu.cn
　　　课件下载:http://www.tup.com.cn,010-83470236
印 装 者:三河市天利华印刷装订有限公司
经　　销:全国新华书店
开　　本:185mm×260mm　　　印　　张:20.5　　　字　　数:502 千字
版　　次:2023 年 9 月第 1 版　　　印　　次:2023 年 9 月第 1 次印刷
印　　数:1~1500
定　　价:128.00 元

产品编号:097820-01

序

　　我认识 Halil İbrahim Kalkan 将近 20 年了，我们一起工作了 10 年。Halil 是与我一起工作过的最杰出的开发人员/软件架构师之一。他喜欢解决一些基础的软件问题，并善于创建可重用的解决方案。基于这个初衷，他于 2013 年创建了 ASP. NET Boilerplate 框架项目，然后我加入了该框架的开发团队中。当 ASP. NET Boilerplate 框架在. NET 领域变得非常流行并小有名气时，Halil 决定重写该框架，并把它命名为 ABP 框架。ABP 框架为创建遵循软件开发最佳实践和约定的 Web 应用程序提供了完整的基础设施。

　　在这本书中，Halil 将向读者展示使用 ABP 框架构建健壮、可维护和可扩展的软件解决方案的便利性。开发模块化软件是每个开发人员的梦想，但是这真的很难做到，Halil 将向读者展示如何使用 ABP 框架创建模块化软件。

　　通过本书，读者还将学到如何使用 Entity Framework Core 和 MongoDB 为应用程序开发数据访问层，如何基于 ASP. NET Core MVC(Razor Pages)和 Blazor 构建 UI，以及 ABP 框架是如何无缝支持多租户的。

　　为了开发健壮的软件，测试是非常重要的。Halil 将指导读者使用 ABP 框架轻松地编写单元测试和集成测试。

　　读完本书，读者将能够创建一个易于开发、维护和测试的完整 Web 解决方案。

İsmail ÇAĞDAŞ

Volosoft 联合创始人

作者简介

Halil İbrahim Kalkan 是一名计算机工程师,他擅长构建可重用的库和创建分布式解决方案,并对软件架构具有浓厚的兴趣。他是领域驱动设计、多租户、模块化和微服务架构方面的专家。Halil 从 1997 年(当时他 14 岁)开始开发软件,并从 2007 年开始成为一名高级软件工程师,发表了很多关于软件开发的文章和演讲。他是一个非常活跃的开源贡献者,创建了许多基于 Web 和微软技术的项目。目前,Halil 是开源 ABP 框架的领导者,该框架为构建 .NET 应用程序提供了完整的架构解决方案。

致谢

我要感谢我的亲人和在本书写作过程中支持我的人,尤其是我的妻子 Gözde,感谢她理解和支持我在每个周末撰写这本书,以及我的母亲 Fatma,感谢她一直支持我。我还要感谢 Aaron Tanna,他为本书的出版付出了许多努力;Hayden Edwards、Rashi Dubey 和 Lee Richardson 为本书提供了出色的审阅和编辑服务;Berkan Şaşmaz、Engincan Veske、Arma-gan Ünlü、Melis platin 和 Enis Necipoğlu 帮助构建了 EventHub 示例解决方案。没有他们的帮助,这本书不可能顺利出版。

Halil İbrahim Kalkan

审阅人简介

　　Lee Richardson 是微软的 MVP，也是一名多产的作家、演讲者及 YouTube 上关于
.NET 和开源话题的视频创作者。他经常在他的广受欢迎的 YouTube 频道 Code Hour、他
的博客和 CodeProject 上介绍 ABP 框架。他在华盛顿特区从事软件开发和咨询工作的 20
年间，在编程训练营、会议和用户组中作过几十次演讲。他目前担任 InfernoRed
Technologies 公司的 Solution Samurai。他在 Twitter 上很活跃，可以通过 @lprichar 联系
到他。

前言

ABP 框架通过遵循软件开发最佳实践和约定的方式,为构建现代 Web 应用程序提供了完整的基础设施。ABP 框架是一个上层应用框架,拥有丰富的生态,可以帮助开发者实现 DRY(Don't Repeat Yourself)原则,并使其专注于编写业务代码。

本书由 ABP 框架项目的领导者撰写,能够帮助读者从零开始全面了解 ABP 框架和现代 Web 应用程序开发技术。通过逐步讲解基本概念和真实案例,读者将了解现代 Web 解决方案的需求,以及如何使用 ABP 框架方便地开发自己的解决方案。本书还将介绍企业级应用程序开发中的一些通用需求和 ABP 框架提供的基础设施组件。通过本书,读者将掌握构建可维护的模块化 Web 解决方案的最佳实践。

阅读完本书,读者将能够创建一个完整且易于开发、维护和测试的 Web 解决方案。

目标读者

本书面向想要学习软件架构和最佳实践、使用微软技术和 ABP 框架构建可维护的 Web 解决方案的开发人员。在阅读本书前,读者需要具有 C♯ 和 ASP. NET Core 相关的基础知识。

内容结构

本书分为 5 部分,共 17 章,主要内容包括:

第 1 章讨论开发业务应用程序面临的常见挑战性问题,并阐述 ABP 框架如何解决这些挑战性问题。

第 2 章探讨如何使用 ABP 框架创建和运行一个新的解决方案。

第 3 章是本书最长的一章,通过逐步创建一个完整的应用程序,介绍如何使用 ABP 框架开发应用程序。这一章基本上集合了本书的大部分内容。通过阅读这一章,虽然可能无法理解 ABP 框架的所有特性,但是可以使用 ABP 框架的基本组件创建自己的应用程序,从而大致地了解 ABP 框架的功能。然后可以通过阅读后续章节深入地理解 ABP 框架的所有技术细节。

第 4 章介绍 EventHub 解决方案的结构和架构。这是专门为本书创建的一个大型示例应用程序。建议读者阅读这一章时,在自己的开发环境中运行该解决方案。

第 5 章探讨一些基本的概念,如依赖注入、模块化、配置和日志。这些概念对理解与使用 ABP 框架和 ASP. NET Core 进行应用程序开发是必不可少的。

第 6 章介绍实体、仓储和工作单元的概念,并探讨如何使用 Entity Framework Core 和

MongoDB。这一章还将介绍查询数据、操作数据及控制数据库事务的不同方法。

第 7 章重点介绍应用程序中需要关注的 3 个问题：授权、验证和异常处理。应用程序中的每个部分基本都需要关注这些问题。这一章将探讨如何使用基于权限的授权系统、验证用户输入及处理异常和异常信息。

第 8 章介绍一些 ABP 框架中的常用功能，如获取当前用户的信息、数据过滤和审计日志、数据缓存和本地化。

第 9 章是 DDD 部分的第 1 章。首先阐述 DDD 的概念，并基于 DDD 构建了一个.NET 解决方案；然后探讨如何把 DDD 标准的四层解决方案模型演变为 ABP 框架中的启动模板解决方案的结构；此外，还将介绍 DDD 的构件和原理。

第 10 章将继续介绍 DDD 中的领域层。首先介绍 EventHub 的领域对象，然后探讨如何设计聚合，实现领域服务、仓储和规约，以及使用事件总线发布领域事件。

第 11 章重点介绍 DDD 中的应用层。这一章将介绍设计和验证数据传输对象及实现应用服务的最佳实践，还将探讨领域层和应用层的职责。

第 12 章介绍 MVC（Razor Pages）应用程序开发技术，它是一种在服务器端生成 HTML 的技术。这一章将探讨 ABP 框架实现的主题系统，以及提供的一些其他功能，如打包、压缩、自定义标签、表单、菜单和模态框；还将介绍如何在客户端调用服务器端的 API，以及如何使用 ABP 框架提供的 JavaScript API 展示通知和消息框等。

第 13 章与第 12 章类似，介绍如何使用微软的 Blazor 框架和 ABP 框架进行 UI 开发。Blazor 是一个很好的框架，使开发者可以在.NET 平台上开发运行在浏览器上的应用程序。ABP 框架扩展了 Blazor 框架，提供了访问 HTTP API 的解决方案，实现了主题系统，并提供了一些常用的服务来简化 UI 的开发工作。

第 14 章探讨如何使用 ASP.NET Core 和 ABP 框架的自动 API 控制器系统创建 API 控制器，并讨论何时需要手动定义控制器。这一章将介绍动态和静态 C♯代理，它能够自动地从.NET 客户端调用服务器端定义的基于 ABP 框架的 HTTP 服务；还将探讨在 ABP 框架中使用 SignalR 的方法。

第 15 章通过一个示例介绍可复用应用模块的开发过程。这一章将为 EventHub 解决方案创建一个支付模块，并阐述该模块的结构。通过这种方式，读者将了解如何开发可重用模块并把它们安装到应用程序中。

第 16 章重点介绍 ABP 框架提供的另外一个架构——多租户，这是一种用于构建软件即服务（Software-as-a-Service，SaaS）解决方案的架构模式。这一章将探讨是否要在解决方案中使用多租户，以及如何编写与 ABP 框架的多租户系统兼容的代码；还将介绍 ABP 框架的功能系统，在多租户解决方案中，该系统用于把应用程序功能定义为特性，并把它们分配给租户。

第 17 章介绍 ABP 框架提供的测试基础设施，以及如何使用 xUnit 测试框架为应用程序编写单元测试和集成测试。这一章将介绍一些关于自动化测试的基础知识（如断言、模拟数据和替换服务）及处理异常的方法。

阅读本书所需的基础知识

读者需要具备 C♯和 ASP.NET Core 相关的基础知识。

本书的示例程序依赖.NET 6.0、ASP.NET Core 6.0 和 ABP 5.0，可以运行在

Windows、macOS 或 Linux 操作系统上。

下载示例程序的源代码

读者可以从 https://github.com/PacktPublishing/Mastering-ABP-Framework 下载本书中示例程序的源代码。所有的代码更新都会提交到这个代码仓库中。

下载本书的彩色插图

本书用到的屏幕截图和图表的彩色版本可以通过 https://static.packt-cdn.com/downloads/9781801079242_ColorImages.pdf 下载。

文本样式约定

本书中的文本样式遵循如下约定。

代码段的样式如下：

```
"ConnectionStrings": {
    "Default": "Server = (LocalDb)\\
MSSQLLocalDB;Database = ProductManagement;Trusted_Connection = True"
}
```

命令行的输入和输出样式如下：

```
dotnet tool install - g Volo.Abp.Cli
```

使用以下样式展示温馨提示或注意事项：

> **温馨提示或注意事项的标题**
> 温馨提示或注意事项的内容。

目录

第 1 部分

概述

第 1 章
现代软件开发和 ABP 框架

第 2 章
开始使用 ABP 框架

第 3 章
应用程序开发步骤

第 4 章
示例解决方案——EventHub

第 2 部分

ABP 框架基础

第 5 章
ASP. NET Core 和 ABP 框架的基础设施

第 6 章
数据访问基础设施

第 7 章
横切关注点

第 8 章
ABP 框架提供的功能和服务

第 3 部分

领域驱动设计

第 9 章
DDD 概述

第 10 章
领域层

第 11 章
应用层

第 4 部分

用户界面和 API 开发

第 12 章
使用 MVC/Razor Pages

第 13 章
使用 Blazor WebAssembly 构建 UI

第 14 章
构建 HTTP API 和实时服务

第 5 部分

其他

第 15 章
模块化系统

第 16 章
多租户

第 17 章
自动化测试

第 1 部分
概述

第 1 部分(第 1~4 章)首先介绍现代 Web 应用程序开发面临的挑战,并阐述 ABP 框架如何应对这些挑战。然后探讨如何使用 ABP 框架创建一个新的解决方案,构建一个可以编译运行、直接用于生产环境且包含实体管理功能页面的应用程序。最后,简要介绍 EventHub 项目,它是一个基于 ABP 框架的真实项目,也是本书主要的示例解决方案。

第 1 章
现代软件开发和 ABP 框架

构建软件系统一直是一件复杂的事情,尤其是在当今这个时代,即使是创建一个基本的业务解决方案也仍存在许多挑战。开发者经常需要实现一些标准的非业务需求,并深入理解基础设施组件的相关技术,而不是去编写业务代码,然而业务代码才是他们试图构建的系统中真正有价值的部分。

ABP 框架提供健壮的软件架构和必要的基础设施,帮助开发者自动完成一些重复性的工作,从而使他们专注于更有价值的业务代码的编写工作。该框架通过提供端到端、一致的开发体验,从而提高生产力。ABP 框架可以使开发者及其团队快速掌握现代软件开发的最佳实践。

本书是指导开发者使用 ABP 框架,遵循现代软件的开发方法和最佳实践,开发 Web 应用程序和系统的终极指南。本章将介绍构建一个架构良好的企业级解决方案面临的挑战,并阐述 ABP 框架如何应对这些挑战,同时也将介绍本书的目标和结构。

1.1　开发企业级 Web 应用程序面临的挑战

在深入讲解 ABP 框架之前,为了阐述为什么需要像 ABP 这样的应用程序框架,本节将探讨开发现代 Web 应用程序面临的挑战。首先从全局出发,介绍软件开发过程中面临的架构选择问题。

1.1.1　选择架构

在开始编写代码前,需要技术选型,确定解决方案的架构。这是构建软件系统最具挑战性的阶段之一。开发者需要从很多选择中确定合适的技术和架构。该阶段所做的任何决定都可能在该软件的剩余生命周期中产生影响。

当前一些常见的众所周知的体系架构模式为单体架构、模块化架构和微服务架构。开发者需要根据自己的需求决定使用哪种架构,这将决定应用程序的开发、部署和扩展方式。

此外,还有一些软件开发模型,如命令查询职责分离(Command and Query Responsibility Segregation,CQRS)、领域驱动设计(Domain-Driven Design,DDD)、分层架构(Layered Architecture)和整洁架构(Clean Architecture)。这些软件开发模型决定了代码的组织形式。

一旦确定了架构,就应该创建基本的解决方案结构,以使用该架构开发应用程序。这时开发者还需要决定使用什么开发语言、框架、工具和库。

做这些决策需要丰富的经验,因此最好由经验丰富的软件架构师和开发人员来完成。然而,并不是所有的团队成员都具有相同的经验和知识水平,因此,需要对团队成员进行培训,并制定合适的编码标准。

在选择好架构并准备好基本解决方案后,团队就可以开始开发工作了。1.1.2 节将讨论每个软件解决方案都需要遵循的一般原则,即如何在开发过程中避免重复工作。

1.1.2　DRY 原则

"不编写重复代码"(Don't Repeat Yourself,DRY)是一个软件开发的重要原则。计算机能够自动地完成现实世界中的重复性工作,从而使人们更轻松地生活。那么,开发者又何必在构建软件解决方案的时候做那些重复性工作呢?

身份验证是每个软件解决方案都非常关心的问题,包括单点登录、Active Directory 集成、基于令牌的身份验证、社交登录、双因素身份验证、忘记/重置密码、电子邮件激活等功能。这些需求听起来很耳熟,因为几乎所有的软件项目都或多或少有类似的身份验证需求。与其从头开始实现这些功能,不如使用现有的解决方案,如库或云服务。这些现有的解决方案成熟且经过实战检验,能够提高系统的安全性。

一些非业务功能需求(如异常处理、验证、授权、缓存、审计日志和数据库事务管理)是重复代码的重要来源。这些功能需求被称作横切关注点,需要在每个 Web 请求中处理。在一个架构良好的软件解决方案中,这些关注点应该通过所开发的核心代码库按照约定的方式自动处理,或者应该提供一些服务使之更容易被实现。

当集成一些第三方组件时,如 RabbitMQ 和 Redis,开发者通常希望把与这些组件交互的逻辑封装起来,从而实现业务逻辑与基础设施组件的隔离。通过这种方式处理如连接、重试、异常处理和日志记录相关的逻辑,能够有效地避免解决方案中存在过多的重复代码。

预构建一个基础设施组件来自动化地完成这些重复性的工作可以省开发时间,从而使开发者专注于实现业务逻辑。1.1.3 节将讨论用户界面,它在每个业务应用程序开发中都要占用许多时间。

1.1.3　构建基础 UI

用户界面(User Interface,UI)是一个应用程序的基本组成部分。即使一个应用程序具有出色的业务价值,如果没有一个好用且时尚的 UI,那么初看起来也没有什么吸引力。

虽然每个应用程序的 UI 功能和需求各不相同,但是它们所需的一些基本的组件是相同的。大多数应用程序需要的基本 UI 组件包括警告框、按钮、卡片、表单、选项卡和数据表。开发者可以使用一些成熟的 HTML/CSS 框架(如 Bootstrap、Bulma 和 Ant Design),而不必为每个应用程序都创建一套设计系统。

几乎所有 Web 应用程序的 UI 都使用响应式布局,并且包括一些基本的元素,如主菜单、工具栏、可自定义的颜色及品牌标识的页眉和页脚。开发者需要确定这些 UI 元素的样式,并为应用程序页面和组件实现一个基本的 UI 工具包。通过这种方式,UI 开发者可以在无须处理公共结构的情况下创建视觉一致的 UI。

到目前为止,已经介绍了一些应用程序中常见的基础需求,它们大多数独立于任何应用程序。1.1.4 节将讨论大部分企业应用系统中常见的业务需求。

1.1.4　实现常见的业务需求

尽管每个应用程序和系统都各不相同,这也是它们的价值所在,但是每个企业系统都还是存在一些支撑核心业务开展的基本需求。

基于权限的授权系统就是这些基本需求之一。它用于控制应用程序的用户和客户端的权限。开发者如果想自己实现这个功能,就需要创建一个端到端的解决方案,在该解决方案中创建数据表,实现授权逻辑和权限缓存,并开发 API 和 UI 页面,从而把这些权限分配给用户,并在需要的时候验证这些权限。这样的系统通用性很强,可以作为一个共享的身份管理基础组件(可重用模块)开发,实现多个应用程序的共享使用。

与身份管理一样,许多系统需要审计日志报告、租户和订阅管理(用于 SaaS 应用程序)、语言管理、文件上传和分享、多语言管理和时区管理等功能。此外,还有一些底层的需求,例如在应用程序中实现软删除和存储二进制大对象(Binary Large Object,BLOB)数据。

所有这些常见的需求都可以从零开始构建,这可能是一些企业应用系统的唯一选择。当然,如果这些功能不是企业应用系统的主要价值,那么可以考虑使用一些已经成熟的预构建模块和库,也可以根据自己的需求对它们进行定制开发。

1.2　ABP 框架提供的功能

ABP 框架是一种"有态度"[①]的架构,帮助开发者在.NET 和 ASP.NET Core 平台上根据最佳实践构建企业级软件解决方案。该框架提供了一些基础设施组件,以及可以直接使用的模块、主题、工具、指南和文档,从而帮助开发者正确地基于 ABP 提供的基础架构进行应用程序开发,并通过自动化地实现一些功能最大限度地减少重复代码。

接下来将阐述 ABP 框架是如何做到这些的。首先介绍 ABP 框架的架构。

1.2.1　ABP 框架的架构

首先解释什么是"无态度"的框架,什么是"有态度"的框架。

正如 1.1.1 节所述,构建一个基础的软件解决方案需要做出很多决策,如系统的架构、开发模型、技术、模式、工具和使用的库。

像 ASP.NET Core 这样的"无态度"的框架不会替开发者做出一些决定,更多的是把选择权留给开发者。例如,开发者可以通过将 UI 层和数据访问层分离来创建分层的解决方案,也可以通过在 UI 页面/视图直接访问数据库的方式创建单层的解决方案。在开发中可以使用任何与 ASP.NET Core 兼容的库,也可以使用任何的架构模式。"无态度"保证了ASP.NET Core 的灵活性,使它可以满足不同场景的需求。当然,开发者需要肩负起 ASP.NET Core 赋予的职责,为解决方案做出合理的决策,包括选择合理的架构,以及准备实现

---

① 译者注:原文为 I mentioned that ABP offers an opinionated architecture. 其中,opinionated 的字面意思为"自以为是的,固执己见的"。此处意思为"ABP 框架是根据作者自己认同的一些约定(这些约定一般是最佳实践)开发的,并强烈要求使用该框架的开发者也遵循这些约定"。因此,此处翻译为"有态度"。

该架构所需的基础设施组件。

当然,这并不意味着 ASP.NET Core 没有任何的"态度"。它假设开发者构建的是一个基于 HTTP 规范的 Web 应用或者 Web API 应用。该框架还提供了一些底层的基础设施组件,如依赖注入、缓存和日志(事实上,这些组件可以在任意.NET 应用程序中使用,但是它们主要是与 ASP.NET Core 一起使用)。然而,它并不强制要求业务代码的组织形式及选用的架构模式。

ABP 框架是一种"有态度"的框架。该框架认为在处理软件开发中的一些问题时,某些方法天然地更具优势,因此也引导开发者按照相同的方式开发软件。它对解决方案中使用的体系结构、模式、工具和第三方库有自己的"态度"。尽管 ABP 框架足够灵活,可以使用不同的工具和第三方库,也可以改变选用的架构,但是当开发者遵循这些"态度"时,能够获得最大收益。开发者不必担心框架的这些"态度"的合理性,它们基本都是良好的业界认可的决策和做法,可以帮助开发者基于最佳实践构建可维护的软件解决方案。框架所做的这些决定将节约开发者的时间,提高生产力,并使开发者专注于业务代码而不是一些基础设施问题。

下面将介绍 ABP 框架支持的 4 种基本架构。

1. 领域驱动设计

ABP 框架的主要目标是实现一个能够基于整洁代码原则构建可维护解决方案的框架。ABP 框架提供了一个基于 DDD 模式和实践的分层架构。该框架有一个分层的启动模板(参阅 1.2.2 节)、必要的基础设施组件和合理使用该架构的指南。

由于 ABP 框架是一种软件框架,因此它侧重于 DDD 的技术实现。第 3 部分将介绍使用 ABP 框架构建基于 DDD 的解决方案的最佳实践。

2. 模块化

在软件开发中,模块化是一种把系统分割为独立部分(称作模块)的技术。模块化的最终目标是降低复杂性,增加可重用性,并在不相互影响的情况下,使不同的团队能够并行地开发不同的功能。

ABP 框架解决了以下两个模块化开发的挑战性问题。

(1)如何实现模块之间的隔离。尽管 ASP.NET Core 有一些支持模块化应用开发的特性(如 Razor 组件库),但对模块化开发的支持仍然很有限,毕竟它是一种"无态度"的框架,只对 UI 和 API 部分做了有限的约定。与 ASP.NET Core 不同,ABP 框架提供了基础设施和一个一致的模型,可以基于它提供的数据库层、领域层、应用层和 UI 层构建完全隔离的可重用的应用程序模块。

(2)如何实现这些隔离模块之间的通信,并在运行时使它们协调一致成为一个统一的整体。ABP 框架为模块化系统的这些常见需求提供了一些具体的解决方案,如模块间共享数据库、模块间通过事件或 API 调用进行通信,以及在应用程序中安装模块。

ABP 框架提供了许多可重用的预构建开源模块,如身份模块(提供用户、角色和权限管理)和账户模块(提供应用程序的登录和注册页面)。重用和定制这些模块可以节省开发者的时间。此外,ABP 框架还提供一个用于构建可重用模块的启动模板。第 15 章将展示一个示例并深入讲解模块开发。

ABP 框架提供的模块化技术对于开发大型单体复杂系统非常有用。当然,ABP 框架也可以用于构建微服务解决方案。

3．微服务

微服务和分布式架构在构建可扩展软件系统方面被公认是具有天然优势的。它允许不同的团队同时开发不同的服务，并能够独立地对这些服务进行版本更新、部署和扩展。

然而，构建微服务系统在很多方面，如开发、部署、微服务间通信、数据一致性和监控等，存在一些重大挑战。

微服务架构遇到的这些挑战不是单个软件框架能够解决的。微服务系统也只是通过将不同学科、方法、技术和工具融合在一起，从而为一些特定的问题提供解决方案。每个微服务系统的需求和限制都各不相同，每个团队也都需要有一定的经验、知识和技能来基于微服务架构开发自己的应用系统。

ABP 框架在设计之初就考虑了与微服务的兼容问题。该框架提供了一个具有事务支持特性的分布式事件总线来实行服务间的异步通信（参见 10.7 节）。它还提供了 C♯客户端代理方便调用远程服务的 REST API（参加 14.3 节）。

所有 ABP 预构建应用程序模块都可以转换为微服务。ABP 框架提供了详细的指南（https://docs.abp.io/en/abp/latest/Best-Practices/Index）来帮助开发者创建这样的微服务兼容模块。通过这种方式，开发者可以先构建模块化的单体应用，再把它们转换为微服务解决方案。

ABP 核心团队已经创建了一个基于 ABP 框架的开源微服务示例解决方案。它演示了如何使用 API 网关、微服务间通信、分布式事件、分布式缓存、多数据库提供程序和多 UI 应用程序单点登录创建一个解决方案。该解决方案还包括 Kubernetes 和 Helm 配置，可以直接在容器中运行。详情参见 https://github.com/abpframework/eShopOnAbp。

4．SaaS/多租户

软件即服务（Software-as-a-Service，SaaS）是一个构建和销售软件产品的趋势。多租户是一种广泛用于构建 SaaS 系统的架构模式。多租户系统的典型特点如下。

（1）租户之间共享硬件和软件资源。

（2）每个租户都有自己的用户、角色和权限。

（3）租户间的数据库、缓存和其他资源是互相隔离的。

（4）可以启用或禁用每个租户的应用程序的功能。

（5）每个租户都可以定制应用程序的配置。

ABP 框架实现了所有这些要求，并且远不止这些。该框架能够帮助开发者构建多租户系统，且开发者几乎不用编写与多租户相关的代码。

第 16 章将阐述多租户的概念，并探讨如何使用 ABP 框架开发多租户系统。

到目前为止，已经介绍完 ABP 框架内置支持的基本架构模式。当然，ABP 框架也提供了一些启动模板来帮助开发者方便地创建新解决方案。

1.2.2　启动模板

当开发者使用 ASP.NET Core 的标准启动模板创建新解决方案时，得到的是一个具有最小依赖项的不分层的单项目解决方案，通常无法直接用于软件产品开发。接下来一般需要花费大量的时间设置解决方案的结构，并且安装和配置基本工具和库，从而合理地实现开发者选择的软件架构。

ABP 框架提供了一个架构良好、分层、已配置好、可直接用于软件产品开发的解决方案模板。开发者直接运行基于启动模板创建的解决方案将得到如图 1.1 所示的初始 UI 界面。

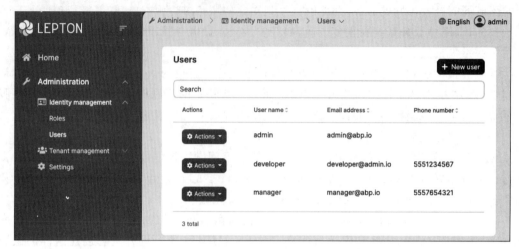

图 1.1　ABP 框架启动模板解决方案的运行效果

与启动模板相关的细节如下：

（1）解决方案是分层的。它明确地与开发者约定如何组织代码库。

（2）已经安装了一些预构建模块，如账户模块和身份模块，并且已经实现登录、注册、用户和角色管理及一些其他的标准功能。

（3）单元测试项目和集成测试项目已经配置好，可以直接编写测试代码。

（4）包含一些实用的应用程序工具，可以用来管理数据库迁移及调用和测试 HTTP API。

ABP 框架的应用程序启动模板为 UI 框架和数据库提供程序提供了多个选项。UI 框架可用的选项包括 Angular、Blazor 或 MVC(Razor Pages)。数据库提供程序可用的选项有 Entity Framework Core(可以使用它所支持的任何数据库管理系统)和 MongoDB。第 2 章将详细介绍如何创建并运行一个新解决方案。

1.2.3　ABP 框架的基础设施

ABP 框架是基于开发者熟悉的常见的工具和库构建的。该框架虽然是一个全栈的 Web 应用程序开发框架，但是没有引入新的对象关系映射(Object-Relational Mapper, ORM)框架，而是使用了 Entity Framework Core。同样地，它没有"重复造轮子"，而是使用 Serilog、AutoMapper、IdentityServer 和 Bootstrap。该框架提供了一个集成这些工具的解决方案，填补了它与这些组件之间的"鸿沟"，并实现了一些常见的业务需求。

ABP 框架按照约定的方式自动进行异常处理、验证、授权、缓存、审计日志和数据库事务管理，并能够允许开发者在需要的时候精细控制它们的行为，从而减少开发者的工作量。因此，开发者无须重复编写代码来处理这些常见的横切关注点。

ABP 框架能够基于 Cookie 和令牌认证与 IdentityServer 很好地集成在一起，从而实现单点登录。它还提供了一个功能丰富、基于权限的授权系统，从而实现对应用程序的用户和客户端的权限控制。

除了这些基础功能外，ABP 框架也为一些公共的业务需求，如后台作业、BLOB 存储、文本模板、审计日志和本地化,提供了内置的实现方案。

在 UI 部分,ABP 框架提供了一个完整的 UI 主题系统,以帮助开发者构建与主题无关的模块化应用程序,并方便地为应用程序安装主题。它还为 UI 端的开发提供了大量的功能和帮助类以避免重复代码,从而提高开发效率。

1.2.4　社区

当某个公司使用自己开发的解决方案架构时,除了从事该项目开发工作的工程师以外,没有其他人熟悉这个架构。然而,ABP 框架拥有一个庞大而活跃的社区。社区的开发者使用相同的架构和基础设施组件,遵循类似的最佳实践,并以类似的方式开发应用程序。这对开发者来说具有很大优势,特别是当他们遇到与基础设施组件相关的问题,或者想要获得解决业务系统相关问题的想法或建议时。由于使用 ABP 框架的开发者使用相同或类似的架构模式,因此理解某些人在其他解决方案中的代码也会更容易。

ABP 框架诞生于 2016 年,并一直在发展。截至 2021 年底,它在 GitHub 上有 7000 多个 star、220 多个贡献者、22000 多次提交和 5700 个关闭的 issue,并且在 NuGet 上有超过 110 个主要和次要版本,共有超过 400 万次下载。由此可见,它是一个成熟、被广泛接受、值得信赖的开源项目。

ABP 核心团队的成员和来自社区的贡献者们经常撰写技术文章,并录制视频教程,共享在 ABP 框架的社区网站 https://community.abp.io 上。ABP 框架的社区网站如图 1.2 所示。

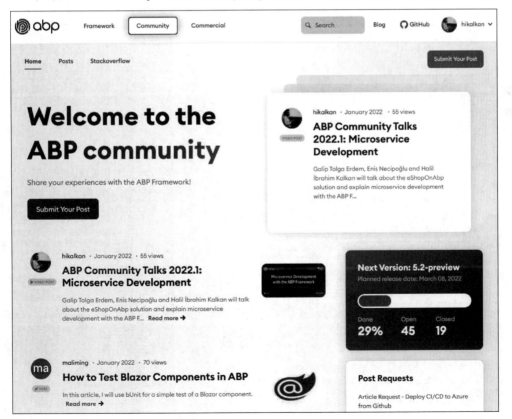

图 1.2　ABP 框架的社区网站

打开 ABP 框架的社区网站，不仅可以看到其他人在用 ABP 框架做什么，还可以密切关注 ABP 框架的开发动态。

1.3   小结

本章介绍了构建业务解决方案面临的一些挑战性问题，并阐述了 ABP 框架是如何解决这些问题的。ABP 框架还通过提供预构建的架构方案和实现该架构所需的基础设施组件来提高开发效率。

通过阅读本书，开发者能够熟悉 ABP 框架，并且能学到很多企业级软件开发的最佳实践和技术。

第 2 章将介绍如何使用 ABP 框架的命令行界面（Command-Line Interface，CLI）工具创建一个新的解决方案，并在开发环境中运行它。

第 2 章
开始使用 ABP 框架

ABP 框架由许多 NuGet 包和 NPM(Node Package Manager)包组成。该框架通过模块化设计使用户可以方便地添加和使用这些包。另外,ABP 框架也提供了一些预构建的解决方案模板,开发者可以通过这些模板构建新的解决方案。

本章将介绍如何准备开发环境,并使用 ABP 框架的启动模板创建解决方案。在本章末,将得到一个基于 ABP 框架的可运行解决方案。

2.1 准备工作

在开始使用 ABP 框架之前,需要在计算机上预装一些工具。

2.1.1 IDE/编辑器

本书假设读者使用的集成开发环境(Integrated Development Environment,IDE)是 Visual Studio 2022(v10.0 并且支持 .Net 6)或更高版本。如果没有安装该 IDE,可以在 https://visualstudio.microsoft.com 上免费获取并安装它的社区版(Community Edition)。当然,也可以使用自己喜欢的能够支持使用 C♯ 开发 .Net 应用程序的 IDE 或者编辑器。

2.1.2 .Net 6 SDK

如果已经安装了 Visual Studio,那么 .Net 的软件开发工具包(Software Development Kit,SDK)也会随之一起安装。否则,请从 https://dotnet.microsoft.com/download 下载和安装 .Net 6 或者更新的版本。

2.1.3 数据库管理系统

ABP 框架支持任意数据源。Entity Framework Core (EF Core)和 MongoDB 是两个内置的数据源提供程序。EF Core 能够支持许多数据库管理系统(Database Management System,DBMS),如 SQL Server、MySQL、PostgreSQL、Oracle 等。

本章使用 SQL Server 作为 DBMS。启动模板解决方案使用的数据库是 LocalDB。LocalDB 是一个简单的供开发者使用的 SQL Server 实例,它随着 Visual Studio 一起安装。当然,也可以使用完整版的 SQL Server。可以从 https://www.microsoft.com/sql-server/

sql-server-downloads 下载 SQL Server 的开发者版本(Developer Edition)。

2.2　安装 ABP CLI

和许多现代的框架一样,ABP 框架也提供了一个 CLI。ABP CLI 是一个命令行工具,为基于 ABP 框架的应用程序执行一些常见的任务。该工具可以用来创建新的以 ABP 框架为基础设施的解决方案。

在终端中输入如下命令即可安装该工具:

```
dotnet tool install - g Volo.Abp.Cli
```

如果已经安装了这个工具,那么可以使用如下命令把它更新到最新版本:

```
dotnet tool update - g Volo.Abp.Cli
```

现在开发环境已经准备好,可以创建基于 ABP 框架的解决方案了。

2.3　创建一个新的解决方案

ABP 框架提供了一个预构建的应用程序启动模板。下面详细介绍使用此模板创建一个新的解决方案(项目)的两种方法。

2.3.1　下载基于启动模板的解决方案

开发者可以直接从 https://abp.io/get-started 创建并下载一个解决方案,如图 2.1 所示。在这个网页上,可以方便地定制项目使用的 UI 框架、数据库提供程序等选项。

这些选项直接影响解决方案的架构、结构和使用的工具。

Project name(项目名称)是要创建的 Visual Studio 解决方案(.sln 文件)的名称及源代码根命名空间。

Project Type(项目类型)有如下两个选项。

(1) Application(应用程序):用于创建基于 ABP 框架的 Web 应用程序。

(2) Module(模块):用于创建可重用的应用程序模块。

Module 模板将在第 15 章中详细介绍。本章要创建一个新的 Web 应用程序解决方案供接下来的章节使用,因此选择 Application 模板。

在撰写本书时,有 4 个 UI Framework(用户界面框架)选项,分别是:

(1) MVC。

(2) Angular。

(3) Blazor WebAssembly。

(4) Blazor Server。

开发者可以根据项目需求及个人或者团队的技术偏好选择最合适的选项。第 4 部分将介绍 MVC 和 Blazor 选项。读者可以在 ABP 框架的官方文档中了解更多关于 Angular UI 的信息。这里选择 MVC 选项,创建一个可供本书接下来的章节使用的解决方案。

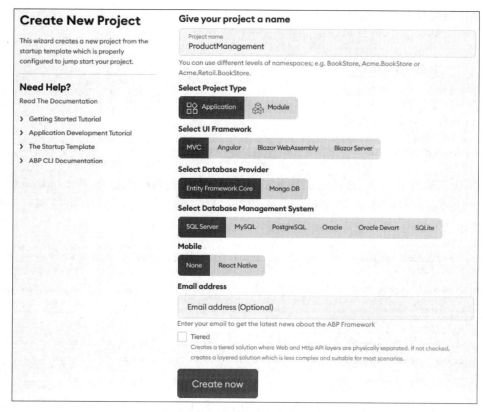

图 2.1　下载一个新的解决方案

在撰写本书时，有两个可用的 Database Provider（数据库提供程序）选项，分别是 Entity Framework Core 和 MongoDB。如果选择 Entity Framework Core 选项，就可以使用 Entity Framework Core 支持的所有 DBMS。在这里使用 Entity Framework Core，并选择 SQL Server 选项作为 Database Management System（数据库管理系统）。

ABP 框架还提供一个基于 React Native 的移动应用启动模板。React Native 是由 Facebook 提供的一个流行的单页面应用程序（Single Page Application，SPA）开发框架。如果选择了这个选项，那么创建的解决方案将为开发移动应用提供一个很好的起点。因为本书不涉及移动应用开发，所以选择 None 选项。

如果开发者想从物理上分离 UI 应用程序和 HTTP API 应用程序，可以勾选 Tiered（分层）选项。在这种情况下，UI 应用程序不会直接连接数据库，而是通过 HTTP API 执行所有的数据操作，这样就可以把 UI 应用程序和 HTTP API 应用程序部署到单独的服务器上。为了使该解决方案足够简单，并且只关注 ABP 框架的特性，而忽略分布式系统的复杂性，本次创建的示例解决方案不勾选该选项。当然，ABP 框架也是支持这种分布式应用开发的。读者可以从 ABP 框架的官方文档中了解更多信息。

当选择以上这些选项时，ABP 框架将创建一个完全可以编译运行的用于产品开发的解决方案，在此基础上可以开始开发自己的应用程序。如果以后想改变一些选项（如使用 MongoDB 而不是 Entity Framework Core），开发者应该重新创建一个解决方案，或者手动更改 NuGet 包。在定制并创建解决方案后，没有自动更改这些选项的方法。

这种创建解决方案的方法能够方便地看到和选择这些选项。当然，对于喜欢使用命令行工具的用户来说，还有另外一种可替代的方法。

2.3.2　使用 ABP CLI

作为另一种选择，开发者可以使用 ABP CLI 中的 new 命令创建新的解决方案。打开命令行，并在一个空目录中输入如下命令：

```
abp new ProductManagement
```

ProductManagement 是解决方案的名称。这个命令使用默认选项（Entity Framework Core、SQL Server LocalDB 和 MVC/Razor Pages UI）创建了一个新的 Web 应用程序。如果想指定所有选项，可以重写该命令，如下所示：

```
abp new ProductManagement -t app -u mvc -d ef -dbms SqlServer --mobile none
```

如果想要指定数据库的连接字符串，还可以传递--connection-string 参数，完整的命令如下所示：

```
abp new ProductManagement -t app -u mvc -d ef -dbms SqlServer --mobile none --connection-string "Server=(LocalDb)\\MSSQLLocalDB;Database=ProductManagement;Trusted_Connection=True"
```

本示例中的连接字符串使用的是 LocalDB 的默认连接字符串。如果读者以后需要更改连接字符串，请参阅 2.4.1 节。

请参阅官方文档 https://docs.abp.io/en/abp/latest/CLI 了解 ABP CLI 所有可接受的选项和值。

> **关于示例应用程序**
> 　　第 3 章将构建一个名为 ProductManagement 的示例应用程序，可以使用当前创建的解决方案作为第 3 章的起点。

现在已经有了一个架构良好的可用于产品开发的解决方案。2.4 节将介绍如何运行该解决方案。

2.4　运行解决方案

可以使用 IDE 或者代码编辑器打开这个解决方案，创建一个数据库，然后运行这个 Web 应用程序。使用 Visual Studio 或者喜欢的 IDE 打开 ProductManagement.sln 解决方案，将得到如图 2.2 所示的解决方案结构。

该解决方案是分层的，且包含多个项目。测试这些层的项目放在 test 文件夹中。这些项目大部分都是类库项目，只有以下两个是可执行应用程序项目。

（1）ProductManagement.Web：该解决方案的主 Web 应用程序。

（2）ProductManagement.DbMigrator：用于执行数据库迁移和初始化种子数据。

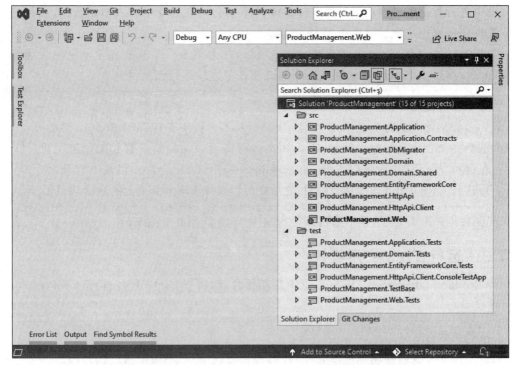

图 2.2　Visual Studio 中 ProductManagement 解决方案的结构

该解决方案需要使用数据库。在创建数据库之前,需要检查并设置合适的数据库连接字符串。

2.4.1　连接字符串

连接字符串用于连接数据库,通常包括服务器地址、数据库名称和凭证。连接字符串在 ProductManagement.Web 和 ProductManagement.DbMigrator 项目中的 appsettings.json 文件中定义。该项目的连接字符串如下所示:

```
"ConnectionStrings": {
  "Default": "Server = (LocalDb)\\
MSSQLLocalDB;Database = ProductManagement;Trusted_Connection = True"
}
```

默认的连接字符串使用 LocalDB,这是一个轻量级的与 SQL Server 兼容的数据库,可在开发环境下使用,并且随 Visual Studio 一起安装。如果想连接其他 SQL Server 实例,可以修改这个连接字符串,但要保证两个项目的连接字符串同步修改。

创建数据库时也要使用这个连接字符串。

2.4.2　创建数据库

该解决方案使用 EF Core 代码优先的方式迁移数据库。因此,可以使用标准的 Add-Migration 和 Update-Database 命令,通过代码管理数据库模型。

ProductManagement.DbMigrator 是一个控制台应用程序,它简化了在开发环境和生产环境中进行数据库创建和迁移的工作。该程序也会向数据库中写入初始数据,以创建一个管理员角色和用户来登录这个 Web 应用。

右击 ProductManagement.DbMigrator 项目,并选择 Set as Startup Project(设为启动项目)命令,然后按 Ctrl+F5 快捷键在非调试模式下直接运行该项目。

> **关于初次迁移**
>
> 　如果使用的是其他 IDE(如 JetBrains Rider)而不是 Visual Studio,那么可能会在第一次运行时出问题,因为初次运行需要添加初始迁移并编译该项目。在这种情况下,读者可以在 ProductManagement.DbMigrator 目录下打开命令行执行 dotnet run 命令运行项目,之后就可以在该 IDE 中正常运行这个项目了。

现在数据库准备好了,接下来可以运行这个 Web 应用并看到 UI。

2.4.3 运行 Web 应用程序

将 ProductManagement.Web 设置为启动项目,然后按 Ctrl+F5 快捷键(不调试执行)运行该项目。

> **不调试执行**
>
> 　除非开发者要调试应用程序,否则强烈建议使用"不调试执行"的方式运行应用程序,因为这样程序运行会快很多。

应用程序将打开一个主页,开发者可以删除主页中的内容并构建自己的应用程序主页。当单击 Login(登录)按钮时,浏览器将跳转到登录页面,如图 2.3 所示。

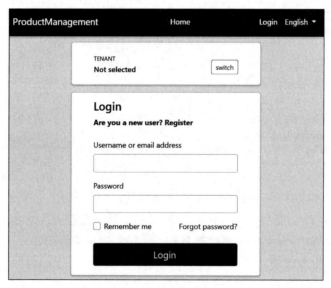

图 2.3　Web 应用程序的登录页面

默认用户名为 admin,默认密码为 1q2w3E*。在登录应用程序后可以修改它们。

ABP 框架是一个模块化框架,基于启动模板创建的解决方案已经安装了一些基本模块。在开始构建自己的应用程序前,最好先了解这些预构建模块的功能。

2.5 ABP 框架提供的一些预构建模块

本节将简单介绍安装在启动模板解决方案中的模块：账户（Account）模块、身份（Identity）模块和租户管理（Tenant Management）模块。

默认情况下，创建的解决方案中不包含这些模块的源代码，但是这些源代码可以从 GitHub 上自由获取。该解决方案以 NuGet 包的方式使用这些模块，这样保证了在发布新版本的 ABP 框架时可以方便地升级它们。这些模块具有很强的可定制性，在不更改源代码的情况下，就能通过定制实现个性化功能。当然，如果需要，开发者也可以在解决方案中包含它们的源代码，以便根据自己的独特需求定制它们。

首先介绍账户模块，该模块提供用户身份验证功能。

2.5.1 账户模块

图 2.3 就来自账户模块。这个模块实现了登录、注册、忘记密码、社交登录和其他一些常见的需求。它也提供了一个租户选择功能，用于在多租户应用程序开发场景中实现不同租户之间切换的功能。第 16 章将详细介绍多租户并再次展示这个界面。

登录后，读者将看到 Administration（管理）菜单及一些子菜单项。这些菜单项来自预构建的身份模块和租户管理模块。

2.5.2 身份模块

身份模块用于管理应用程序中的用户、角色及权限。它在 Administration 菜单下添加了一个 Identity management（身份管理）菜单项，并且包含两个子菜单项 Roles（角色）和 Users（用户），如图 2.4 所示。

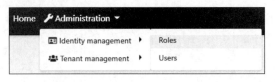

图 2.4 Identity management 菜单项

当单击 Roles 菜单项时，Roles 页面被打开，如图 2.5 所示。

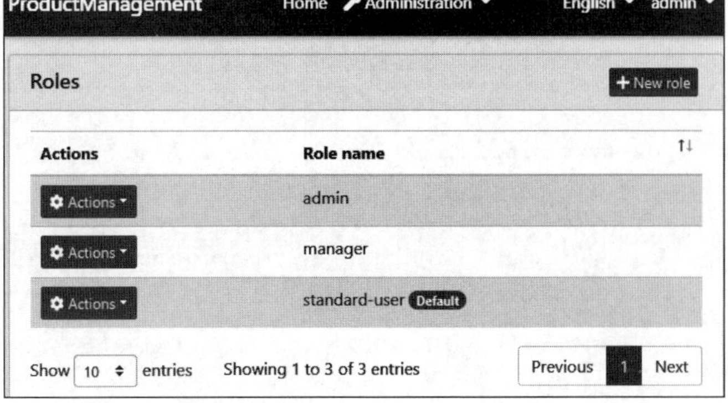

图 2.5 Roles 页面

在这个页面中,可以管理应用程序中的角色和权限。在 ABP 框架中,角色包含一组权限。角色被分配给用户,使用户拥有这些权限。图 2.5 中的 Default 标识代表默认角色。当新用户注册到系统中时,系统会自动为其分配默认角色。7.2 节中将再次展示这个界面。

用户页面用于管理应用程序中的用户。一个用户可以有零个或多个角色。

角色和用户几乎是所有业务应用程序的标配,然而租户管理仅存在于多租户系统中。

2.5.3　租户管理模块

租户管理模块在多租户系统中用于创建和管理租户。在多租户应用程序中,租户拥有自己的数据(包括角色、用户和权限),并且这些数据与其他租户是隔离的。它是一种构建 SaaS 解决方案的有效且通用的方法。如果应用程序不涉及多租户,那么可以从解决方案中删除该模块。

第 16 章将详细介绍租户管理模块和多租户。

2.6　小结

本章介绍了一些必要工具的安装方法,并准备好了开发环境。然后,讲解如何通过直接下载和 CLI 方式创建新的解决方案。最后,配置并运行了这个应用程序,并介绍了一些预构建的功能。

第 3 章将深入介绍解决方案的结构,并探讨如何把自己的功能添加到从启动模板创建的解决方案中。

第 3 章
应用程序开发步骤

本章通过构建一个示例应用来介绍 ABP 框架的基础知识。该示例是一个包含常见的 CRUD[①] 页面(增、删、改、查页面,用于创建、读取、更新和删除实体)的产品管理应用程序。它比简单的 CRUD 页面的功能更复杂。该示例程序是按照高质量软件产品的标准进行开发的,考虑到了应用程序开发的方方面面。通过本章的学习,开发者将全面了解 ABP 框架的基础知识,并能够使用该框架进行应用程序的开发。

本章将按照真实项目的开发步骤,一步一步地创建示例应用。

> **UI 和数据库偏好**
>
> 笔者更喜欢使用 Razor Pages(MVC)作为 UI 框架,使用 EF Core 作为数据库提供程序。本书其他章节将介绍其他 UI 框架和数据库提供程序。

3.1 准备工作

本章将创建一个基于 ABP 框架的应用程序,因此为了编译运行 ASP. NET Core 解决方案,需要安装. NET Runtime、ABP CLI 和 IDE/编辑器。可参阅第 2 章详细了解如何准备开发环境,以及创建和运行解决方案。

可以从 GitHub 仓库 https://github. com/PacktPublishing/Mastering-ABP-Framework 下载最终应用程序的源代码。

3.2 创建解决方案

开发产品管理应用程序的第一步是创建解决方案。如果在第 2 章已经创建了 ProductManagement 解决方案,可以直接使用它。否则需要新建一个空文件夹,在该文件夹下打开命令行,然后运行如下命令以新建一个 Web 应用解决方案。

```
abp new ProductManagement -t app
```

---

① CRUD 是 Create、Read (view)、Update and Delete 的缩写。

在自己喜欢的 IDE 中打开该解决方案，创建数据库，并运行该 Web 项目。如果无法正常运行该解决方案，请参阅第 2 章解决遇到的问题。

这样就得到了一个可运行的解决方案，接下来将开始具体的开发工作——定义领域对象。

3.3　定义领域对象

本节将介绍如何使用 ABP 框架定义实体。该示例程序的领域很简单，仅包含 Product 实体、Category 实体和 ProductStockState 枚举，如图 3.1 所示。

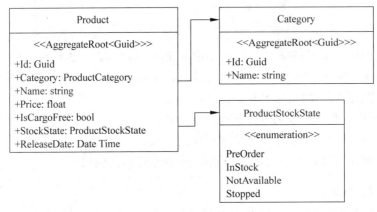

图 3.1　示例应用程序的领域

实体在解决方案的领域层中定义，并且解决方案中的领域层被分成如下两个项目。

（1）ProductManagement.Domain 用于定义实体、值对象、领域服务、仓储接口和其他一些领域相关的核心类。

（2）ProductManagement.Domain.Shared 用于定义一些简单的共享类型。该项目中定义的类型都可以被其他所有层使用。通常，该项目主要定义一些枚举类型和常量。

接下来创建 Category 实体、ProductStockState 枚举及 Product 实体。

3.3.1　Category

Category 实体用于表示产品的类别。首先在 ProductManagement.Domain 项目中创建一个 Categories 文件夹，然后在其中创建一个 Category 类，代码如下所示：

```
using System;
using Volo.Abp.Domain.Entities.Auditing;
namespace ProductManagement.Categories
{
    public class Category : AuditedAggregateRoot < Guid >
    {
        public string Name { get; set; }
    }
}
```

Category 类派生自 AuditedAggregateRoot < Guid >。其中，Gudi 是该实体的主键（Id）

类型,可以使用数据库管理系统支持的任意类型作为主键(如 int、long 或 string)。

　　AggregateRoot 类是一种特殊类型的实体,用于创建聚合根实体类。聚合是领域驱动设计(Domain-Driven Design,DDD)中的概念,将在后面的章节详细介绍。这里只需要了解实体类需要继承该类。

　　AuditedAggregateRoot 类向 AggregateRoot 类中添加了一些属性,如 CreationTime (DateTime)、CreatorId (Guid)、LastModificationTime (DateTime)、LastModifierId (Guid)。[①]

　　ABP 框架能够自动设置这些属性。例如,当把一个实体插入数据库中时,CreationTime 被设置为当前时间,CreatorId 被自动设置为当前用户的 Id。

　　审计日志系统和一些与审计相关的基本类(一般包含 Audited 关键词)将在第 8 章中详细介绍。

关于充血领域模型

　　本章中的实体很简单,只有公共的 getter 和 setter。后续章节将介绍基于 DDD 的原则和其他一些最佳实践创建充血领域模型的方法。

3.3.2　ProductStockState

　　ProductStockState 是一个简单的枚举,用于设置和跟踪库存中产品的状态。

　　在 ProductManagement. Domain. Shared 中创建 Products 文件夹,并在该文件夹下创建 ProductStockState 枚举,代码如下:

```
namespace ProductManagement.Products
{
    public enum ProductStockState : byte
    {
        PreOrder,
        InStock,
        NotAvailable,
        Stopped
    }
}
```

　　因为数据传输对象(Data Transfer Object,DTO)和 UI 层需要用到 ProductStockState 枚举,所以把它定义在 ProductManagement. Domain. Shared 项目中。

3.3.3　Product

　　Product 类表示现实世界中的一个产品。为了展示不同数据类型的用法,为该类添加了类型各不相同的属性。在 ProductManagement. Domain 项目中新建一个 Products 文件夹,并在该文件夹下创建 Product 类,代码如下:

```
using System;
using Volo.Abp.Domain.Entities.Auditing;
```

---

　　① 括号内为该属性的类型,下同。

```
using ProductManagement.Categories;

namespace ProductManagement.Products
{
    public class Product : FullAuditedAggregateRoot < Guid >
    {
        public Category Category { get; set; }
        public Guid CategoryId { get; set; }
        public string Name { get; set; }
        public float Price { get; set; }
        public bool IsFreeCargo { get; set; }
        public DateTime ReleaseDate { get; set; }
        public ProductStockState StockState { get; set; }
    }
}
```

这里，Product 类继承了 FullAuditedAggregateRoot 类，该类比在 Category 类定义中使用的 AuditedAggregateRoot 类多了 IsDeleted（bool）、DeletionTime（DateTime）和 DeleterId（Guid）属性。

FullAuditedAggregateRoot 类实现了 ISoftDelete 接口和实体软删除的功能。"软删除"意味着数据不会从数据库中删除，而只是在数据库中标记为已删除。ABP 框架自动处理所有与软删除相关的逻辑。在之后查询时，除非开发者特意实现请求这些已删除实体的逻辑，否则它们将被自动过滤掉，不会出现在查询结果中，详情参见 8.3 节。

> **关于导航属性**
>
> 　　该示例中 Product.Category 是针对 Category 实体的导航属性。开发者如果使用 MongoDB 或者想要真正地实现 DDD，就不应该把导航属性添加到聚合中。当然，在关系数据库中使用导航属性是非常方便的，为代码提供了灵活性。第 10 章将讨论其他实现方法。

新建的文件在解决方案中的位置如图 3.2 所示。

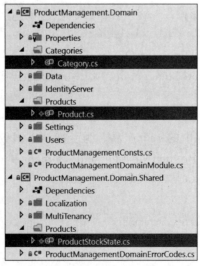

图 3.2　向解决方案中添加领域对象

本节已经创建了领域对象。下一节将创建要使用的常量。

3.3.4 常量

本节需要为实体的属性定义一些常量,它们将在输入验证和数据库映射阶段被使用。

首先,在 ProductMangement. Domain. Shared 项目中新建一个 Categories 文件夹,并在其中添加 CategoryConsts 类,代码如下:

```
namespace ProductManagement.Categories
{
    public static class CategoryConsts
    {
        public const int MaxNameLength = 128;
    }
}
```

MaxNameLength 用于约束 Category 类中的 Name 属性。

然后,在 ProductManagement. Domain. Share 项目的 Products 文件夹下新建 ProductConsts 类,代码如下:

```
namespace ProductManagement.Products
{
    public static class ProductConsts
    {
        public const int MaxNameLength = 128;
    }
}
```

MaxNameLength 用于约束 Product 类中的 Name 属性。

此时,ProductManagement. Domain. Share 项目结构类似于图 3.3。

到目前为止,领域层已经完成,可以为 EF Core 配置数据库映射了。

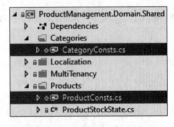

图 3.3   添加常量类

3.4 EF Core 和数据库映射

该应用程序中使用微软提供的 EF Core 作为对象关系映射(Object-Relational Mapping, ORM)框架。ORM 能够使开发者在应用程序中使用面向对象编程的思维处理数据库表,并且几乎感觉不到数据库表的存在。第 6 章将详细讨论 ABP 框架集成 EF Core 的细节。本节只关注如何在实际项目中使用它。

首先,把实体添加到 DbContext 类中,并定义实体和数据库表之间的映射关系。然后,使用 EF Core 的代码优先迁移(code first migration)方法创建必要的代码,运行这些代码将创建数据库表。接下来,将介绍 ABP 框架向数据库中添加初始化数据的方法,也称作数据种子(data seeding)系统。最后,执行数据库迁移操作,并把种子数据写入数据库,这样就为程序的运行做好了准备。

3.4.1 向 DbContext 类中添加实体

EF Core 中的 DbContext 类主要用于定义实体和数据库表之间的映射关系，还可以用于访问数据库及执行与相应实体相关的数据库操作。

打开 ProductManagement. EntityFrameworkCore 项目中的 ProductManagementDbContext 类，并在其中添加 DbSet 类型的属性（需要导入 Product 类和 Category 类对应的命名空间），代码如下：

```
public DbSet < Product > Products { get; set; }
public DbSet < Category > Categories { get; set; }
```

把实体对应的 DbSet 属性添加到 DbContext 类中，从而使实体与 DbContext 类关联起来。然后，就可以使用 DbContext 类执行与这些实体相关的数据库操作了。EF Core 能够根据属性的名称和类型实现大部分的映射。开发者如果想要修改默认映射配置或者添加一些额外的配置，则有两种选择：数据注解和 Fluent API。

数据注解，是在实体属性上添加特性，如[Required]和[StringLength]。这种方式实用且简单，并且有利于理解实体的源代码。该方法的问题在于功能有限（与 Fluent API 方式相比）。当使用了一些 EF Core 自定义的数据注解特性（如[Index]和[Owned]）时，领域层将依赖 EF Core 的 NuGet 包。如果这样做对项目来说不是问题，那么可以使用数据注解，并且可以在数据注解无法满足需求时使用 Fluent API。

本示例采用 Fluent API 方式，这样能够保证实体的整洁，并把所有的 ORM 逻辑放在基础设施层中。

3.4.2 实体到数据库表的映射

ProductManagementDbContext 类（位于 ProductManagement. EntityFrameworkCore 项目中）包含 OnModelCreating 方法以配置实体与数据库表的映射关系。最初创建解决方案后，该方法代码如下：

```
protected override void OnModelCreating(ModelBuilder builder)
{
    base.OnModelCreating(builder);

    builder.ConfigurePermissionManagement();
    builder.ConfigureSettingManagement();
    builder.ConfigureIdentity();
    ...configuration of the other modules

    /* 在此配置自己的表/实体 */
}
```

在上述代码的注释后面添加如下代码：

```
builder.Entity < Category >(b =>
{
    b.ToTable("Categories");
```

```
    b.Property(x => x.Name)
        .HasMaxLength(CategoryConsts.MaxNameLength)
        .IsRequired();
    b.HasIndex(x => x.Name);
});

builder.Entity<Product>(b =>
{
    b.ToTable("Products");
    b.Property(x => x.Name)
        .HasMaxLength(ProductConsts.MaxNameLength)
        .IsRequired();
    b.HasOne(x => x.Category)
        .WithMany()
        .HasForeignKey(x => x.CategoryId)
        .OnDelete(DeleteBehavior.Restrict)
        .IsRequired();
    b.HasIndex(x => x.Name).IsUnique();
});
```

这段代码定义了实体类 Category 和 Product 与数据库表的映射关系。

> **关于命名空间**
>
> 代码中可能需要为 Product 类、Category 类和用到的一些其他类添加 using 语句引入对应的命名空间。在示例代码有问题的情况下,请以 GitHub 仓库(地址参见 3.1 节)中的源代码为准。

Category 实体被映射到 Categories 数据库表。使用前面定义的 CategoryConsts.MaxNameLength 设置数据库中 Name 字段的最大长度。Name 字段是一个不可为空的(required)字段。把 Name 字段定义为唯一的(unique)数据库索引,这样可以提高根据 Name 字段搜索类别的效率。

Product 实体的映射配置与 Category 实体类似。不同的是,这里定义了 Category 实体和 Product 实体之间的关系,即 Product 实体属于一个 Category 实体,并且一个 Category 实体可以有许多相关的 Product 实体。

> **EF Core Fluent Mapping**
>
> 开发者可以参阅 EF Core 的官方文档了解有关 Fluent Mapping API 的所有细节以及其他相关信息。

至此已完成映射配置,接下来可以创建数据库迁移,把新添加的实体更新到数据库模型中。

3.4.3 Add-Migration 命令

当创建新实体或更改现有实体时,应该在数据库中创建或修改对应的表。EF Core 的代码优先迁移系统为数据库模型与应用程序代码保持一致提供了完美的解决方案。通常由开发者生成迁移,然后把它更新到数据库。迁移是对数据库的一次增量式更改。当更新数据库时,将应用自上次更新以来的所有迁移,从而保证数据库与程序代码的一致性。

生成一个新迁移有以下两种方法。

1. 使用 Visual Studio

选择 View→Other Windows→Package Manager Console 菜单,打开 Package Manager Console(PMC),如图 3.4 所示。

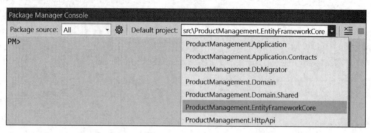

图 3.4　Package Manager Console

选择 ProductManagement. EntityFrameworkCore 作为 Default project(默认项目)。确保 ProductManagement. Web 为启动项目,否则右击 ProductManagement. Web 项目,在弹出的快捷菜单中选择 Set as Startup Project 菜单项。

现在可以在 PMC 中输入如下命令添加一个新的迁移类:

```
Add - Migration "Added_Categories_And_Products"
```

该命令的输出类似于图 3.5。

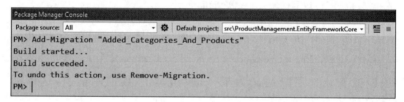

图 3.5　Add-Migration 命令的输出

如果命令行返回的错误信息是"No DbContext was found in assembly…",那么需要确保已经把 ProductManagement. EntityFrameworkCore 设置为 Default project。

如果无误,那么一个新的迁移类已经在 ProductManagement. EntityFrameworkCore 项目的 Migrations 文件夹中生成。

2. 使用命令行

开发者还可以使用 EF Core 的命令行工具。如果还没有安装它,可以在命令行执行如下命令:

```
dotnet tool install -- global dotnet - ef
```

现在在 ProductManagement. EntityFrameworkCore 项目的根目录中打开一个命令行,并输入如下命令:

```
dotnet ef migrations add "Added_Categories_And_Products"
```

此时一个新的迁移类已经在 ProductManagement. EntityFrameworkCore 项目的 Migrations 文件夹中生成。

在将新建的迁移应用到数据库之前,首先介绍 ABP 框架提供的设置种子数据的功能。

3.4.4 设置种子数据

数据种子系统用于在数据库迁移时添加一些初始数据。例如,身份模块在数据库中创建了一个 admin 用户,该用户登录后拥有应用程序的所有权限。

虽然添加种子数据在该应用程序中不是必需的,但是添加一些示例类别和产品可以方便开发和测试应用程序。

> **关于 EF Core 设置种子数据的功能**
>
> 本节使用 ABP 框架的数据种子系统,而 EF Core 自带设置种子数据的功能。ABP 框架数据种子系统允许开发者在设置种子数据的代码中注入运行时服务,从而实现一些高级逻辑功能,它适用于开发、测试和生产环境。对于简单的开发和测试场景,开发者也可以使用 EF Core 的数据种子系统(详情参阅官方文档 https://docs. microsoft. com/en-us/ef/core/modeling/data-seeding)。

在 ProductManagement. Domain 项目的 Data 文件夹中新建一个 ProductManagement-DataSeedContributor 类,代码如下:

```
using ProductManagement. Categories;
using ProductManagement. Products;
using System;
using System. Threading. Tasks;
using Volo. Abp. Data;
using Volo. Abp. DependencyInjection;
using Volo. Abp. Domain. Repositories;
namespace ProductManagement. Data
{
    public class ProductManagementDataSeedContributor :
        IDataSeedContributor, ITransientDependency
    {
        private readonly IRepository < Category, Guid >_categoryRepository;
        private readonly IRepository < Product, Guid >_productRepository;

        public ProductManagementDataSeedContributor(
          IRepository< Category, Guid > categoryRepository,
          IRepository< Product, Guid > productRepository)
        {
          _categoryRepository = categoryRepository;
          _productRepository = productRepository;
        }
        public async Task SeedAsync(DataSeedContext context)
        {
          / ***** TODO: 在此处添加与种子数据相关的代码 ***** /
        }
    }
}
```

该类实现了 IDataSeedContributor 接口。开发者可以在该类中添加要写入数据库的种子数据,ABP 框架会自动发现并调用该类的 SeedAsync 方法。开发者还可以在该类中通过构造函数注入任何想要使用的服务(例如该类中注入了两个仓储服务)。

然后,在 SeedAsync 方法中添加如下代码:

```
if (await _categoryRepository.CountAsync() > 0)
{
    return;
}

var monitors = new Category { Name = "Monitors" };
var printers = new Category { Name = "Printers" };

await _categoryRepository.InsertManyAsync(new[] { monitors, printers });

var monitor1 = new Product
{
    Category = monitors,
    Name = "XP VH240a 23.8 - Inch Full HD 1080p IPS LED Monitor",
    Price = 163,
    ReleaseDate = new DateTime(2019, 05, 24),
    StockState = ProductStockState.InStock
};

var monitor2 = new Product
{
    Category = monitors,
    Name = "Clips 328E1CA 32 - Inch Curved Monitor, 4K UHD",
    Price = 349,
    IsFreeCargo = true,
    ReleaseDate = new DateTime(2022, 02, 01),
    StockState = ProductStockState.PreOrder
};

var printer1 = new Product
{
    Category = monitors,
    Name = "Acme Monochrome Laser Printer, Compact All - In One",
    Price = 199,
    ReleaseDate = new DateTime(2020,11,16),
    StockState = ProductStockState.NotAvailable
};

await _productRepository.InsertManyAsync(new[] { monitor1, monitor2, printer1 });
```

该示例代码向数据库中传入了两个类别和三个产品。每当运行 DbMigration 应用程序(参阅 3.5 节)时,都会执行这个类。另外,程序检查了 if(await _categoryRepository.CountAsync()>0)条件,以防止每次运行时都在数据库中插入这些数据。

接下来将执行数据库迁移操作,这将更新数据库模型并向数据库写入初始种子数据。

3.4.5　迁移数据库

ABP 框架应用程序启动模板包含一个名为 DbMigrator 的控制台应用程序,它在开发环境和生产环境中非常有用。运行该程序可以把所有挂起的迁移应用到数据库中,同时会把种子数据写入数据库中。该应用程序支持多租户、多数据库场景,而标准的 Update-Database 命令无法做到。该应用程序可以在生产环境中部署和执行,通常作为持续部署(Continuous Deployment,CD)流水线的一个步骤。把迁移应用程序与主应用程序分离是一种很好的做法,毕竟主应用程序不需要修改数据库模型的权限。此外,如果在主应用程序中执行数据库迁移操作,并且运行该应用程序的多个实例,那么可能存在并发问题。

运行 ProductManagement.DbMigrator 应用程序迁移数据库(把该项目设置为启动项目,并按 Ctrl＋F5 快捷键)。应用程序退出后,查看是否在数据库的 Categories 表和 Products 表中插入了初始数据(如果使用的是 Visual Studio,可以使用 SQL Server Object Explorer 连接 LocalDB 并查看数据库)。

至此已经配置好 EF Core,并且也已经准备好应用程序开发所需的数据库。接下来将继续探讨如何在 UI 上展示产品信息列表。

3.5　产品信息列表

本节将介绍如何在 UI 的数据表格中展示产品信息。首先定义 DTO,即为 Product 实体定义 ProductDto 类;然后介绍如何创建一个向表示层返回产品信息列表的应用服务方法;接着介绍如何把 Product 实体自动映射为 ProductDto 类;然后将介绍如何自动化地测试应用服务,从而确保在开始 UI 开发前应用服务能够正常工作;此外,还将介绍一些 ABP 框架的优点,如自动 API 控制器和动态 JavaScript 代理系统;最后将创建一个新页面,在其中添加一个数据表格,并把从服务器获得的产品信息列表显示在 UI 上。

3.5.1　ProductDto 类

DTO 用于在应用层和表示层之间传递数据。最佳实践要求向表示层返回 DTO 而不是实体。DTO 允许开发者以可控的方式公开数据,并从表示层的角度抽象实体。直接向表示层返回实体可能导致序列化问题和安全问题。第 11 章中将介绍使用 DTO 的好处。

DTO 应定义在 Application.Contracts 项目中,以便 UI 层也可以使用它们。因此,首先在 ProductManagement.Application.Contracts 项目的 Products 文件夹中新建一个 ProductDto 类,代码如下:

```
using System;
using Volo.Abp.Application.Dtos;
namespace ProductManagement.Products
{
    public class ProductDto : AuditedEntityDto<Guid>
    {
        public Guid CategoryId { get; set; }
        public string CategoryName { get; set; }
        public string Name { get; set; }
        public float Price { get; set; }
        public bool IsFreeCargo { get; set; }
        public DateTime ReleaseDate { get; set; }
        public ProductStockState StockState { get; set; }
    }
}
```

ProductDto 类与 Product 实体类似,但有如下区别:

(1) ProductDto 类派生自 AuditedEntityDto < Guid >,AuditedEntityDto < Guid >定义了 Id、CreationTime、CreatorId、LastModificationTime 和 LastModifierId 属性(这里不需要删除对应的审计属性,如 DeletionTime,因为删除的实体不会从数据库中读取出来)。

(2) ProductDto 类不包含 Category 实体的导航属性,而是包含一个字符串类型的 CategoryName 属性,这对于在 UI 上显示信息是足够的。

ProductDto 类用于存储从 IProductAppService 接口返回的产品列表中的信息。

3.5.2　IProductAppService 接口

应用服务(application service)对应一个应用程序的用例。UI 根据用户的交互使用它们执行业务逻辑。通常应用服务方法的参数和返回值都是 DTO。

> **应用服务与 API 控制器**
>
> 比较应用服务和 ASP. NET Core MVC 应用中的 API 控制器,可以发现应用服务是更符合 DDD 思想的普通类,尽管它们在某些用法上存在相似之处。应用服务不依赖于特定的 UI 技术。此外,ABP 框架可以自动地把应用服务发布为 HTTP API,参见 3.5.6 节。

应用服务的接口应该定义在解决方案的 Application. Contracts 项目中。在 Product-Management. Application. Contracts 项目的 Products 文件夹中创建一个 IProductAppService 接口,代码如下:

```
using System. Threading. Tasks;
using Volo. Abp. Application. Dtos;
using Volo. Abp. Application. Services;
namespace ProductManagement. Products
{
    public interface IProductAppService : IApplicationService
    {
        Task < PagedResultDto < ProductDto >>
            GetListAsync(PagedAndSortedResultRequestDto input);
    }
}
```

这段代码用到了一些 ABP 框架预定义的类型,如:

(1) IProductAppService 派生自 IApplicationService 接口,这样 ABP 框架就可以把它识别为应用服务。

(2) PagedAndSortedResultRequestDto 是 GetListAsync 方法输入参数的类型,它是 ABP 框架预定义的标准 DTO 类,包含 MaxResultCount(int)、SkipCount(int)和 Sorting(string)属性。

(3) PagedResultDto < ProductDto >是 GetListAsync 方法的返回值类型,包含 TotalCount(long)属性和一个名为 Items、值类型为 ProductDto 的集合。它为 ABP 框架返回分页结果提供了一种方便的方式。

开发者也可以使用自定义的 DTO,而不是这些预定义的 DTO 类型。然而,这些预定义的 DTO 类型在标准化这些常见的需求及统一命名方面非常有帮助。

> **异步方法**
>
> 　　最佳实践是把所有应用服务方法都定义为异步方法。如果定义同步应用
> 服务方法,则在某些情况下,某些 ABP 功能(如工作单元)可能无法按照预期的
> 方式运行。

3.5.3　ProductAppService 类

在 ProductManagement.Application 项目的 Products 文件夹中新建一个 ProductAppService 类,代码如下:

```
using System;
using System.Collections.Generic;
using System.Linq;
using System.Linq.Dynamic.Core;
using System.Threading.Tasks;
using Volo.Abp.Application.Dtos;
using Volo.Abp.Domain.Repositories;
namespace ProductManagement.Products
{
    public class ProductAppService :
        ProductManagementAppService, IProductAppService
    {
        private readonly IRepository<Product, Guid>_productRepository;

        public ProductAppService(IRepository<Product, Guid> productRepository)
        {
            _productRepository = productRepository;
        }

        public async Task<PagedResultDto<ProductDto>>GetListAsync(
            PagedAndSortedResultRequestDto input)
        {
            /* TODO: 实现 */
        }
    }
}
```

ProductAppService 类派生自在启动模板中定义的 ProductManagementAppService 类,ProductManagementAppService 类是所有应用服务的基类。该类实现了前面定义的 IProductAppService 接口。该类还注入了 IRepository<Product,Guid>服务,该服务也称作默认仓储(default repository)。仓储拥有类似于集合的接口,允许开发者使用它执行数据库操作。ABP 框架自动为所有聚合根实体提供默认仓储的实现。

GetListAsync 方法的具体实现代码如下:

```
public async Task<PagedResultDto<ProductDto>>GetListAsync(
    PagedAndSortedResultRequestDto input)
{
    var queryable = await _productRepository
        .WithDetailsAsync(x => x.Category);
```

```
queryable = queryable
    .Skip(input.SkipCount)
    .Take(input.MaxResultCount)
    .OrderBy(input.Sorting ?? nameof(Product.Name));

var products = await AsyncExecuter.ToListAsync(queryable);
var count = await _productRepository.GetCountAsync();

return new PagedResultDto<ProductDto>(
    count,
    ObjectMapper.Map<List<Product>, List<ProductDto>>(products)
);
}
```

这段代码中，_productRepository.WithDetailsAsync 返回一个包含产品类别信息的
IQueryable<Product>对象（WithDetailsAsync 方法类似于 EF Core 中的 Include 扩展方
法，能把相关的数据加载到查询结果中）。在可查询对象上可以使用标准的语言集成查询
（Language-Integrated Query，LINQ）的扩展方法，如 Skip、Take 和 OrderBy。

AsyncExecuter 服务（该服务是在基类中注入的）用于以异步的方式从数据库中查询出
IQueryable 对象指定的数据。这样应用层就可以在不依赖 EF Core 包的情况下使用异步
LINQ 扩展方法。

最后，使用 ObjectMapper 服务（该服务是在基类中注入的）把 Product（实体）对象列表
映射为 ProductDto（DTO）对象列表。3.5.4 节将介绍如何配置对象映射。

> **仓储和执行异步查询**
> 第 6 章将详细介绍 IRepository 和 AsyncExecuter。

3.5.4　对象到对象的映射

ObjectMapper（即 IObjectMapper 服务）默认使用 AutoMapper 库实现自动类型转换。
使用它之前需要先定义映射规则。启动模板中包含一个配置类（profile class），开发者可以
在其中设置映射规则。

打开 ProductManagement.Application 项目中的 ProductManagementApplication-AutoMapperProfile
类，并按照如下代码修改该类：

```
using AutoMapper;
using ProductManagement.Products;
namespace ProductManagement
{
    public class ProductManagementApplicationAutoMapperProfile : Profile
    {
        public ProductManagementApplicationAutoMapperProfile()
        {
            CreateMap<Product, ProductDto>();
        }
    }
}
```

在这段代码里,CreateMap 定义了映射关系。然后就可以根据需要自动地把 Product 对象转换为 ProductDto 对象。

AutoMapper 在对象映射时具有"扁平化"特性。AutoMapper 能够把一个复杂对象扁平化为一个简单对象。在这个示例中,Product 类有一个 Category 属性,并且 Category 类有一个 Name 属性,因此访问产品类别名称需要使用 Product. Category. Name 表达式。然而, ProductDto 直接包含 CategoryName 属性,因此可以直接使用 ProductDto. CategoryName 表达式访问该属性。AutoMapper 能够自动把 Category. Name 表达式扁平化为 CategoryName, 从而实现对象间的自动映射。

至此应用层开发已经完成。在开始 UI 开发之前,将介绍如何为应用层编写自动化测试程序。

3.5.5　测试 ProductAppService 类

启动模板附带了基于 xUnit 库、Shouldly 库和 NSubstitute 库的测试基础设施,并且已经完成配置。该测试方案使用 SQLite 内存数据库来模拟待测试应用中使用的数据库,并且为每个测试创建单独的数据库。数据库创建后会添加种子数据,并在测试结束后删除数据库。通过这种方式,不同测试之间不会互相影响,真实数据库也不会受到影响。

第 17 章将详细介绍测试的所有细节。本节仅介绍如何为 ProduceAppService 类的 GetListAsync 方法编写自动化测试代码。最好在 UI 使用应用服务前为它们编写自动化测试代码。

在 ProductManagement. Application. Tests 项目中新建一个 Products 文件夹,并在其中创建一个 ProductAppService_Tests 类,代码如下:

```
using Shouldly;
using System. Threading. Tasks;
using Volo. Abp. Application. Dtos;
using Xunit;
namespace ProductManagement. Products
{
    public class ProductAppService_Tests
        : ProductManagementApplicationTestBase
    {
        private readonly IProductAppService_productAppService;

        public ProductAppService_Tests()
        {
            _productAppService = GetRequiredService < IProductAppService >();
        }

        /* TODO: 测试方法 */
    }
}
```

该类继承自 ProductManagementApplicationTestBase 类(这个解决方案包含该类的源代码),该基类集成了 ABP 框架和其他一些测试必需的基础库,从而使开发者可以直接编写测试代码。在测试代码中使用 GetRequiredService 方法来解析依赖关系,而不是使用构造函数注入的方式(在测试程序中是无法实现的)。

下面编写第一个测试方法,在 ProductAppService_Tests 类中添加如下方法:

```
[Fact]
public async Task Should_Get_Product_List()
{
    //Act
    var output = await _productAppService.GetListAsync(
        new PagedAndSortedResultRequestDto()
    );

    //Assert
    output.TotalCount.ShouldBe(3);
    output.Items.ShouldContain(
        x => x.Name.Contains("Acme Monochrome Laser Printer")
    );
}
```

该方法调用 GetListAsync 方法,并检查返回结果是否正确。开发者如果打开 Test Explorer 窗口(可以通过在 Visual Studio 中选择 View→Test Explorer 菜单打开该窗口),可以看到添加的测试方法。Test Explorer 窗口用于显示和运行解决方案中的测试,如图 3.6 所示。

彩图

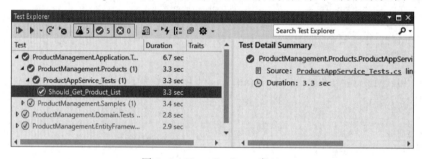

图 3.6 Test Explorer 窗口

运行该测试,并检查它是否按预期工作。如果 GetListAsync 方法能够正常工作,则在方法名称左侧有一个绿色的图标。

3.5.6 自动 API 控制器和 Swagger

Swagger 是一个用于查看和测试 HTTP API 的常用工具。启动模板中,它已经预先安装。

运行 ProductManagement. Web 项目启动 Web 应用程序(需要把该项目设置为启动项目,如果未设置,按 Ctrl+F5 快捷键)。Web 应用程序启动后,输入/swagger 这个 URL,将看到如图 3.7 所示的 Web 页面。

该页面中显示了许多 API 端点,它们是由该应用程序中安装的模块定义和发布的。向下滚动该页面就能够看到 Product 端点,如图 3.8 所示。在该页面可以测试该端点并获得产品列表。

到目前为止,还没有创建 ProductController 端点,那为什么这个端点是可用的呢?这就是 ABP 框架自动 API 控制器的功能。它根据命名约定和用户配置自动把应用程序服务发布为 HTTP API。通常,开发者无须手动编写控制器代码。自动 API 控制器的功能将在

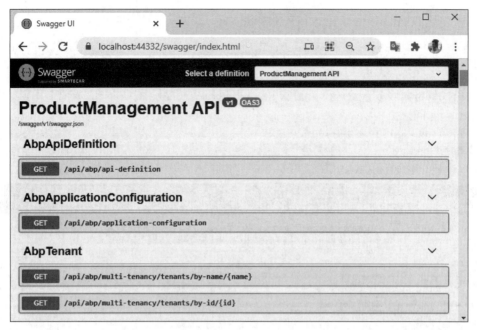

图 3.7　Swagger UI 页面

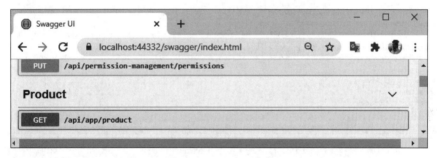

图 3.8　Product 端点

第 14 章中详细介绍。

至此,获取产品信息列表的 HTTP API 已经可用。下一步就是从客户端代码中调用这个 API。

3.5.7　动态 JavaScript 代理

通常,需要从 JavaScript 代码调用 HTTP API 端点。ABP 框架动态地为所有 HTTP API 创建客户端代理。然后,在客户端应用程序中就可以使用这些动态 JavaScript 函数来调用 API。

再次运行 ProductManagement.Web 项目,当应用程序登录页面加载完成后,打开浏览器的 Developer Console(开发者控制台)。很多现代浏览器都包含开发者控制台,通常按 F12 打来它(在 Windows 平台中)。开发者控制台用于浏览、跟踪和调试 Web 前端应用程序。

打开 Console(控制台)选项卡,然后输入如下 JavaScript 代码:

```
productManagement.products.product.getList({}).
then(function(result) {
    console.log(result);
});
```

这段代码将向服务器发送一个请求,然后把返回结果显示在 Console 选项卡中,如图 3.9 所示。

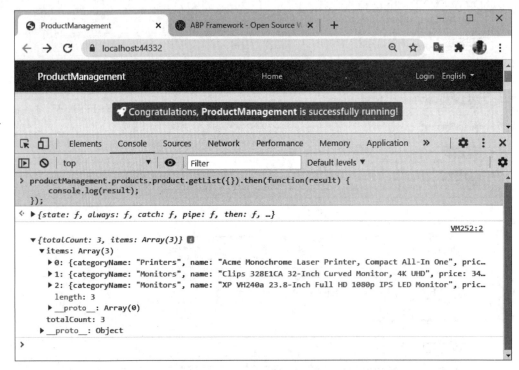

图 3.9　使用动态 JavaScript 代理

Console 选项卡中记录了产品信息列表。由此可见,开发者可以使用 JavaScript 代码方便地调用服务器端的 API,而不必处理底层细节。

开发者如果想知道 JavaScript 函数 getList 是在哪里定义的,可以访问该应用程序的 /Abp/ServiceProxyScript 端点,查看 ABP 框架动态创建的 JavaScript 代理函数。

3.5.8 节将介绍如何创建一个 Razor Page 在 UI 上显示产品信息列表。

3.5.8　创建产品页面

在 ASP.NET Core MVC 框架中创建 UI 推荐使用 Razor Page 技术。首先,在 ProductManagement.Web 项目的 Pages 文件夹下新建 Products 文件夹。然后右击 Products 文件夹,在弹出的快捷菜单中选择 Add→Razor Page→Razor Page-Empty 选项,命名为 Index.cshtml,从而新建一个空的 Razor Page。新建页面的位置如图 3.10 所示。

Index.cshtml 文件的内容如下所示:

图 3.10　创建一个新的
Razor Page

```
@page
@using ProductManagement.Web.Pages.Products
@model IndexModel

<h1> Products Page </h1>
```

这段代码仅添加了一个 h1 元素来设置页面的标题。当新建一个页面时,通常需要在主菜单中添加一个用来打开该页面的菜单项。

3.5.9　添加一个新菜单项

ABP 框架提供了一个动态和模块化的菜单系统。每个模块都可以向主菜单中添加菜单项。

在 ProductManagement.Web 项目的 Menus 文件夹中打开 ProductManagementMenu-Contributor 类,并在 ConfigureMainMenuAsync 方法的末尾添加如下代码:

```
context.Menu.AddItem(
    new ApplicationMenuItem(
        "ProductManagement",
        l["Menu:ProductManagement"],
        icon: "fas fa-shopping-cart"
    ).AddItem(
        new ApplicationMenuItem(
            "ProductManagement.Products",
            l["Menu:Products"],
            url: "/Products"
        )
    )
);
```

这段代码添加了一个 Product Management 主菜单和 Products 子菜单。这里用到了本地化键值对(语法是 l["..."]),它们需要在应用程序中定义。打开 ProductManagement.Domain.Shared 项目中的 Localization/ProductManagement 文件夹下的 en.json 文件,并把如下内容添加到 texts 节的末尾:

```
"Menu:ProductManagement": "Product Management",
"Menu:Products": "Products"
```

任意字符串都可以作为本地化的键名。笔者更喜欢为菜单的本地化键添加 Menu:前缀,例如该示例中的 Menu:Products。第 8 章将详细介绍本地化相关的主题。

现在可以重新运行该应用程序并使用添加的 Product Management 菜单项打开 Products 页面,如图 3.11 所示。

图 3.11　Products 页面

至此已经创建好一个页面，并且可以使用菜单打开该页面。接下来准备创建数据表格来展示产品信息列表。

3.5.10　向页面添加产品数据表格

本节将创建一个带分页和排序功能的数据表格来展示产品信息的列表。ABP 框架启动模板已安装并配置好了 JavaScript 库 Datatables.net。它用于展示表格样式的数据，是一个使用灵活且功能丰富的库。

打开 Index.cshtml 文件（位于 Pages/Products 文件夹中），并将其修改为如下内容：

```
@page
@using ProductManagement.Web.Pages.Products
@using Microsoft.Extensions.Localization
@using ProductManagement.Localization
@model IndexModel
@inject IStringLocalizer<ProductManagementResource> L
@section scripts
{
    <abp-script src="/Pages/Products/Index.cshtml.js" />
}
<abp-card>
    <abp-card-header>
        <h2>@L["Menu:Products"]</h2>
    </abp-card-header>
    <abp-card-body>
        <abp-table id="ProductsTable" striped-rows="true" />
    </abp-card-body>
</abp-card>
```

在这段代码中，abp-script 是一个 ABP 框架自定义的标签，用于向页面添加脚本文件，并提供自动打包、压缩和版本控制的支持。abp-card 是另一个自定义标签，用于在页面上以类型安全和方便实用的方式呈现一个卡片组件（即 Bootstrap 卡片组件）。

开发者也可以使用标准的 HTML 标签。然而，ABP 框架提供的自定义标签极大地简化了基于 MVC/Razor Pages 的 UI 开发工作。另外，这个方式可以借助集成开发环境的 IntelliSense 功能和编译时类型检测功能来避免错误。第 12 章将详细介绍这些自定义标签。

在 Pages/Products 文件夹下新建一个 JavaScript 文件，命名为 Index.cshtml.js（这里也可以使用不同的命名风格，如 index.js，只要和 abp-script 标签中的文件名保持一致就行），内容如下：

```
$(function () {
    var l = abp.localization.getResource('ProductManagement');

    var dataTable = $('#ProductsTable').DataTable(
        abp.libs.datatables.normalizeConfiguration({
            serverSide: true,
            paging: true,
            order: [[0,"asc"]],
            searching: false,
            scrollX: true,
```

```
                  ajax: abp.libs.datatables.createAjax(
                        productManagement.products.product.getList),
                  columnDefs: [
                        /* TODO: 在此处添加与行定义相关的代码 */
                  ]
            })
      );
});
```

ABP 框架允许在 JavaScript 代码中重用本地化文本资源。通过这种方式，开发者可以在服务器端定义这些资源，并在服务器端和客户端使用它们。abp.localization.getResource 返回一个可以本地化这些文本的函数。

ABP 框架内置了数据表格组件库，并且简化了该组件的配置，包括：

（1）abp.libs.datatables.normalizeConfiguration 是一个由 ABP 框架定义的辅助函数。它为没有提供配置值的项目设置常规的默认值，从而简化了数据表格组件的配置。

（2）abp.libs.datatables.createAjax 是另外一个辅助函数，它把 ABP 框架的动态 JavaScript 客户端代理返回的数据格式调整为数据表所需的数据格式。

（3）productManagement.products.product.getList 是前面介绍的动态 JavaScript 代理函数。

在 columnDefs 数组中定义数据表的列，代码如下：

```
{
    title: l('Name'),
    data: "name"
},
{
    title: l('CategoryName'),
    data: "categoryName",
    orderable: false
},
{
    title: l('Price'),
    data: "price"
},
{
    title: l('StockState'),
    data: "stockState",
    render: function (data) {
        return l('Enum:StockState:' + data);
    }
},
{
    title: l('CreationTime'),
    data: "creationTime",
    dataFormat: 'date'
}
```

通常列的定义包含一个 title 字段（显示名称）和一个 data 字段。data 字段要与 ProductDto 类中格式化后的属性名匹配，这里命名格式使用驼峰式命名法（除第一个单词外，其他每个单词的第一个字母都大写），这种命名风格一般在 JavaScript 语言中使用。

　　render 选项用于精细控制如何显示列数据。示例代码中提供了一个函数来自定义 Stock state 列的显示值。

　　这个页面还使用了一些其他本地化键，需要在本地化资源中定义这些键。打开 ProductManagement.Domain.Shared 项目的 Localization/ProductManagement 文件夹中的 en.js 文件，并在 texts 节的末尾添加如下内容：

```
"Name": "Name",
"CategoryName": "Category name",
"Price": "Price",
"StockState": "Stock state",
"Enum:StockState:0": "Pre-order",
"Enum:StockState:1": "In stock",
"Enum:StockState:2": "Not available",
"Enum:StockState:3": "Stopped",
"CreationTime": "Creation time"
```

重新运行该 Web 应用程序，页面上展示的产品数据表格如图 3.12 所示。

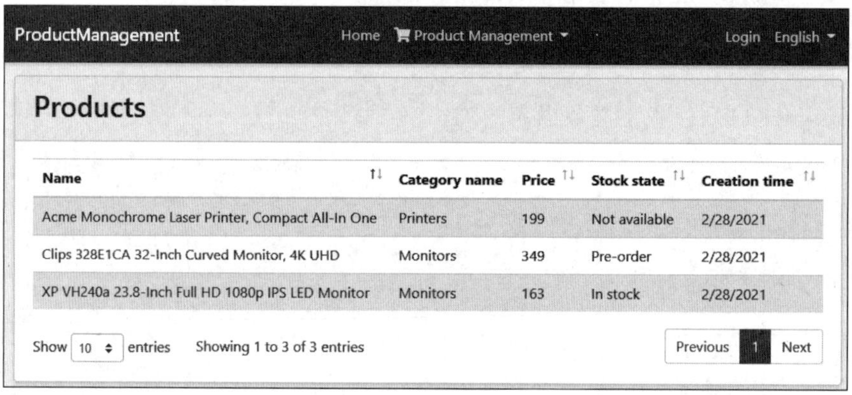

图 3.12　Products 数据表

　　至此已经完成具有分页和排序功能的产品信息列表展示页面。3.6 节将添加创建、编辑和删除产品的功能。

3.6　创建产品

　　本节将开发添加新产品所需的功能。产品应该有类别，因此当添加一个新产品时需要为其选择一个类别。本节需要定义新的应用服务来获得类别信息并创建产品。3.6.3 节将介绍如何使用 ABP 框架提供的动态表单功能来自动根据 C# 类生成创建产品所需的表单。

3.6.1　应用服务契约

　　首先向 IProductAppService 接口添加如下两个新方法：

```
Task CreateAsync(CreateUpdateProductDto input);
Task<ListResultDto<CategoryLookupDto>> GetCategoriesAsync();
```

在创建产品时,需要使用下拉列表显示产品的类别,下拉列表的数据来自 GetCategoriesAsync 方法。这段代码还引入了两个新的 DTO,接下来需要定义它们。

CreateUpdateProductDto 用于创建和更新产品(3.7 节将重用它)。它在 ProductManagement. Application. Contracts 项目中的 Products 文件夹中定义,代码如下:

```
using System;
using System.ComponentModel.DataAnnotations;
namespace ProductManagement.Products
{
    public class CreateUpdateProductDto
    {
        public Guid CategoryId { get; set; }
        [Required]
        [StringLength(ProductConsts.MaxNameLength)]
        public string Name { get; set; }
        public float Price { get; set; }
        public bool IsFreeCargo { get; set; }
        public DateTime ReleaseDate { get; set; }
        public ProductStockState StockState { get; set; }
    }
}
```

接下来,在 ProductManagement. Application. Contracts 项目的 Categories 文件夹中定义 CategoryLookupDto 类,代码如下:

```
using System;
namespace ProductManagement.Categories
{
    public class CategoryLookupDto
    {
        public Guid Id { get; set; }
        public string Name { get; set; }
    }
}
```

至此应用服务接口已经创建完成,接下来可以在应用层中实现这些接口了。

3.6.2 应用服务实现

ProductAppService 中的 CreateAsync 方法和 GetCategoriesAsync 方法的实现代码如下:

```
public async Task CreateAsync(CreateUpdateProductDto input)
{
    await _productRepository.InsertAsync(
        ObjectMapper.Map<CreateUpdateProductDto, Product>(input)
    );
}

public async Task<ListResultDto<CategoryLookupDto>>
        GetCategoriesAsync()
{
```

```
        var categories = await _categoryRepository.GetListAsync();
        return new ListResultDto < CategoryLookupDto >(
            ObjectMapper
            .Map < List < Category >, List < CategoryLookupDto >>(categories)
        );
    }
```

在这段代码中，_categoryRepository 是 IRepository < Category, Guid >服务的实例。与前文提到的_productRepository 类似，它是从外部注入的。该方法的实现非常简单，这里不再赘述。

这段代码中用到了两次对象映射，因此需要定义映射配置。打开 ProductManagement.Application 项目中的 ProductManagementApplicationAutoMapperProfile.cs 文件，并在其中添加如下代码：

```
CreateMap < CreateUpdateProductDto, Product >();
CreateMap < Category, CategoryLookupDto >();
```

这段代码配置了 AutoMapper 的对象映射规则。

> **自动化测试**
>
> 　　本章将不再展示任何自动化测试的代码，但是笔者在解决方案中添加了这些代码，读者可以在 GitHub 仓库中查看。

现在，UI 层可以调用这些方法了。

3.6.3 UI

在 ProductManagement.Web 项目的 Pages/Products 文件夹下新建一个名为 CreateProductModal.cshtml 的 Razor Page。打开 CreateProductModal.cshtml.cs 文件修改 CreateProductModalModel 类，代码如下：

```
using System.Linq;
using System.Threading.Tasks;
using Microsoft.AspNetCore.Mvc;
using Microsoft.AspNetCore.Mvc.Rendering;
using ProductManagement.Products;
namespace ProductManagement.Web.Pages.Products
{
    Public class CreateProductModalModel:
        ProductManagementPageModel
    {
        [BindProperty]
        public CreateEditProductViewModel Product { get;set; }
        public SelectListItem[] Categories { get; set; }

        private readonly IProductAppService_productAppService;

        public CreateProductModalModel(IProductAppService productAppService)
        {
            _productAppService = productAppService;
```

```
    }

    public async Task OnGetAsync()
    {
        // TODO
    }

    public async Task < IActionResult > OnPostAsync()
    {
        // TODO
    }
  }
}
```

在这段代码中，ProductManagementPageModel 是一个在启动模板中定义的基类，PageModel 类继承了这个类。Categories 提供产品类别下拉列表所需的数据。[BindProperty]是一个标准的 ASP.NET Core 特性，用于在 HTTP Post 请求时把发送的数据绑定到 Product 属性上。为了使用前文定义的应用服务方法，这里注入了 IProductAppService 服务接口。

上述代码中用到了 CreateEditProductViewModel 类，因此需要定义它。在与 CreateProductModal.cshtml 相同的文件夹中定义这个类，代码如下：

```
using ProductManagement.Products;
using System;
using System.ComponentModel;
using System.ComponentModel.DataAnnotations;
using Volo.Abp.AspNetCore.Mvc.UI.Bootstrap.TagHelpers.Form;
namespace ProductManagement.Web.Pages.Products
{
    public class CreateEditProductViewModel
    {
        [SelectItems("Categories")]
        [DisplayName("Category")]
        public Guid CategoryId { get; set; }
        [Required]
        [StringLength(ProductConsts.MaxNameLength)]
        public string Name { get; set; }
        public float Price { get; set; }
        public bool IsFreeCargo { get; set; }
        [DataType(DataType.Date)]
        public DateTime ReleaseDate { get; set; }
        public ProductStockState StockState { get; set; }
    }
}
```

SelectItems 用于指示 Categorise 下拉列表中被选择的 CategoryId 属性。这个类将在编辑模态对话框中被重用，这也是该类被命名为 CreateEditProductViewModel 的原因。

> **DTO 和 ViewModel**
>
> 　　重新定义视图模型（CreateEditProductViewModel）似乎是没必要的，因为它与 DTO（CreateUpdateProductDto）非常类似仅比 DTO 多了几个属性。把这几个属性添加到 DTO 中也很简单，这样表示层就可以重用该 DTO。然而，考虑到这些类有不同的用途，并且随着时间的推移可能朝着不同的方向演变，笔者认为保持这些类的独立性是更好的做法。例如，[SelectItems("Categories")]特性只对 Razor Page 中的模型起作用，而在应用层中没有意义。

现在可以在 CreateProductModalModel 类中实现 OnGetAsync 方法，代码如下所示：

```
public async Task OnGetAsync()
{
    Product = new CreateEditProductViewModel
    {
        ReleaseDate = Clock.Now,
        StockState = ProductStockState.PreOrder
    };

    var categoryLookup =
        await _productAppService.GetCategoriesAsync();
    Categories = categoryLookup.Items
        .Select(x => new SelectListItem(x.Name, x.Id.ToString()))
        .ToArray();
}
```

在这段代码中，首先使用默认值创建 Product 类，然后使用_productAppService 应用服务获取 Categories 列表。Clock 是 ABP 框架提供的一个服务，用于获取当前时间，而不用去关心时区和本地/UTC 时间的问题。第 8 章将详细探讨为什么这段代码使用 Clock. Now 而不是 DateTime. Now。

OnPostAsync 方法的实现代码如下：

```
public async Task < IActionResult > OnPostAsync()
{
    await _productAppService.CreateAsync(
        ObjectMapper
.Map< CreateEditProductViewModel, CreateUpdateProductDto >(Product)
    );
    return NoContent();
}
```

由于在这段代码中需要把 CreateEditProductViewModel 映射为 CreateProductDto，因此需要定义这个映射规则。在 ProductManagement. Web 项目中打开 ProductManagement-WebAutoMapperProfile 类，把内容修改为如下代码：

```
public class ProductManagementWebAutoMapperProfile : Profile
{
    public ProductManagementWebAutoMapperProfile()
```

```
    {
        CreateMap < CreateEditProductViewModel, CreateUpdateProductDto >();
    }
}
```

该类为 AutoMapper 库定义了对象映射规则。

创建产品页面的 C♯ 端的代码已经开发完成。接下来需要编写 UI 页面和 JavaScript 相关的代码。打开 CreateProductModal. cshtml 文件,并修改为如下代码:

```
@ page
@ using Microsoft. AspNetCore. Mvc. Localization
@ using ProductManagement. Localization
@ using Volo. Abp. AspNetCore. Mvc. UI. Bootstrap. TagHelpers. Modal
@ model ProductManagement. Web. Pages. Products.
CreateProductModalModel
@ inject IHtmlLocalizer < ProductManagementResource > L
@ {
    Layout = null;
}
< abp - dynamic - form abp - model = "Product" asp - page = "/Products/CreateProductModal">
    < abp - modal >
        < abp - modal - header title = "@L["NewProduct"]. Value"></abpmodal - header >
        < abp - modal - body >
            < abp - form - content />
        </abp - modal - body >
        < abp - modal - footer buttons = "@(AbpModalButtons. Cancel | AbpModalButtons. Save)">
        </abp - modal - footer >
    </abp - modal >
</abp - dynamic - form >
```

在这段代码中,abp-dynamic-form 根据 C♯ 模型类自动创建表单元素;abp-form-content 的位置用于呈现表单元素;abp-modal 用于创建模态对话框。

开发者可以使用标准的 Bootstrap HTML 元素和 ASP. NET Core 的绑定语法来创建表单元素。然而,ABP 框架提供的基于 Bootstrap 的自定义动态表单标签极大地简化了 UI 代码。第 12 章将详细介绍 ABP 框架自定义的标签。

至此,创建产品的模态对话框代码已经开发完成。现在需要向产品页面添加一个名为 New Product 的按钮,以打开该模态对话框。打开 Pages/Products 文件夹下的 Index. cshtml 文件,并修改 abp-card-header 部分的内容,代码如下:

```
< abp - card - header >
    < abp - row >
        < abp - column size - md = "_6">
            < abp - card - title >@L["Menu:Products"]</abp - cardtitle >
        </abp - column >
        < abp - column size - md = "_6" class = "text - end">
            < abp - button id = "NewProductButton"
                          text = "@L["NewProduct"]. Value"
                          icon = "plus"
                          button - type = "Primary"/>
```

```
        </abp - column>
    </abp - row>
</abp - card - header>
```

这段代码首先把一个区域分成了两列,每一列都有 size－md＝"_6"属性(这代表 12 列模式的 Bootstrap 网格的一半)。然后,把按钮放在对话框的右下方,把标题放在对话框的左上方。

接下来,在 Index. cshtml. js 文件末尾(在};代码段前方)添加如下代码:

```
var createModal = new abp.ModalManager(abp.appPath + 'Products/CreateProductModal');
createModal.onResult(function () {
    dataTable.ajax.reload();
});
$('#NewProductButton').click(function (e) {
    e.preventDefault();
    createModal.open();
});
```

abp. ModalManager 用于管理网页客户端中的模态对话框。它是基于 Twitter Bootstrap 标准模态对话框组件实现的,封装了许多实现细节,从而对外提供一个简单的 API。createModal. onResult 的参数是一个回调函数,当单击 Save 按钮时调用该函数; createModal. open 用于打开模态对话框。

最后,在 ProductManagement. Domain. Shared 项目的 Localization/ProductManagement 文件夹下的 en. json 文件中定义一些本地化文本,代码如下所示:

```
"NewProduct": "New Product",
"Category": "Category",
"IsFreeCargo": "Free Cargo",
"ReleaseDate": "Release Date"
```

重新运行该 Web 应用程序,单击 New Product 按钮可以添加一个新产品,UI 如图 3.13 所示。

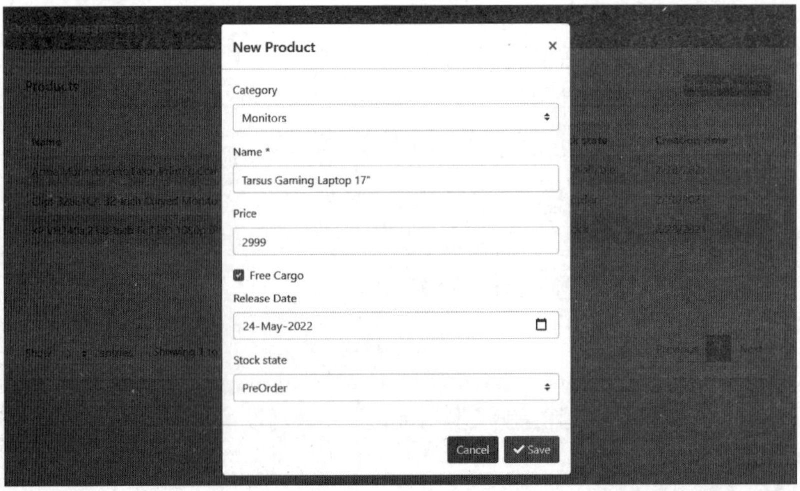

图 3.13　New Product 模态对话框

　　ABP 框架可以根据 C♯ 模型类自动创建表单元素。通过读取属性和使用一些约定,该框架也可以自动完成本地化和验证。如果 Name 字段保持为空并单击 Save 按钮,那么将会出现验证错误消息。第 12 章将详细介绍本地化和验证。

　　至此已经能够通过 UI 创建产品,接下来介绍如何实现编辑产品的功能。

3.7　编辑产品

　　编辑产品与创建产品功能类似。首先需要获得产品信息,然后进行编辑,并准备编辑产品所需的表单。

3.7.1　应用服务契约

　　首先在 IProductAppService 接口类中定义两个新的方法,代码如下所示:

```
Task < ProductDto > GetAsync(Guid id);
Task UpdateAsync(Guid id,CreateUpdateProductDto input);
```

　　第一个方法用于通过 id 获取产品的数据。在第二个方法中重用了 CreateUpdateProductDto(已经在前文中定义)。

　　因为这里没有引入新的 DTO,所以可以直接编写它们的实现代码。

3.7.2　应用服务实现

　　把如下代码添加到 ProductAppService 类中:

```
public async Task < ProductDto > GetAsync(Guid id)
{
    return ObjectMapper.Map < Product, ProductDto >(
        await _productRepository.GetAsync(id)
    );
}

public async Task UpdateAsync(Guid id, CreateUpdateProductDto input)
{
    var product = await _productRepository.GetAsync(id);
    ObjectMapper.Map(input, product);
}
```

　　GetAsync 方法调用 productRepository. GetAsync 从数据库中查询产品信息,并把它映射为 ProductDto 对象并返回。UpdateAsync 方法首先获取产品信息并存入 product 对象,然后把输入 DTO 的属性映射到 product 对象上,这里直接用新值覆盖了 product 的属性值。

　　在该示例中,因为 EF Core 有变更跟踪机制,且 ABP 框架的工作单元系统(UoW)能够在没有发生异常的情况下自动提交这些更改,所以没有调用 _ productRepository. UpdateAsync。第 6 章将详细介绍工作单元。

　　应用层开发已经完成,3.7.3 节将介绍 UI 的开发。

3.7.3　UI

在 ProductManagement.Web 项目的 Pages/Products 文件夹下新建一个 Razor Page，并命名为 EditProductModal.cshtml。打开 EditProductModal.cshtml.cs 文件并修改，代码如下：

```
using System;
using System.Linq;
using System.Threading.Tasks;
using Microsoft.AspNetCore.Mvc;
using Microsoft.AspNetCore.Mvc.Rendering;
using ProductManagement.Products;
namespace ProductManagement.Web.Pages.Products
{
    public class EditProductModalModel : ProductManagementPageModel
    {
        [HiddenInput]
        [BindProperty(SupportsGet = true)]
        public Guid Id { get; set; }

        [BindProperty]
        public CreateEditProductViewModel Product { get; set; }
        public SelectListItem[] Categories { get; set; }

        private readonly IProductAppService _productAppService;

        public EditProductModalModel(IProductAppService productAppService)
        {
            _productAppService = productAppService;
        }

        public async Task OnGetAsync()
        {
            // TODO
        }

        public async Task< IActionResult > OnPostAsync()
        {
            // TODO
        }
    }
}
```

Id 属性在表单中是一个隐藏属性。该属性支持 HTTP GET 请求的数据绑定，因为打开这个模态对话框需要根据产品 ID 通过一次 GET 请求获取编辑表单需要的数据。Product 和 Categories 属性与创建产品模态对话框中的类似。此处也需要通过构造函数注入 IProductAppService 服务接口。

OnGetAsync 方法的实现代码如下所示：

```
public async Task OnGetAsync()
{
```

```
var productDto = await _productAppService.GetAsync(Id);
Product = ObjectMapper.Map<ProductDto,CreateEditProductViewModel>(productDto);

var categoryLookup = await _productAppService.GetCategoriesAsync();
Categories = categoryLookup.Items
    .Select(x => new SelectListItem(x.Name, x.Id.ToString()))
    .ToArray();
}
```

首先,获取待编辑产品的数据(ProductDto),并把它映射为CreateEditProductViewModel。CreateEditProductViewModel 用于创建 UI 上的表单元素。然后获取类别数据作为表单中下拉列表的数据源,实现方法与创建产品所用的表单相同,在此不再赘述。

这段代码中用到了从 ProductDto 到 CreateEditProductViewModel 的映射,因此需要在 ProductManagementWebAutoMapperProfile 类(位于 ProductManagement. Web 项目中)中配置映射关系,代码如下所示:

```
CreateMap<ProductDto, CreateEditProductViewModel>();
```

OnPostAsync 方法的实现很简单,把 CreateEditProductViewModel 转换为 CreateUpdateProductDto,然后调用 UpdateAsync 方法,代码如下:

```
public async Task<IActionResult> OnPostAsync()
{
    await _productAppService.UpdateAsync(Id,
        ObjectMapper.Map<CreateEditProductViewModel,CreateUpdateProductDto>(Product)
    );
    return NoContent();
}
```

现在可以根据如下代码编辑 EditProductModal.cshtml 文件:

```
@page
@using Microsoft.AspNetCore.Mvc.Localization
@using ProductManagement.Localization
@using Volo.Abp.AspNetCore.Mvc.UI.Bootstrap.TagHelpers.Modal
@model ProductManagement.Web.Pages.Products.
EditProductModalModel
@inject IHtmlLocalizer<ProductManagementResource> L
@{
    Layout = null;
}
<abp-dynamic-form abp-model="Product" asp-page="/Products/EditProductModal">
    <abp-modal>
        <abp-modal-header title="@Model.Product.Name"></abp-modal-header>
        <abp-modal-body>
            <abp-input asp-for="Id" />
            <abp-form-content/>
```

```
            </abp-modal-body>
            <abp-modal-footer buttons="@(AbpModalButtons.Cancel|AbpModalButtons.Save)">
            </abp-modal-footer>
        </abp-modal>
</abp-dynamic-form>
```

以上代码与 CreateProductModal.cshtml 非常相似,只是向表单中添加了 Id 字段作为隐藏输入,以存储正在编辑的产品的 Id 属性。

最后,添加一个 Edit 操作按钮,以便可以从产品数据表格中打开该模态对话框。打开 Index.cshtml.js 文件,并在 dataTable 初始化代码前新建一个 ModalManager 对象,代码如下:

```
var editModal = new abp.ModalManager(abp.appPath + 'Products/EditProductModal');
```

然后,在 dataTable 初始化代码中添加一个新列的定义,并作为 columnDefs 数组的第一项,代码如下:

```
{
    title: l('Actions'),
    rowAction: {
        items:
            [
                {
                    text: l('Edit'),
                    action: function (data) {
                        editModal.open({ id: data.record.id });
                    }
                }
            ]
    }
},
```

这段代码向数据表格中添加了一个新的 Actions(操作)列和一个 Edit 操作按钮,单击它能够打开编辑模态对话框。rowAction 是 ABP 框架提供的一个特殊选项,用于向数据表格中的一行添加一个或多个操作按钮。

最后,在 dataTable 初始化代码后面添加如下代码:

```
editModal.onResult(function () {
    dataTable.ajax.reload();
});
```

以上代码实现了在单击产品编辑对话框的 Save 按钮后刷新数据表格的功能,使数据表格中展示的是修改后最新的数据。最终的 UI 如图 3.14 所示。

至此,查看产品、创建产品和编辑现有产品的功能都已经完成,接下来将添加删除现有产品的操作。

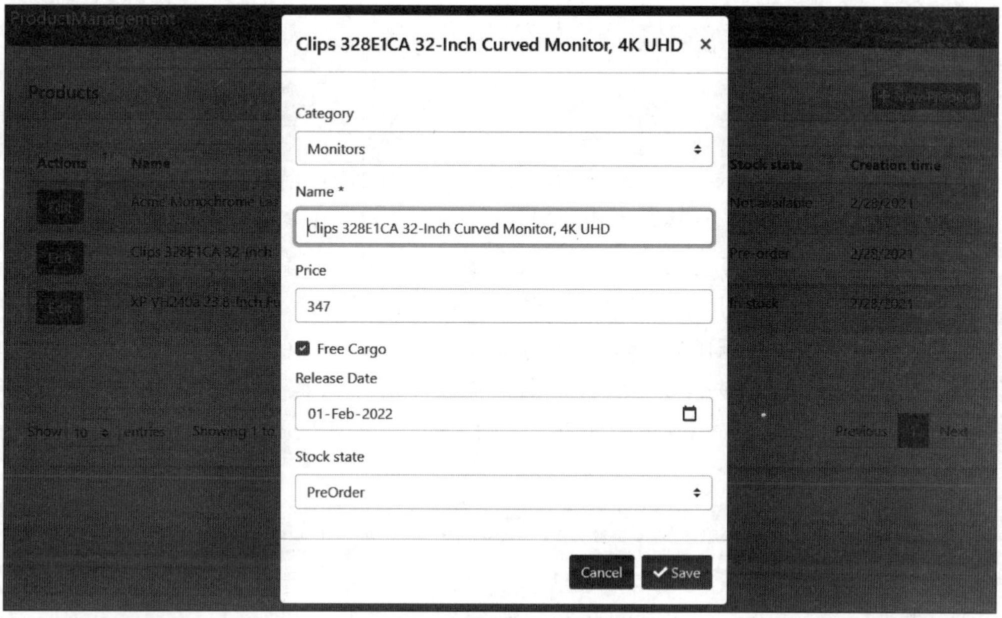

图 3.14 编辑现有的产品

3.8 删除产品

与创建和编辑操作相比，删除操作非常简单，因为不需要创建表单。首先向 IProductAppService 服务接口添加一个新方法，代码如下：

```
Task DeleteAsync(Guid id);
```

然后，在 ProductAppService 类中实现这个方法，代码如下：

```
public async Task DeleteAsync(Guid id)
{
    await _productRepository.DeleteAsync(id);
}
```

接下来向产品数据表格中添加一个新操作。打开 Index.cshtml.js 文件，在定义 Edit 操作的代码后面（在 rowAction.items 数组中）添加如下代码：

```
{
    text: l('Delete'),
    confirmMessage: function (data) {
        return l('ProductDeletionConfirmationMessage',data.record.name);
    },
    action: function (data) {
        productManagement.products.product
            .delete(data.record.id)
            .then(function() {
                abp.notify.info(l('SuccessfullyDeleted'));
```

```
                    dataTable.ajax.reload();
            });
        }
    }
```

在这段代码中,confirmMessage 函数用于在执行删除操作前向用户展示提示信息并获取用户的确认信息。如前所述,productManagement. products. product. delete 方法是由 ABP 框架动态创建的。通过这种方式可以直接在 JavaScript 代码中调用服务器端方法。调用该方法仅需要传递当前记录的 ID。它的返回值是一个 Promise 对象,可以调用 then 函数注册一个回调函数。在该函数中,调用 abp. notify. info 方法通知用户和刷新数据表格。

上述代码中使用了一些本地化文本,因此需要把如下代码添加到本地化文本文件中(ProductManagement. Domain. Shared 项目的 Localization/ProductManagement 文件夹中的 en. json 文件):

```
"ProductDeletionConfirmationMessage": "Are you sure to delete this book: {0}",
"SuccessfullyDeleted": "Successfully deleted!"
```

重新运行该 Web 项目将看到如图 3.15 所示的 UI。

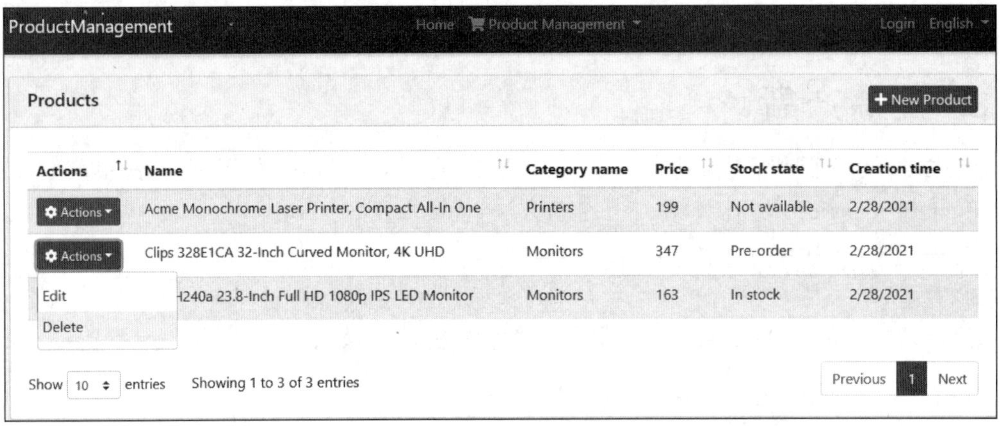

图 3.15　删除操作的 UI

Edit 操作的按钮自动变成了包含两个选项的下拉菜单。当单击 Delete 选项时,将向用户展示如图 3.16 所示的删除操作的确认信息。

如果单击 Yes 按钮,将删除这条数据并收到一条通知,然后数据表格将刷新显示的内容。

产品删除功能的实现非常简单。ABP 框架内置的一些特性能够帮助开发者实现一些常见的功能,如客户端-服务器通信、确认信息对话框和 UI 通知。

注意,Product 实体继承自 FullAuditedAggregateRoot 类,具有软删除功能。删除产品后查看数据库,将看到该数据并没有被真正地删除,而是将 IsDelete 字段设置为 true。把 IsDelete 设置为 true 将软删除(即逻辑删除而不是物理删除)产品实体。当再次查询产品信息时,被软删除的产品将被自动过滤掉,不出现在查询结果中。该功能是由 ABP 框架的数据过滤系统实现的,将在第 6 章详细介绍。

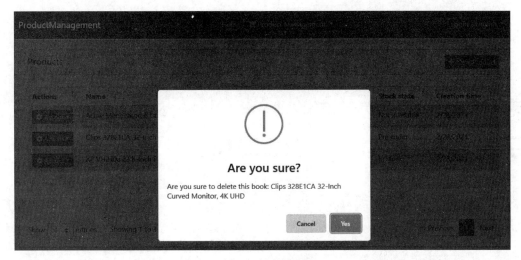

图 3.16 删除操作的确认信息

3.9 小结

本章创建了一个可以正常工作的包含 CURD 页面的 Web 应用程序,简要介绍应用程序所有层的功能,并探讨基于 ABP 框架的应用程序开发的基本步骤和方法。

本章介绍了许多不同的概念,如实体、仓储、数据库映射和迁移、自动化测试、API 控制器、动态 JavaScript 代理、对象到对象映射、软删除等。开发者如果要构建一个高质量的软件解决方案,那么无论是否使用 ABP 框架,都需要了解这些概念。ABP 框架是一个全栈应用程序开发框架,能够帮助开发者使用最佳实践实现这些概念。该框架提供了一些必要的基础设施以提高日常的开发效率。

通过本章的学习,读者可能还无法彻底理解这些概念的所有细节。但没关系,因为其余章节将帮助读者深入理解这些概念,并向读者展示这些技术的细节和不同的用例。

本章的示例应用程序相对简单。因为本章引入了许多概念,为了专注于这些概念而不是业务的复杂性,所以应用程序不包含任何重要的业务逻辑。本章忽略了授权,这将在第 7 章详细介绍。

第 4 章
示例解决方案——EventHub

第 3 章构建了一个简单的全栈 Web 应用程序,它用于管理包含类别信息的产品。读者已经了解基于 ABP 框架开发应用程序的典型步骤,当前应该能够创建具有基础功能的应用程序了。接下来,将更加深入地理解 ABP 框架的特性,从而创建更加高级的应用程序。

在书中讲解具有真实项目复杂性的示例并不容易。考虑到这一点,笔者准备了一个基于 ABP 框架的完整的真实案例——EventHub,并且已经开源,在 GitHub 可以自由获取。

EventHub 解决方案已经部署在公网上,可以通过 openeventhub.com 访问。读者可以浏览该线上系统,了解它的功能。该项目还建立了持续集成/持续开发(Continuous Integration/Continuous Development,CI/CD)流水线,使官方团队开发新功能和有来自社区的贡献时,该网站能够同步更新。读者可以随时查看该项目的源代码,提交 Bug 报告或新需求,也可以发送 pull 请求来贡献代码。正如该项目的名字一样,它就是一个开放的平台。

本书是解释 EvenHub 解决方案的唯一文档,该示例主要是为本书的读者准备。本章将包含如下内容。

(1) 简要介绍该解决方案。

(2) 介绍该解决方案的架构。

(3) 运行该解决方案。

4.1 准备工作

EventHub 项目的源代码可以通过 https://github.com/volosoft/eventhub 克隆或下载。如果想要在本地开发环境中运行该解决方案,需要安装一个 IDE/编辑器(如 Visual Studio)来构建和运行 ASP.NET Core 解决方案,还需要安装 Docker。在开发环境中下载和安装 Docker 的方法可以参阅官方文档 https://docs.docker.com/get-docker。

4.2 EventHub 简介

EventHub 是一个创建组织/团体来组织活动的平台。用户可以创建线上或线下活动,然后人们可以报名参与活动。EventHub 主页如图 4.1 所示。

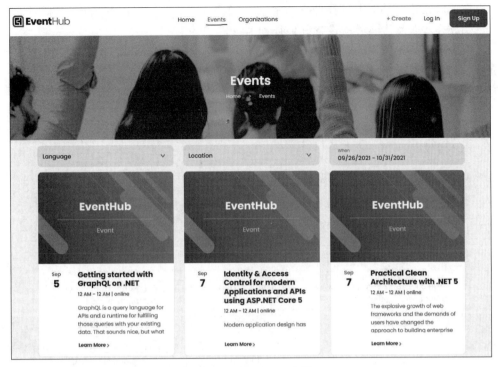

图 4.1 EventHub 主页

主页上主要展示的是即将开始的活动。单击活动的卡片可以了解该活动的详细信息，并报名参与该活动。这样，在活动开始前或时间更改时就能够收到通知邮件。

图 4.2 是用于创建新活动(Create New Event)的页面。

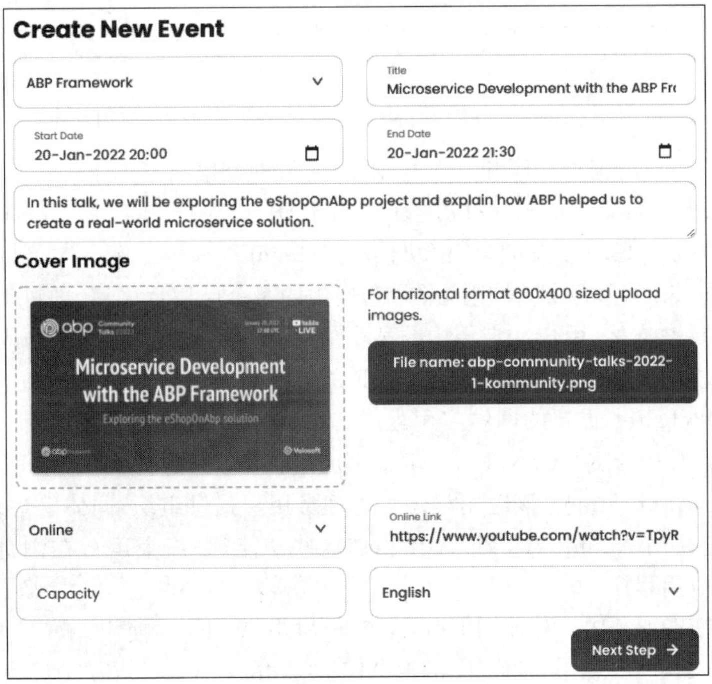

图 4.2 创建新活动的页面

用户可以在这个页面上选择拥有的组织,设置标题(Title)、时间和描述,选择封面图像(Cover Image),以及为该活动设置其他详细信息。

如果想了解关于该平台的更多信息,可以在 openeventhub.com 上注册并浏览其他相关页面。本书主要探讨技术细节,而不是该应用程序的功能。接下来从全局出发,深入介绍该解决方案的架构。

4.3 架构

图 4.3 展示了该解决方案的总体框架及其包含的应用程序。

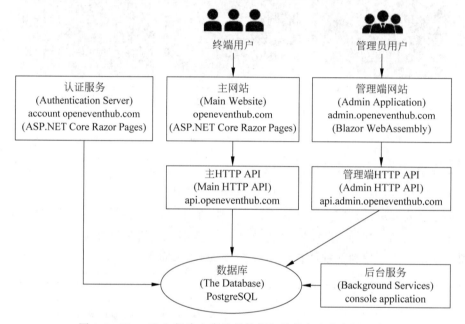

图 4.3 EventHub 解决方案的总体框架及其包含的应用程序

图 4.3 中包含 6 个应用程序和 1 个数据库,它们的详细信息如下。

(1) Authentication Server:该应用程序用于登录、注册和管理用户账户。它是基于 ABP 框架提供的账户模块开发的,该模块使用了 IdentityServer 库。它可以作为单点登录(Single Sign-On,SSO)服务器,使用户登录它们中的某个应用程序后,即可获得访问其他应用程序的权限(反之亦然,用户从它们中的某个应用程序注销后,就无法访问这些应用程序中的任何一个)。它是一个 ASP. NET Core Razor Pages 应用程序,能够直接访问数据库。

(2) Main Website:重要的网站应用程序,为终端用户提供新建活动和报名参加活动的功能。它是一个 ASP. NET Core Razor Pages 应用程序,使用 Main HTTP API 作为后端。

(3) Admin Application:该应用程序为管理员用户提供组织/团体管理、活动管理和系统管理功能。它使用 Admin HTTP API 实现这些功能,是一个运行在浏览器上的 Blazor WebAssembly 应用程序。

(4) Main HTTP API:发布 HTTP API 供 Main Website 使用。

(5) Admin HTTP API:发布 HTTP API 供 Admin Application 使用。

（6）Background Services：它是一个控制台应用程序，用于运行该系统的后台工作者和后台任务。

（7）The Database：它是一个关系数据库——PostgreSQL，用于存储该系统中的数据。

该系统由于使用分布式方式部署，因此使用 Redis 作为分布式缓存服务器。接下来从认证流程开始介绍这个系统。

4.3.1 认证流程

如前所述，Authentication Server 是一个 SSO 服务器，为用户和客户端提供认证服务。当用户想要/需要登录 Main Website 和 Admin Application 时，使用 OpenID Connect（OIDC）协议将用户重定向到 Authentication Server。图 4.4 展示了该系统的认证流程。

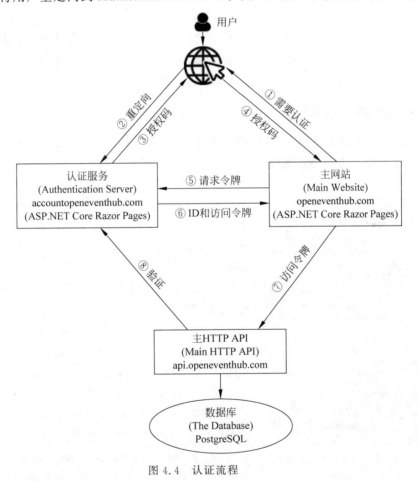

图 4.4 认证流程

该流程的逻辑顺序如下：

（1）当用户想要访问需要认证的页面或者用户明确单击登录链接时，Main Website 把用户重定向到 Authentication Server。

（2）Authentication Server 包含一个登录页面，用户可以输入用户名和密码来登录，或者单击注册链接注册一个新用户。一旦完成登录过程，用户就被重定向回 Main Website，并返回授权码。

（3）Main Website 带着获得的授权码向服务器请求令牌。

（4）Authentication Server 返回一个 ID 令牌（包含一些用户信息，如用户名、ID、电子邮箱等）和访问令牌。

（5）Main Website 把访问令牌存储到 Cookie 中，以便在接下来的请求中使用。当 Main Website 向 Main HTTP API 应用程序发送 HTTP 请求时，从 Cookie 中获取访问令牌，并把它添加到 HTTP 请求头中。

（6）Main HTTP API 应用程序验证访问令牌并授权该请求。

Main Website 使用 Cookie 存储访问令牌，而 Admin Application 把访问令牌存储到浏览器的本地存储（local storage）中，并在每次向服务器发送请求时把它添加到 HTTP 请求头中。

所有这些操作都是在 ABP 框架的 Account 模块和 IdentityServer 模块中完成的，开发者的应用程序仅需要正确配置这些模块。为了更专注于整体的解决方案结构和系统的架构，这里不再展示详细的配置代码。若想了解更多细节，请查看源代码。

4.3.2 节将预览 EventHub 解决方案和其中的一些项目。

4.3.2 解决方案预览

EventHub 解决方案由多个项目组成，这些项目按照应用程序的类型分成多个组，如

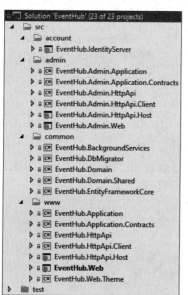

图 4.5 Visual Studio 中 EventHub
解决方案的结构

图 4.5 所示。

该解决方案包含一个领域层、两个应用层及对应的两个 HTTP API 层和两个 UI 层。这两个应用程序使用同一个领域层，但是它们有不同的应用程序逻辑，因此该解决方案包含两个应用层，9.4 节将详细探讨这个问题。

admin 文件夹包含系统维护用户使用的管理应用程序，详情如下。

（1）EventHub. Admin. Application 项目属于管理端的应用层，包含应用服务的实现代码。EventHub. Admin. Application. Contracts 项目包含与 UI 层共用的应用服务接口和 DTO 的代码。

（2）EventHub. Admin. HttpApi 项目中定义了供 UI（Web）层调用的 API 控制器。

（3）EventHub. Admin. HttpApi. Client 是一个类库项目。.NET 应用程序可以通过引用该库更容易地调用 API 控制器。UI（Web）层使用该项目调用这些 HTTP API。该项目使用了 ABP 框架的 C♯ 动态代理功能，将在第 14 章详细介绍。通过这种方式，开发者从 UI 层调用这些 HTTP API 时无须编写与 HTTP 客户端相关代码及处理底层细节。

（4）EventHub. Admin. HttpApi. Host 项目为 HTTP API 层提供宿主。通过这种方式，实现了包含宿主逻辑的项目（即本项目）和 HTTP API 控制器项目的分离。

（5）EventHub.Admin.Web 项目属于 UI 层。它是一个在浏览器上运行的、能够向服务器发送 HTTP API 请求的 Blazor WebAssembly 应用程序。

account 文件夹中仅包含一个项目——EventHub.IdentityServer，它作为认证服务器，用于对用户进行身份验证。

common 文件夹包含一些通用的库和服务，详情如下。

（1）EventHub.BackgroundServices 是一个控制台应用程序项目，用于运行该系统所需的后台工作者和后台任务，它们需要一直运行。

（2）EventHub.DbMigrator 是另一个控制台应用程序项目，用于执行挂起的数据库迁移并向数据库添加初始种子数据（如管理员用户/角色和它们的权限）。它可用于开发环境和生产环境。

（3）EventHub.Domain 项目属于领域层，包含实体、领域服务和其他一些领域对象的定义和实现。EventHub.Domain.Shared 项目定义了一些常量和其他类，它们能够被该解决方案中所有层和应用程序共享使用。

（4）EventHub.EntityFrameworkCore 项目包含 Entity Framework Core(EF Core)中的 DbContext 类代码、数据库映射代码、数据库迁移代码、仓储实现代码和其他一些与 EF Core 相关的代码。

www 文件夹包含 Main Website(www.openeventhub.com)应用程序的组件，详情如下。

（1）EventHub.Application 项目属于应用层，包含应用服务的实现代码。EventHub.Application.Contracts 项目包括应用服务接口的定义和数据传输对象的定义，它们被 UI 层和应用层共享使用。

（2）EventHub.HttpApi 项目包含 Web API 控制器的实现代码，它们被 UI(Web)层调用。项目中的控制器仅对应用服务进行简单封装，无复杂业务功能。

（3）EventHub.HttpApi.Client 是一个库项目。.NET 应用程序可以通过引用该库来方便地调用 API 控制器。UI(Web)层使用该项目调用这些 HTTP API。该项目使用了 ABP 框架的动态 C♯代理功能，将在第 14 章详细介绍。通过这种方式，开发者从 UI 层调用这些 HTTP API 时无须编写 HTTP 客户端相关代码及处理底层细节。

（4）EventHub.HttpApi.Host 为 HTTP API 层提供宿主，是一个 Web 应用程序。通过这种方式，实现了包含宿主逻辑的项目（即本项目）和 HTTP API 控制器项目的分离，这使得 EventHub.HttpApi 项目作为一个库被重用成为可能。

（5）EventHub.Web 项目属于 UI 层。它是一个典型的 ASP.NET Core Razor Pages 应用程序，它在服务器端渲染 HTML。该项目没有直接连接数据库，所有操作通过调用 Main HTTP API 应用程序来完成。

（6）EventHub.Web.Theme 项目中包含应用程序的自定义主题。ABP 框架实现了一个主题系统，开发者可以使用它来构建自己的主题，并能在其他应用程序中重用它们。EventHub.Web 项目使用这里定义的主题。第 4 部分将详细讲解主题系统。

本节简要地介绍了该解决方案中的所有项目，理解这些项目之间的依赖关系也是非常重要的。

4.3.3　项目依赖

把解决方案分成多个项目,使在运行时存在多个单独的应用程序,但是在必要时应用程序之间可以共享代码。

接下来将分别介绍每个应用程序的依赖关系,以便了解代码库是如何组织的。首先从最重要的应用程序 Main Website 开始。

1. Main Website

Main Websit 是终端用户使用的应用程序。由于所有项目名称都有相同的前缀 EventHub,所以为了方便介绍,接下来的介绍中将省略这个前缀。图 4.6 展示了 Web 项目的依赖关系。

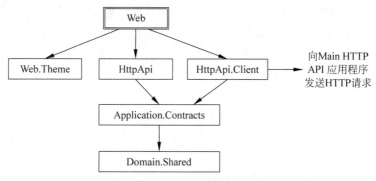

图 4.6　Main Website(Web 项目)的依赖关系

Web 项目依赖 Web. Theme 项目,它实现了 EventHub 应用程序的 UI 主题。Web. Theme 项目是一个单独的项目,因为 Authentication Server 应用程序重用了它。这为多个应用程序之间重用 UI 主题提供了范例。

Web 项目还依赖 HttpApi 项目。通过这种方式,Web 应用程序才能使用 JavaScript 客户端[1]访问这些 HTTP API。然而,当用户通过 UI 操作向该 Web 应用程序的 HTTP API 控制器发出请求时,这个请求到达该控制器后,内部代码通过 HttpApi. Client 项目把它转发到 Main HTTP API(后端)上[2]。HttpApi 项目和 HttpApi. Client 项目都引用了 Application. Contracts 项目。HttpApi 项目中的 API 控制器只是调用了这些应用服务接口(在 Application. Contracts 项目中定义),而 HttpApi. Client 项目实现了这些接口(基于 ABP 框架的动态 C♯ 代理系统,参见第 14 章),具体实现为一个到 Main HTTP API 应用程序的远程 HTTP 调用。[3]

2. Main HTTP API

Main HTTP API 被 Main Website 作为后端 API 使用。Main HTTP API 中运行着项目的应用逻辑和领域逻辑,被部署在 api. openeventhub. com 上。图 4.7 展示了 HttpApi. Host 项目

---

　　[1]　HttpApi 项目实现了一个动态 JavaScript 代理。

　　[2]　Web 项目中存在两种访问 HttpApi 项目定义的端点的方法:一种是在 JavaScript 中访问(通过动态 JavaScript 代理、$. ajax 或 abp. ajax);另一种是通过动态 C♯ 代理的方式,一般出现在 Web 项目中定义的控制器方法中。

　　[3]　Application. Contracts 项目中定义的接口有两个实现:一个实现在 Application 项目中,即 AppService;另一个实现在 HttpApi. Client 中,是一个基于 HTTP 的远程调用。

的直接和间接依赖。

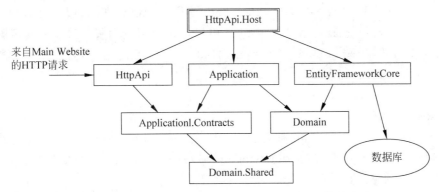

图 4.7　Main HTTP API(HttpApi. Host 项目)的依赖关系

通过引用(添加项目依赖的方式)HttpApi 项目(包含 API 控制器的定义),Main HTTP API 就能够响应 HTTP API 请求。这些 API 控制器调用了 Application. Contracts 项目中定义的应用服务接口。这些接口的实现在 Application 项目中。这就是 HttpApi. Host 项目需要引用 Application 项目的原因。Application 项目使用 Domain 项目实现应用程序的业务逻辑。

由于 HttpApi. Host 项目在运行时需要数据层,所以该项目引用了 EntityFrameworkCore 项目。这个项目实现了实体和数据库表之间的映射,并且实现了 Domain 项目中定义的仓储接口。

那些依赖 Application. Contracts 项目(间接依赖 Domain. Shared 项目)的项目可以通过相同的应用服务接口通信。

至此已经介绍完普通用户端应用程序,接下来介绍管理员端的应用程序。

3. Admin Application

Admin Application 是一个运行在浏览器上的 Blazor WebAssembly 应用程序,可以通过 admin. openeventhub. com 访问。该应用程序为管理员提供与系统维护相关的功能。它具有一组不同的 API、UI 页面、授权规则、缓存需求等,因此为该应用程序创建了单独的应用层和 HTTP API 层。然而,它与其他应用程序共享领域层,因此该应用与其他应用使用相同的领域逻辑和数据库。

首先介绍前端(Blazor WebAssembly)应用程序的依赖关系,如图 4.8 所示。

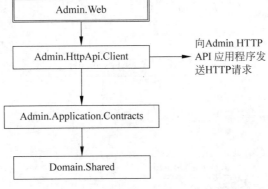

图 4.8　Admin Website 项目的依赖关系

由于 Admin. Web 项目（即 Blazor WebAssembly 应用程序）需要远程调用 HTTP API，因此该项目引用了 Admin. HttpApi. Client 项目。ABP 框架的动态 C♯客户端代理系统（参阅第 14 章）允许 Blazor WebAssembly 应用程序使用应用服务接口来调用服务器端的 Admin HTTP API。Admin. HttpApi. Client 项目为了使用应用服务接口需要依赖 Admin. Application. Contracts，Admin. Application. Contracts 项目又依赖 Domain. Shared 项目。

4. Admin HTTP API

Admin HTTP API 应用程序被管理网站用作后端 API。该应用程序中运行着项目的应用逻辑和领域逻辑，被部署到 admin-api. openeventhub. com 上。图 4.9 展示了 Admin. HttpApi. Host 项目的直接和间接依赖。

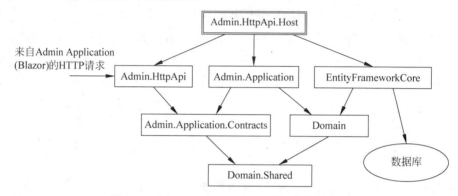

图 4.9   Admin. HttpApi. Host 项目的依赖关系

图 4.9 与 Main HTTP API 应用程序的依赖关系非常相似。区别在于 Admin Application 具有不同的 HTTP API 层和应用层。然而，该应用程序与 Main HTTP API 共享相同的领域层和数据库访问层（EntityFrameworkCore）以共享相同的领域规则和数据库，9.4 节将再次进行讨论。

所有的应用程序都要用到 SSO 服务器提供的身份认证服务。接下来介绍 Authentication Server 应用程序。

5. Authentication Server

Authentication Server 对应的项目为 IdentityServer 项目，它的依赖关系如图 4.10 所示。

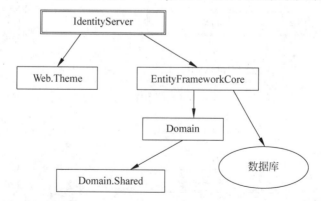

图 4.10   Authentication Server(IdentityServer 项目)的依赖关系

IdentityServer 项目依赖 Web. Theme 项目,该项目定义了 UI 主题,IdentityServer 项目与 Main WebSite 项目共享使用该主题。为了能够访问数据库,该项目也引用了 EntityFrameworkCore 项目,因此导致间接引用了 Domain 项目和 Domain. Shared 项目。

6. BackgroundServices

BackgroundServices 项目的依赖关系如图 4.11 所示。

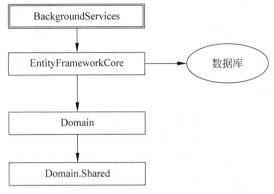

图 4.11　BackgroundServices 项目的依赖关系

为了能够访问数据库,BackgroundServices 项目需要依赖 EntityFrameworkCore 项目。该项目也需要使用领域对象(实体和领域服务)来执行后台任务。

至此已经介绍完该解决方法中的所有项目。

4.4　运行解决方案

若要在本地开发环境中运行该解决方案,请按照下面的步骤操作。

4.4.1　克隆 GitHub 仓库

首先,需要把该项目的源代码从 GitHub 仓库克隆到自己本地计算机中,仓库地址为 https://github. com/volosoft/eventhub,使用如下命令行(需要预先安装 Git 工具)执行克隆操作:

```
git clone https://github.com/volosoft/eventhub.git
```

或者在浏览器中打开 https://github. com/volosoft/eventhub,选择 Code→Download ZIP 选项,如图 4.12 所示。

然后把下载的 ZIP 文件解压缩到一个空文件夹中。

图 4.12　从 GitHub 下载 EventHub 的代码仓库

4.4.2　运行基础设施

EventHub 项目需要 Redis 服务器和 PostgreSQL 服务器。代码仓库中的 etc/docker 文件夹包含 docker-compose 文件。如果计算机中已经安装了 Docker,那么可以直接执行该文件夹中的 up. ps1 文件来启动这些服务器。如果计算机上无法使用 PowerShell，也可以用文本编辑器打开该文件，复制其中的内容，然后在 etc/docker 目录下使用命令行执行复制的命令。第一次运行可能要花费几分钟时间下载 Docker 镜像。如果不想使用 Docker，则需要在自己的计算机上安装 Redis 服务器和 PostgreSQL 服务器。

4.4.3　打开解决方案

克隆或者下载的代码仓库的根文件夹下有一个名为 EventHub. sln 的文件。如果想开发或者调试该解决方案，可以在 Visual Studio 或者其他兼容. NET 开发的 IDE 中打开该文件。

4.4.4　创建数据库

该解决方案包含一个名为 EventHub. DbMigrator 的控制台应用程序，如图 4.5 所示。运行这个应用程序（在 Visual Studio 中，右击该项目，在弹出的快捷菜单中选择 Set as the startup project 选项，然后按 Ctrl＋F5 快捷键运行），就可以创建一个数据库，并写入一些初始化种子数据。

4.4.5　运行应用程序

现在，已经完成启动整个应用程序的准备工作。按照如下顺序依次运行这些项目（在 Visual Studio 中，右击每个项目，在弹出的快捷菜单中选择 Set as the startup project 选项，然后按 Ctrl＋F5 快捷键运行）：

（1）EventHub. IdentityServer。

（2）EventHub. HttpApi. Host。

（3）EventHub. Web。

（4）EventHub. Admin. HttpApi. Host。

（5）EventHub. Admin. Web。

（6）EventHub. BackgroundServices。

使用 admin 作为用户名，1q2w3E＊作为密码登录该系统。也可以通过 UI 新建用户。需要注意的是，当运行多个应用程序时，Visual Studio 可能会出现问题，有时，前一个运行的应用程序会终止。如果发生这种情况，就重新运行终止的应用程序。

4.4.6　使用 Tye 运行解决方案

如果不需要开发或调试解决方案，只是想运行它，那么可以使用微软提供的 Tye，而无须打开 IDE。Tye 是. NET 平台的全局工具。它能够根据一个简单的配置文件方便地运行这种分布式应用程序。使用 Tye 运行该解决方案的配置文件已经准备好，读者仅需安装并运行 Tye。

在使用 Tye 前，依然需要运行基础设施（参阅 4.4.2 节），然后使用 EventHub. DbMigrator 应用程序创建数据库。如果还没有做好这些准备工作，可以在 src/EventHub. DbMigrator 目录下打开命令行并运行如下命令：

```
dotnet run
```

数据库就绪以后，在命令行中输入如下命令安装 Tye：

```
dotnet tool install -g Microsoft.Tye
```

在撰写本书时，Tye 仍处于预览阶段。安装该工具需要指定最新的预览版本，可以在 NuGet 上通过 https://www.nuget.org/packages/Microsoft.Tye 找到。预览版本的安装命令如下：

```
dotnet tool install -g Microsoft.Tye --version "0.10.0-alpha.21420.1"
```

Tye 的安装方法详见 https://github.com/dotnet/tye/blob/main/docs/getting_started.md。

Tye 运行的前置条件是计算机上已经安装 Docker。安装完成后，可运行如下命令启动这些应用程序。如果 IDE 是打开的，建议先关闭它。

```
tye run
```

初次运行需要一段时间。一旦启动完成，就可以在浏览器中通过 http://127.0.0.1:8000 打开 Tye Dashboard 页面，如图 4.13 所示。

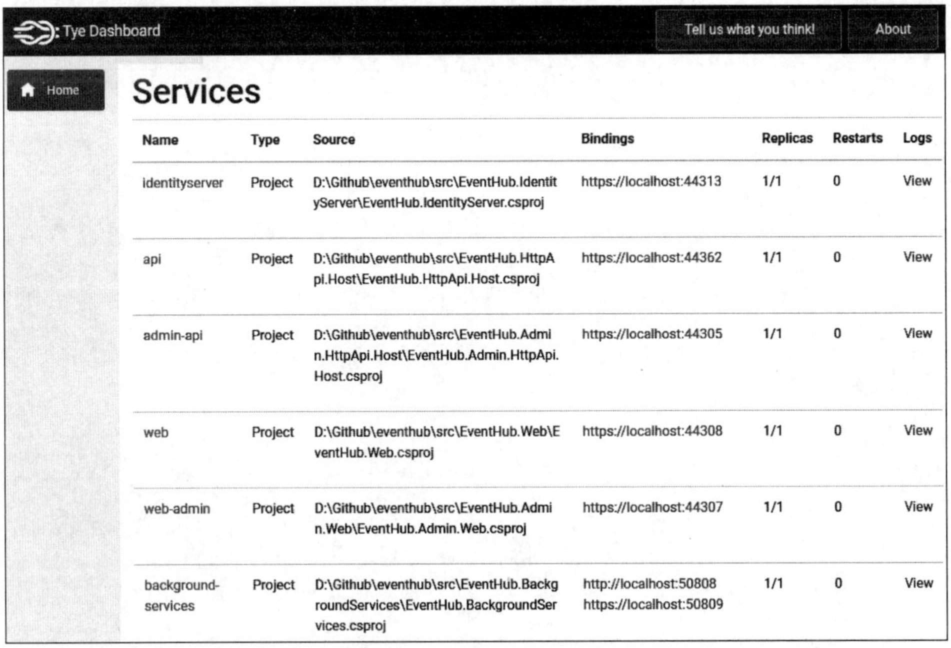
Tye Dashboard
Tell us what you think!
About
Home
Services
Name
Type
Source
Bindings
Replicas
Restarts
Logs
identityserver
Project
D:\Github\eventhub\src\EventHub.IdentityServer\EventHub.IdentityServer.csproj
https://localhost:44313
1/1
0
View
api
Project
D:\Github\eventhub\src\EventHub.HttpApi.Host\EventHub.HttpApi.Host.csproj
https://localhost:44362
1/1
0
View
admin-api
Project
D:\Github\eventhub\src\EventHub.Admin.HttpApi.Host\EventHub.Admin.HttpApi.Host.csproj
https://localhost:44305
1/1
0
View
web
Project
D:\Github\eventhub\src\EventHub.Web\EventHub.Web.csproj
https://localhost:44308
1/1
0
View
web-admin
Project
D:\Github\eventhub\src\EventHub.Admin.Web\EventHub.Admin.Web.csproj
https://localhost:44307
1/1
0
View
background-services
Project
D:\Github\eventhub\src\EventHub.BackgroundServices\EventHub.BackgroundServices.csproj
http://localhost:50808
https://localhost:50809
1/1
0
View

图 4.13　Tye Dashboard

Tye Dashboard 用于实时展示已经运行的应用程序及其日志。可以单击 Bindings 列上的链接来打开任意应用程序。Name 为 Web 的行展示的是该系统 Main Website 的信息。

使用 Tye 同时运行解决方案中的多个应用程序非常方便。开发者也可以为项目配置 dotnet watch，以使在项目源代码更改时，自动重新加载(或.NET 6.0 热加载)应用程序。如果想了解关于 Tye 的更多细节，可以参阅微软官方文档 https://github.com/dotnet/tye/tree/main/docs。

4.5　小结

EventHub 是一个基于 ABP 框架的完整的可以媲美真实项目的应用程序。它已经在线上部署。用户可以随时发送 Bug 报告、功能需求和 pull 请求。

本章的目的不是解释源代码,而是为了介绍整体架构和该解决方案的结构,以便读者能够掌握如何浏览代码库和运行解决方案。

EventHub 很好地演示了构建多应用程序系统的方法及步骤,对于理解 ABP 框架的分层模型和如何在不同应用程序中重用这些层非常有帮助。

通过本章的学习,读者可能还无法彻底理解 EventHub 解决方案的所有细节,因为还没有深入介绍 ABP 框架的模块系统、数据库集成、动态 C♯ 客户端代理及其他特性。第 2 部分将深入讲解 ABP 框架和 ASP. NET Core 框架的基本模块,从而使读者更加深入地理解这些技术细节。

第 2 部分
ABP 框架基础

第 2 部分(第 5～8 章)将介绍 ABP 框架为实现常见的软件开发需求所提供的基础设施。ABP 框架通过约定自动化完成一些常见任务,从而帮助开发者实现 DRY 原则。

第 5 章

ASP. NET Core 和 ABP 框架的基础设施

ASP. NET Core 和 ABP 框架都为现代应用程序开发提供了许多构件和功能。本章将介绍最基本的构件,从而使读者能够理解应用程序配置和初始化的过程。

本章从 ASP. NET Core 中的 Startup 类开始,阐述为什么需要模块化系统,以及 ABP框架如何通过提供一个模块化的方式来配置和初始化应用程序;然后,讨论 ASP. NETCore 提供的依赖注入系统和 ABP 框架提供的根据预定义规则实现的自动化依赖注入注册方式;接着介绍 ASP. NET Core 的配置和选项的模式以学习配置 ASP. NET Core 应用程序和其他库的方式。

5.1 准备工作

如果想要运行示例程序,需要安装用于构建 ASP. NET Core 项目的 IDE/编辑器(如Visual Studio)。读者可以从 GitHub 仓库 https://github. com/PacktPublishing/Mastering-ABP-Framework 下载本章的示例代码。

5.2 模块化

模块化是一种将大型软件的功能分解成更小的部分,并允许每个部分根据需要通过标准化接口与其他部分通信的设计技术。模块化有以下 3 个优点。

(1) 由于模块之间是互相隔离的,仅能通过预先定义且有限的接口进行通信,因此模块化能够降低软件的复杂性。

(2) 模块之间是松散耦合的,为程序开发提供了灵活性。之后开发者可以重构或者替换某个模块。

(3) 模块能够独立于应用程序,从而提高了它的重用性。

大部分企业软件系统都是以模块化的方式进行设计的。然而,实现模块化设计并不容易,并且 ASP. NET Core 在模块化设计上没有提供相关的支持。ABP 框架的主要目标之一是为开发真正的模块化系统提供基础设施和工具。第 15 章将详细探讨模块化应用程序开发,本节仅介绍一些 ABP 框架的模块的基础知识。

5.2.1　Startup 类

在定义模块类之前，首先回顾 ASP. NET Core 中的 Startup 类，从而了解模块类需要完成的工作。示例代码如下所示：

```
public class Startup
{
    public void ConfigureServices(IServiceCollection services)
    {
        services.AddMvc();
        services.AddTransient<MyService>();
    }

    public void Configure(IApplicationBuilder app, IWebHostEnvironment env)
    {
        app.UseRouting();
        if (env.IsDevelopment())
        {
            app.UseDeveloperExceptionPage();
        }
        app.UseEndpoints(endpoints =>
        {
            endpoints.MapControllers();
        });
    }
}
```

ConfigureServices 方法用于配置其他服务或者向依赖注入系统注册新服务。Configure 方法用于配置 ASP. NET Core 的请求处理管道（ASP. NET Core request pipeline），它由一系列处理 HTTP 请求的中间件构成。

通常在配置位于 Program. cs 文件中的 HostBuilder 时注册 Startup 类，以便应用程序启动时可以执行这段程序，代码如下：

```
public class Program
{
    public static void Main(string[] args)
    {
        CreateHostBuilder(args).Build().Run();
    }
    public static IHostBuilder CreateHostBuilder(string[]args) =>
        Host.CreateDefaultBuilder(args)
            .ConfigureWebHostDefaults(webBuilder =>
            {
                webBuilder.UseStartup<Startup>();
            });
}
```

这段代码已经包含在 ASP. NET Core 的启动模板中，无须手动编写。

Startup 类的问题在于它的唯一性。也就是说，所有应用程序服务只能在一个位置进行配置和初始化。然而，在模块化应用程序中，每个模块都应该进行配置和初始化与该模块相关的服务。此外,一个模块通常需要使用或依赖其他模块,因此这些模块需要按照正确的顺序进行配置和初始化。ABP 框架的模块定义类解决了这些问题。

5.2.2　定义模块类

ABP 框架的模块由一组一起开发和发布的类型(如类和接口)组成。它是一个程序集(Visual Studio 中的一个项目),包含一个派生自 AbpModule 的模块类。模块类负责配置和初始化该模块,并在必要时配置它所依赖的模块。

以下代码是一个简单的短信服务(Short Messaging Service,SMS)的模块定义类。

```
using Microsoft.Extensions.DependencyInjection;
using Volo.Abp.Modularity;
namespace SmsSending
{
    public class SmsSendingModule : AbpModule
    {
        public override void ConfigureServices(ServiceConfigurationContext context)
        {
            context.Services.AddTransient<SmsService>();
        }
    }
}
```

每个模块都可以重写 ConfigureServices 方法,来把它的服务注册到依赖注入系统中并配置其他模块。以上代码以瞬时服务的方式把 SmsService 注册到依赖注入系统中,并在模块定义类中实现了服务注册,功能与 5.2.1 节中的 Startup 类一样。然而,大多数情况下,开发者不需要手动注册这些服务,因为 ABP 框架的 DI 系统能够自动化地完成这些工作,参阅 5.3.2 节。

AbpModule 类定义了 OnApplicationInitialization 方法,该方法在服务注册完成并且应用程序做好运行准备后执行。该方法可以在应用程序启动时执行一些必要的操作,如初始化一个服务,代码如下:

```
public class SmsSendingModule : AbpModule
{
    //...
    public override void OnApplicationInitialization(
        ApplicationInitializationContext context)
    {
        var service = context.ServiceProvider.GetRequiredService<SmsService>();
        service.Initialize();
    }
}
```

这段代码使用 context.ServiceProvider 方法从依赖注入系统中获取一个服务并初始化该服务。由于此时 DI 系统已经准备好,因此可以直接从中获取服务。也可以把 OnApplicationInitialization 方法看作 Startup 类的 Configure 方法,因此开发者可以在该方法中配置 ASP.NET Core 的请求处理管道。当然,通常情况下应该在启动模块中配置请求处理管道。

5.2.3　模块依赖和启动模块

一个业务应用程序通常包含多个模块，ABP 框架允许开发者声明模块之间的依赖关系。一个应用程序总是有一个启动模块(startup module)。启动模块可以依赖某些模块，这些模块也可以依赖其他一些模块，以此类推。

图 5.1 展示了一个简单的模块依赖关系。

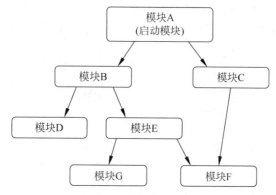

图 5.1　模块依赖关系

ABP 框架根据模块依赖关系初始化模块。如果模块 A 依赖模块 B，那么模块 B 总是在模块 A 之前初始化。这样，模块 A 就能够使用、设置、更改或覆盖模块 B 定义的配置和服务。图 5.1 中的模块的初始化顺序是 G→F→E→D→B→C→A。开发者不需要知道确切的初始化顺序，只要知道如果某个模块依赖模块 X，那么模块 X 一定会在该模块之前初始化。

使用[DependsOn]特性声明模块间的依赖关系，代码如下：

```
[DependsOn(typeof(ModuleB), typeof(ModuleC))]
public class ModuleA : AbpModule
{
}
```

这段代码中，ModuleA 使用[DependsOn]特性声明其依赖 ModuleB 和 ModuleC。

对于 ASP. NET Core 应用程序来说，启动模块(示例中的 ModuleA)负责初始化 ASP. Net Core 请求处理管道，代码如下：

```
[DependsOn(typeof(ModuleB), typeof(ModuleC))]
public class ModuleA : AbpModule
{
    //...
    public override void OnApplicationInitialization ( ApplicationInitializationContext context)
    {
        var app = context.GetApplicationBuilder();
        var env = context.GetEnvironment();

        app.UseRouting();
        if (env.IsDevelopment())
        {
```

```
                    app.UseDeveloperExceptionPage();
                }
                app.UseEndpoints(endpoints =>
                {
                    endpoints.MapControllers();
                });
            }
        }
```

这段代码构建了一个与 5.2.1 节相同的 ASP. NET Core 请求处理管道。context. GetApplicationBuilder()和 context. GetEnvironment()只是从依赖注入系统中获取标准的 IApplicationBuilder 服务和 IWebHostEnvironment 服务的快捷方法。

然后,开发者可以在 ASP. NET Core 的 Startup 类中使用该模块,从而把 ABP 框架和 ASP. NET Core 集成在一起,代码如下所示:

```
public class Startup
{
    public void ConfigureServices(IServiceCollection services)
    {
        services.AddApplication<ModuleA>();
    }

    public void Configure(IApplicationBuilder app)
    {
        app.InitializeApplication();
    }
}
```

services. AddApplication()方法是由 ABP 框架定义的,用于配置模块。它基本上是按照模块依赖关系的顺序执行所有模块的 ConfigureServices 方法。ABP 框架也定义了 app. InitializeApplication()方法。同样,它也是根据模块依赖关系的顺序执行所有模块的 OnApplicationInitialization 方法。ConfigureServices 方法和 OnApplicationInitialization 方法是模块类中最常用的方法。

5.2.4　模块的生命周期

AbpModule 类定义了一些方法,开发者可以通过重写这些方法在应用程序启动和关闭时执行一些自定义代码。模块包含以下 7 个生命周期方法。

(1) PreConfigureServices:该方法在 ConfigureServices 方法之前执行。在该方法中定义了一些需要在依赖模块的 ConfigureServices 方法之前执行的代码。

(2) ConfigureServices:如 5.2.3 节所述,该方法主要用于配置模块和注册服务。

(3) PostConfigureServices:该方法在所有模块(依赖于该模块的所有模块)的 ConfigureServices 方法执行之后调用,因此可以执行最后的配置。

(4) OnPreApplicationInitialization:该方法在 OnApplicationInitialization 之前调用。该阶段可以从依赖注入系统中获取服务。

(5) OnApplicationInitialization:如 5.2.3 节所述,在该方法中可以配置 ASP. NET Core 的请求处理管道和初始化服务。

（6）OnPostApplicationInitialization：该方法在初始化阶段调用。

（7）OnApplicationShutdown：在必要的时候，开发者可以在该方法中实现模块的关闭逻辑。

带 Pre 和 Post 前缀的方法（如 PreConfigureServices 和 PostConfigureServices）与相应的不带前缀的方法具有相同的作用。这些方法很少被使用，但是提供了一种可以在其他所有模块之前或之后执行一些配置/初始化代码的方式。

> **生命周期方法的异步版本**
>
> 本节中介绍的生命周期方法都是同步的。在本书撰写时，ABP 框架开发团队正在致力于在 ABP 框架的 5.1 版本中引入异步生命周期方法[①]，详情参阅 https://github.com/abpframework/abp/pull/10928。

5.3　依赖注入系统

依赖注入是一种获取类所依赖的对象的技术，实现了类对象创建和使用的分离。

假如有一个 UserRegistrationService 类，它使用 SmsService 发送验证码，代码如下：

```
public class UserRegistrationService
{
    private readonly SmsService _smsService;

    public UserRegistrationService(SmsService smsService)
    {
        _smsService = smsService;
    }

    public async Task RegisterAsync(
        string username,
        string password,
        string phoneNumber)
    {
        //把用户信息保存在数据库中
        await _smsService.SendAsync(
            phoneNumber,
            "Your verification code: 1234"
        );
    }
}
```

在这段代码中，SmsService 是通过构造函数注入模式（constructor-injection pattern）获得的。构造函数注入模式意味着需要先为类定义一个带参数的构造函数，参数就是需要注入的类对象。依赖注入系统在实例化该类时，先实例化依赖项，并把它传递给该类的构造函数，然后把这些对象实例赋值给类中的字段，以便在后面的代码中使用它们。在该示例中，RegisterAsync 方法在把用户信息保存到数据库后，使用 SmsService 发送验证码。

ASP.NET Core 自带一个依赖注入框架，ABP 框架直接使用了该框架而没有引入第三方依赖注入框架。一旦把所有的服务都注册到依赖注入系统中，任意服务都可以通过构造

---

① 译者注：模块的异步生命周期方法可参阅 https://docs.abp.io/en/abp/5.2/Module-Development-Basics。

函数注入的方式注入目标服务中,而不需要手动创建它们及它们的依赖项。

5.3.1　服务的生命周期

在设计服务时,应该考虑的最重要的事情是服务的生命周期。ASP.NET Core 在服务注册时提供了以下 3 个生命周期以供选择,开发者在注册服务时需要为每个服务选择一个生命周期。

(1) 瞬时(Transient):只要注入瞬时服务,就会重新创建一个该服务的实例。每次获取或注入瞬时服务,都会创建一个新实例。

(2) 作用域(Scoped):作用域服务是根据每个作用域的范围创建的。HTTP 请求的生命周期通常作为参考,因此在 ASP.NET Core 中每个 HTTP 请求都会创建一个作用域。在同一个作用域中共享相同的实例,在不同的作用域中得到的是不同的实例。

(3) 单例(Singleton):单例服务在整个应用程序中只有一个实例。所有的请求和服务的使用者都共用同一个实例。该对象在第一次获取的时候创建,在后续获取该对象时将重用这个已创建的实例。

以下代码中定义的模块注册了两个服务,其中一个是瞬时服务,另一个是单例服务。

```
public class MyModule : AbpModule
{
    public override void ConfigureServices(ServiceConfigurationContext context)
    {
        context.Services.AddTransient<ISmsService, SmsService>();
        context.Services.AddSingleton<OtherService>();
    }
}
```

context.Services 是一个 IServiceCollection 类型的实例,所有 ASP.NET Core 的扩展方法都可以被用于手动注册和配置服务。在这段示例代码中,AddTransient<ISmsService,SmsService>()实现了把 SmsService 注册为 ISmsService 接口的服务。由于注册的是瞬时服务,因此每当需要注入 ISmsService 时,依赖注入系统就会新建一个 SmsService 对象。AddSingleton<OtherService>()把 OtherService 注册为单例服务。在需要使用这个服务时,应该注入 OtherService 类的引用。

> **作用域依赖和 ASP.NET Core 的依赖注入文档**
>
> 默认情况下,对于 ASP.NET Core 应用程序来说,需要为每个 HTTP 请求创建作用域服务。对于非 ASP.NET Core 应用程序来说,开发者需要自己管理作用域。关于依赖注入的所有细节,可以参阅 ASP.NET Core 的官方文档 https://docs.microsoft.com/en-us/aspnet/core/fundamentals/dependency-injection。

5.3.2　约定优先的服务注册方式

得益于 ABP 框架的约定优先和声明式的服务注册系统,在使用 ABP 框架时,开发者不必过多地考虑服务注册。

如 5.3.1 节所述,在 ASP.NET Core 中,开发者需要显式地把所有服务注册到

IServiceCollection 中。然而,这些注册代码大部分都是重复代码,能够自动完成。

ABP 框架自动把以下 8 种类型的服务自动注册到依赖注入系统中。

(1) MVC 控制器。

(2) Razor Page 模块。

(3) 视图组件。

(4) Razor 组件。

(5) SignalR 中心(SignalR hub)。

(6) 应用服务。

(7) 领域服务。

(8) 仓储。

所有这些服务都注册为瞬时生命周期服务。因此,开发者不需要关心这些类的服务注册问题。如果有其他类型的服务,开发者可以使用某个 DI 接口或 Dependency 特性来注册服务。

5.3.3　与依赖注入相关的接口

开发者可以通过实现 ITransientDependency、IScopedDependency 或 ISingletonDependency 接口的方式把服务注册到依赖注入系统中。例如,以下代码段以单例模式注册服务,因此在整个应用程序的生命周期中只创建一个共享实例。

```
public class UserPermissionCache : ISingletonDependency
{}
```

这 3 个与依赖注入相关的接口十分简单,也是大多数场景下建议使用的方法,但是与[Dependency]特性相比,它们有一定的局限性。

5.3.4　[Dependency]特性

[Dependency]特性可以通过以下 3 个属性来精细地控制依赖注册过程。

(1) Lifetime(枚举类型):服务的生命周期,可选值包括 Singleton、Transient 或 Scoped。

(2) TryRegister(布尔类型):只有在服务未注册的情况下才注册该服务。

(3) ReplaceServices(布尔类型):如果服务已经注册了,则替换这个服务。

以下示例代码使用[Dependency]特性注册服务。

```
using Microsoft.Extensions.DependencyInjection;
using Volo.Abp.DependencyInjection;
namespace UserManagement
{
    [Dependency(ServiceLifetime.Transient,TryRegister = true)]
    public class UserPermissionCache
    {}
}
```

这段代码使用[Dependency]特性,并设置 Lifetime 属性为 Transient,还设置了

TryRegister 属性,把这个类注册到依赖注入系统中。

> **[Dependency]特性和依赖注入接口**
>
> 　[Dependency]特性可以与依赖注入接口一起使用。如果[Dependency]特性设置了 Lifetime 属性,那么它与依赖注入接口相比具有更高的优先级。

　只有把一个类注册到依赖注入系统中,才能在应用程序中通过依赖注入获得该类的实例。然而,一个类可以使用不同的类或者接口的引用来注入其他类中,这取决于该类要公开的服务类型。

5.3.5　[ExposeServices]特性

　如果一个类没有实现任何接口,那么就只能注入该类的实例。5.3.4 节介绍的 UserPermissionCache 类就是直接使用该类本身注入的。但是,一般情况下应该为服务定义接口。

　假设抽象的短信发送接口代码如下:

```
public interface ISmsService
{
    Task SendAsync(string phoneNumber, string message);
}
```

　这是一个非常简单的接口,只有一个发送短信的方法。假设想要使用 Azure 实现 ISmsService 接口,代码如下所示:

```
public class AzureSmsService : ISmsService,
ITransientDependency
{
    public async Task SendAsync(string phoneNumber, string message)
    {
        //TODO: ...
    }
}
```

　AzureSmsService 类实现了 ISmsService 接口和 ITransientDependency 接口。ITransientDependency 接口仅用于将服务注册到依赖注入系统中。

　开发者通常希望通过注入 ISmsService 接口来使用 AzureSmsService 类。ABP 框架足够"聪明",能够理解开发者的意图,并在依赖注入系统中自动把 AzureSmsService 类注册为 ISmsService 接口的服务。开发者既可以通过注入 ISmsService 接口,也可以通过注入 AzureSmsService 的引用,来使用 AzureSmsService 类。在依赖注入系统中自动把 AzureSmsService 类注册为 ISmsService 接口的服务是通过命名约定实现的:ISmsService 接口是 AzureSmsService 类的默认接口,因为该类以 SmsService 后缀结尾。

　假设有一个类,它实现了多个接口,代码如下所示:

```
public class PdfExporter: IExporter, IPdfExporter, ICanExport,ITransientDependency
{}
```

　可以通过注入 IPdfExporter 接口、IExporter 接口或者 PdfExporter 类的引用的方式使用 PdfExporter 服务。但是，因为 PdfExporter 类的名字不是以 CanExport 结尾的，所以不能使用 ICanExport 接口注入该服务。

如果需要改变以上的默认规则，那么可以使用[ExposeServices]特性，代码如下：

```
[ExposeServices(typeof(IPdfExporter))]
public class PdfExporter: IExporter, IPdfExporter, ICanExport,ITransientDependency
{}
```

这样就只能通过注入 IPdfExporter 接口来使用 PdfExporter 类了。

> **问题：应该为每个服务定义接口吗？**
>
> 开发者可能会困惑是否应该为每个服务都定义接口，并且使用接口注入这些服务。ABP 框架并不强迫开发者这样做，并且最佳实践是在遇到以下情况时定义接口：实现服务之间的松耦合；一个服务存在多个实现；在单元测试中方便地模拟服务；在物理上实现接口与实现的分离（例如在 Application.Contracts 项目中定义应用服务接口，在 Application 项目中实现这些服务接口，又如在领域层定义仓储接口，但是在基础设施层中实现这些接口）等。

至此已经介绍完注册和使用服务的方法。有些服务或者库存在一些可配置的选项，需要在使用它们之前对它们进行配置。5.4 节和 5.5 节将探讨如何基于选项模式配置这些服务和库。

5.4 应用程序配置

ASP.NET Core 的配置（configuration）系统为应用程序提供了一种方便的方式来读取基于键值对的配置信息。它是一个可扩展的系统，可以从各种资源中读取键值对，如 JSON 配置文件、环境变量、命令行参数和 Azure Key Vault[①]。

> **ABP 框架和 ASP.NET Core 的配置系统**
>
> ABP 框架没有向 ASP.NET Core 的配置系统添加新功能。不过，要正确地使用 ASP.NET Core 和 ABP 框架，理解配置系统的工作原理还是至关重要的。本书将介绍配置系统的基础知识，详情参阅 ASP.NET Core 的官网文档 https://docs.microsoft.com/en-us/aspnet/core/fundamentals/configuration。

5.4.1 设置配置值

设置配置值最简单的方法是使用 appsettings.json 文件。假设构建一个使用 Azure 发送短信验证码的服务，需要使用以下两个配置值。

（1）Sender：展示给目标用户的发信人号码。

（2）ConnectionString：Azure 资源的连接字符串。

开发者可以在 appsettings.json 文件的配置部分定义这些值，代码如下：

---

① 由 Azure 提供的一项云服务，详情参阅 https://azure.microsoft.com/zh-cn/services/key-vault/。

```
{
    ...
    "AzureSmsService": {
        "Sender": " + 901112223344",
        "ConnectionString": "..."
    }
}
```

　　配置节的名称(这段代码中的 AzureSmsService)和键的名称(这段代码中的 Sender 和 ConnectionString)可以是任意值,只要和代码中使用的名称相同即可。

　　一旦在配置文件中定义了这些值,开发者就能够方便地在应用程序代码中读取它们。

5.4.2　读取配置值

　　当需要读取配置值时,可以注入和使用 IConfiguration 服务。获取 Azure 配置,并使用 AzureSmsService 类发送短信的代码如下:

```
using System.Threading.Tasks;
using Microsoft.Extensions.Configuration;
using Volo.Abp.DependencyInjection;
namespace SmsSending
{
    public class AzureSmsService : ISmsService, ITransientDependency
    {
        private readonly IConfiguration _configuration;

        public AzureSmsService(IConfiguration configuration)
        {
            _configuration = configuration;
        }

        public async Task SendAsync(string phoneNumber, string message)
        {
            string sender = _configuration["AzureSmsService:Sender"];
            string ConnectionString = _configuration["AzureSmsService:ConnectionString"];
            //TODO: 使用 Azure 发送信息
        }
    }
}
```

　　该类使用 IConfiguration 服务获取配置值,并且使用符号“:”访问嵌套部分的值。在该示例中,AzureSmsService:Sender 用于获取 AzureSmsService 节中 Sender 的值。

　　在模块的 ConfigureServices 方法中也可以使用 IConfiguration 服务,代码如下:

```
public override void ConfigureServices(ServiceConfigurationContext context)
{
    IConfiguration configuration = context.Services.GetConfiguration();
    string sender = configuration["AzureSmsService:Sender"];
}
```

　　通过这种方式,开发者甚至可以在依赖注入注册阶段完成前访问配置值。

配置系统为配置应用程序和获取键值对样式的设置信息提供了一种优雅的方式。然而，如果构建的是可重用库，那么选项模式为定义类型安全的选项提供了一种更好的方法。

5.5　选项模式

在选项模式中，可以使用一个普通的类，有时也称作 POCO（Plain Old C♯ Object，简单传统的 C♯ 对象）来定义一组相关的选项。接下来介绍如何基于选项模式定义、设置和使用配置信息。

5.5.1　定义选项类

选项类是一个简单的 C♯ 类。以下代码为 Azure SMS 服务定义了一个选项类。

```
public class AzureSmsServiceOptions
{
    public string Sender { get; set; }
    public string ConnectionString { get; set; }
}
```

在选项类中添加 Options 后缀是一种惯例。一旦定义了这样的类，任何使用该服务的模块都可以方便地配置这些选项的值。

5.5.2　配置选项

如 5.2 节所述，可以在模块的 ConfigureServices 方法中配置它所依赖的模块的服务。可以在该方法中调用 IServiceCollection.Configure 扩展方法为任意选项类配置值。以下代码展示了配置 AzureSmsServiceOptions 的方法。

```
[DependsOn(typeof(SmsSendingModule))]
public class MyStartupModule : AbpModule
{
    public override void ConfigureServices(ServiceConfigurationContext context)
    {
        context.Services.Configure<AzureSmsServiceOptions>(options =>
        {
            options.Sender = "+901112223344";
            options.ConnectionString = "...";
        });
    }
}
```

context.Services.Configure 方法是一个泛型方法，选项类是它的泛型参数。它的参数是一个委托（Action），用于设置选项的值。这段示例代码在 lambda 表达式中设置了 Sender 和 ConnectionString 的值，从而实现配置 AzureSmsServiceOptions 的目的。

AbpModule 基类提供了一个 Configure 方法作为 context.Services.Configure 方法的快捷方式，所以上述代码可以重写为如下代码：

```
public override void ConfigureServices(ServiceConfigurationContext context)
{
    Configure < AzureSmsServiceOptions >(options =>
    {
        options.Sender = " + 901112223344";
        options.ConnectionString = "...";
    });
}
```

这段代码只是把 context. Services. Configure <…>方法替换为了 Configure <…>。
配置选项的值很简单,下面介绍如何使用这些配置的值。

> **多次配置选项**
>
> 　　在应用程序中可以多次配置相同的选项。所有委托得到的选项是同一个
> 实例,所以后面的配置值将覆盖之前的配置值。如果多个模块配置了相同的选
> 项,则以最后一个模块的配置值为准。需要注意的是,模块是按照依赖顺序初
> 始化的。

5.5.3　使用选项值

ASP. NET Core 提供了一个用于注入选项类的 IOptions < T >接口来读取配置的值。
以下代码重写了 AzureSmsService 类,注入了 AzureSmsServiceOptions 服务,而不是
IConfiguration 服务。

```
public class AzureSmsService : ISmsService,
ITransientDependency
{
    private readonly AzureSmsServiceOptions _options;

    public AzureSmsService(IOptions < AzureSmsServiceOptions > options)
    {
        _options = options.Value;
    }

    public async Task SendAsync(string phoneNumber, string message)
    {
        string sender = _options.Sender;
        string ConnectionString = _options.ConnectionString;
        //TODO...
    }
}
```

在这段代码中,通过注入 IOptions < AzureSmsServiceOptions >得到注入对象的 Value
属性,从而得到 AzureSmsServiceOptions 实例。IOptions < T >接口由 Microsoft. Extensions.
Options 包定义,是注入选项类的标准方式。它在内部执行所有的 Configure 方法,并向外部
提供一个已配置好的选项类的实例。如果直接注入 AzureSmsServiceOptions 类,系统将会抛
出一个依赖注入的异常,因此必须注入 IOptions < AzureSmsServiceOptions >。

至此已经介绍了选项的定义、配置和使用,接下来将探讨如何使用配置系统来设置使用

选项模式定义的选项的值。

5.5.4   通过配置系统设置选项值

选项模式允许通过多种方式设置选项的值。这意味着可以使用 IConfiguration 服务读取应用程序的配置信息来设置选项的值。以下代码展示了从配置服务获取配置信息来设置 AzureSmsServiceOptions 的值的方法。

```
[DependsOn(typeof(SmsSendingModule))]
public class MyStartupModule : AbpModule
{
    public override void ConfigureServices(ServiceConfigurationContext context)
    {
        var configuration = context.Services.GetConfiguration();
        Configure<AzureSmsServiceOptions>(options =>
        {
            options.Sender = configuration["AzureSmsService:Sender"];
            options.ConnectionString = configuration["AzureSmsService:ConnectionString"];
        });
    }
}
```

这段代码使用 context.Services.GetConfiguration() 方法获取 IConfiguration 接口,然后使用配置值来设置选项值。

由于这种用法非常常见,因此以上功能有更简便的实现方式,代码如下:

```
public override void ConfigureServices(ServiceConfigurationContext context)
{
    var configuration = context.Services.GetConfiguration();
    Configure<AzureSmsServiceOptions>(configuration.GetSection("AzureSmsService"));
}
```

在这种用法中,Configure 方法使用配置节的名称作为参数,而不是使用一个委托。它通过命名约定自动匹配配置键和选项类的属性。如果配置信息中没有定义 AzureSmsService 节,那么这段代码对选项的值没有任何影响。

选项模式为开发者提供了更多的灵活性,开发者可以从 IConfiguration 或任何其他源设置这些选项的值。

> **默认从配置信息设置选项的值**
>
> 在开发可重用模块时,最好尽可能从配置信息[①]中设置选项的值。通过这种方式,开发者能够从 appsettings.json 文件中配置模块。

5.5.5   ABP 框架和 ASP.NET Core 的选项

ABP 框架和 ASP.NET Core 强烈推荐使用选项模式来配置应用程序。以下代码展示

[①] 从 context.Services.GetConfiguration 获取配置信息,尽量避免在代码中硬编码选项值。

了配置 ABP 框架中一个选项的方法。

```
Configure<AbpAuditingOptions>(options =>
{
    options.IgnoredTypes.Add(typeof(ProductDto));
});
```

AbpAuditingOptions 由 ABP 框架的审计日志系统定义。上述代码用于在审计日志中忽略 ProductDto。

以下代码展示了配置 ASP.NET Core 中一个选项的方法。

```
Configure<MvcOptions>(options =>
{
    options.RespectBrowserAcceptHeader = true;
});
```

MvcOptions 由 ASP.NET Core 定义,用于配置 ASP.NET Core MVC 框架的行为。

> **选项类中的复杂类型**
>
> 　　注意,AbpAuditingOptions.IgnoredTypes 是一个 Type 类型的列表容器,它不是一个可以在 appsettings.json 文件中定义的简单的原始类型。这是选项模式的优点之一:可以定义具有复杂类型的属性,甚至可以是一个回调委托。

配置系统和选项模式提供了一种方便的方式来配置和定制使用的服务的行为。开发者可以配置 ASP.NET Core 和 ABP 框架,并为自定义的服务定义配置选项。

5.6　日志

记录日志是一项在每个应用程序中都很常用的功能。ASP.NET Core 提供了一个简单而高效的日志系统,它可以集成一些流行的日志库,如 NLog、Log4Net 和 Serilog。

Serilog 是一个广泛使用的库,提供了许多记录日志的目标载体,包括控制台、文本文件和 Elasticsearch。ABP 框架的启动模板已经安装并配置好了 Serilog 库。它把日志写入应用程序所在文件夹的 Logs 子目录中,因此开发者可以直接在自己的服务中使用日志记录系统。当然,也可以通过配置使 Serilog 把日志写入不同的目标载体中,可以参阅 Serilog 的文档。Serilog 所有的配置信息都包含在了 ABP 框架的启动模板中。Serilog 不是 ABP 框架的核心依赖项,因此开发者可以方便地把其替换为其他日志记录库。

在 ASP.NET Core 应用程序中,ILogger<T>接口用于记录日志,其中 T 通常是服务的类型。

服务类记录日志的示例代码如下:

```
public class AzureSmsService : ISmsService,ITransientDependency
{
    private readonly ILogger<AzureSmsService> _logger;

    public AzureSmsService(ILogger<AzureSmsService> logger)
```

```
    {
        _logger = logger;
    }

    public async Task SendAsync(string phoneNumber, string message)
    {
        _logger.LogInformation( $ "Sending SMS to {phoneNumber}: {message}");
        //TODO...
    }
}
```

ILogger < AzureSmsService >服务从构造函数注入 AzureSmsService 类中,并在该类中调用 LogInformation 方法把信息级别的日志写入日志系统中。

ILogger 接口还有一些其他方法用于输出不同严重级别的日志,如 LogError 和 LogDebug,详情可参阅 ASP. NET Core 的官方文档 https://docs. microsoft. com/en-us/aspnet/core/fundamentals/logging。

5.7　小结

本章主要介绍了 ASP. NET Core 和 ABP 框架的核心构件,讨论了在应用程序启动时使用 Startup 类、配置系统和选项模式来配置 ASP. NET Core 和 ABP 框架的服务并在需要时实现自己的配置选项的方法。

ABP 框架提供的模块化系统扩展了 ASP. NET Core 的初始化系统和配置系统,从而支持创建多模块应用程序,其中每个模块仅负责初始化本模块的服务并配置本模块的依赖。通过这种方式,开发者可以把应用程序划分为多个模块以便更好地组织代码库,或者可以创建在不同应用程序中重用的模块。

依赖注入系统是 ASP. NET Core 应用程序中最基本的基础设置。一个服务可以使用依赖注入系统调用其他服务。本章介绍了依赖注入系统的基本用法,并探讨了 ABP 框架是如何简化服务注册的。

第 6 章将重点介绍数据访问基础设施,这是业务应用程序中一个非常重要的组件,还将探讨 ABP 框架如何规范实体的定义,以及如何使用仓储来抽象和执行数据库操作,并自动管理数据库连接和事务。

第6章
数据访问基础设施

几乎所有的业务应用程序都需要使用数据库系统。开发者通常需要实现数据库访问的逻辑，包括读操作和写操作，还需要实现数据库事务来确保数据源中数据的一致性。

本章将介绍 ABP 框架的数据访问基础设施，它抽象了数据库访问操作，实现了仓储（repository）模式和工作单元（Unit of Work，UoW）模式。仓储为操作数据库中的实体（entity）提供了一种常见的标准方式。UoW 系统能够自动管理数据库连接和事务，从而确保用例（通常是一个 HTTP 请求）的原子性，这意味着一个请求中的所有操作要么一起成功，要么在发生错误时一起回滚。

本章还将介绍如何基于 ABP 框架预定义的实体基类来定义自己的实体，探讨如何使用仓储在数据库中实现实体的插入、更新、删除和查询操作，并深入 UoW 系统，讨论在应用程序中控制事务作用域的方法。

ABP 框架可以与任何数据库系统一起工作，同时也提供了集成 Entity Framework Core（EF Core）和 MongoDB 的官方包。本章将详细介绍如何通过自定义 DbContext 类在 ABP 框架中使用 EF Core，实现实体到数据库表的映射和自定义仓储，以及当一个实体有关联实体时配置加载它的关联实体的不同方法。此外，本章还将介绍 ABP 框架中的第二种数据库提供程序——MongoDB。

6.1 准备工作

如果想要运行本书的示例程序，需要安装用于构建 ASP. NET Core 项目的 IDE/编辑器，如 Visual Studio。读者可以从 GitHub 仓库 https://github. com/PacktPublishing/Mastering-ABP-Framework 下载本章的示例代码。

6.2 定义实体

实体是主要用于定义领域模型的类。若使用的是关系数据库，则实体通常可以映射为数据库表。对象关系映射（Object-Relational Mapper，ORM）框架（如 EF Core）抽象了数据库访问操作，使开发者感觉好像是在处理应用程序代码中的对象，而不是数据库中的表。

ABP 框架为实体的定义提供了一些标准的接口和基类。6.2.1 节～6.2.4 节将介绍

ABP 框架提供的 AggregateRoot 类和 Entity 类及它们的变体,使用这些类定义单主键(Primary Key,PK)和复合主键(Composite PK,CPK)的实体,以及定义具有全局唯一标识符(Globally Unique Identifier,GUID)类型的主键的实体。

6.2.1　AggregateRoot 类

聚合(aggregate)由一个聚合根对象及一些和它绑定在一起的实体和值对象组成。

关系数据库没有物理聚合的概念。每个实体都关联一个单独的数据库表,并且一个聚合分散在多个表中。关系数据库中使用外键(Foreign Key,FK)来定义关系。然而,在文档/对象数据库(如 MongoDB)中,聚合被序列化后以单个文档(类似于 JSON 对象)的形式存储。聚合根被映射为集合,子实体被序列化到聚合根对象中,这意味着子实体不存在独立的集合,只能通过聚合根来访问它们。

> **聚合的概念**
>
> 　　聚合的概念将在第 10 章详细介绍。在本章中可以把聚合根理解为某个领域的主(根)实体。

在 ABP 框架中,开发者可以通过从一系列 AggregateRoot 类中的某个类派生的方式来定义主实体和聚合根,最简单的方式是以 BasicAggregateRoot 类作为基类来定义聚合根。下述示例代码中的实体类就派生自 BasicAggregateRoot 类。

```
using System;
using System.Collections.Generic;
using Volo.Abp.Domain.Entities;
namespace FormsApp
{
    public class Form : BasicAggregateRoot < Guid >
    {
        public string Name { get; set; }
        public string Description { get; set; }
        public bool IsDraft { get; set; }
        public ICollection < Question > Questions { get; set; }
    }
}
```

BasicAggregateRoot 类仅定义了一个用作主键的 Id 属性,并把主键的类型作为该泛型类的泛型参数。在上述示例代码中,Form 类的主键类型为 Guid。当然主键的数据类型也可以是底层数据库提供程序支持的其他任意类型,如 int、string 等。

聚合根也可以从以下 4 个基类中派生。

(1) AggregateRoot 类具有支持乐观并发控制和对象扩展特性的附加属性。

(2) CreationAuditedAggregateRoot 类继承自 AggregateRoot 类,并添加了 CreationTime (DateTime)和 CreatorId(Guid)属性来存储创建操作的审计信息。

(3) AuditedAggregateRoot 类继承自 CreationAuditedAggregateRoot 类,并添加了 LastModificationTime(DateTime)和 LastModifierId(Guid)属性来存储修改操作的审计信息。

（4）FullAuditedAggregateRoot 类继承自 AuditedAggregateRoot 类，增加了 DeletionTime（DateTime）和 DeleterId（Guid）属性来存储删除操作的审计信息。它还通过实现 ISoftDelete 接口的方式添加了用于实现实体软删除功能的 IsDeleted（bool）属性。

> **乐观并发控制和对象扩展特性**
>
> 　　本书不涉及这些内容。欲了解这些内容，可以参阅 ABP 框架的官方文档。

ABP 框架能够自动化地设置这些审计属性。第 8 章将再次讨论与审计日志和软删除相关的内容。

6.2.2　Entity 类

Entity 类与 AggregateRoot 类类似，但它们主要用于定义子实体而不是主（根）实体。例如，6.2.1 节中的 Form 聚合根有一个问题集合。Question 类派生自 Entity 类，代码如下所示：

```
public class Question : Entity < Guid >
{
    public Guid FormId { get; set; }
    public string Title { get; set; }
    public bool AllowMultiSelect { get; set; }
    public ICollection < Option > Options { get; set; }
}
```

与 AggregateRoot 类一样，Entity 类也定义了一个给定类型的 Id 属性。在上述示例代码中，Question 实体还有选项集合（Options），其中 Option 是另外一个实体类型。

还有一些其他预定义的基础实体类，如 CreationAuditedEntity、AuditedEntity 和 FullAuditedEntity。它们类似于 6.2.1 节介绍的审计聚合根类。

6.2.3　具有复合主键的实体

关系数据库支持复合主键，这种情况下主键是由多个值共同组成。复合主键在具有多对多关系的表中非常有用。

假设一个表单对象有多个管理者，Form 类中就需要一个集合属性，代码如下：

```
public class Form : BasicAggregateRoot < Guid >
{
    ...
    public ICollection < FormManager > Managers { get; set; }
}
```

然后从非泛型 Entity 类派生一个 FormManager 类，代码如下：

```
public class FormManager : Entity
{
    public Guid FormId { get; set; }
    public Guid UserId { get; set; }
}
```

```
    public Guid IsOwner { get; set; }
    public override object[] GetKeys()
    {
        return new object[] {FormId, UserId};
    }
}
```

在上述代码中，当从非泛型的 Entity 类继承时，开发者必须实现 GetKeys 方法来返回复合主键对应的键值数组。ABP 框架通过这种方式在需要使用复合主键值的地方调用该方法。FormId 和 UserId 是其他表的外键，它们共同组成了 FormManager 实体的复合主键。

> **具有复合主键的聚合根**
>
> AggregateRoot 类中也包含具有复合主键的非泛型版本，然而具有复合主键的聚合根实体并不常用。

6.2.4　Guid 类型的主键

ABP 框架通常使用 Guid 作为预构建实体的主键类型。Guid 类型的主键与自增 ID（如被关系数据库支持的 int 或者 long 类型）作为主键相比的优势包括：

（1）Guid 具有全局唯一性。在一些应用场景（如构建分布式系统、使用非关系数据库、需要拆分或合并数据库表、集成外部系统中），全局唯一性非常重要。

（2）Guid 可以在客户端生成，而不需要生成后返回。这样客户端可以在保存实体前就知道它的主键值。

（3）Guid 是无法预测的，因此在某些场景下更安全。例如，终端用户即便知道一个实体的 ID，也无法猜出其他实体的 ID。

与自增整型主键相比，Guid 类型的主键也存在以下两个缺点。

（1）Guid 需要 16 字节的存储空间，比 int（4 字节）和 long（8 字节）多。

（2）Guid 本质上是无序的，这会使组合索引出现性能问题。ABP 框架为这个问题提供了解决方案。

ABP 框架提供了 IGuidGenerator 服务，该服务默认生成有序的 Guid 类型的值。虽然它生成的是有序的值，但是这些生成的值依然是全局唯一且随机的，具有不可预测的安全性。该方案可以解决组合索引的性能问题。

开发者如果需要手动设置一个实体的 Id 值，那么需要使用 IGuidGenerator 服务而不是 Guid.NewGuid()。如果不需要为新实体设置 Id 值，并使用仓储将其插入数据库，那么仓储将自动使用 IGuidGenerator 服务设置它的 Id 值。

> **Guid 类型的主键和自增类型的主键**
>
> Guid 类型的主键和自增类型的主键是软件开发中的热门话题，两者各有优劣。ABP 框架支持任意类型的主键，因此开发者可以根据自己的需求做出合理的选择。

至此已经介绍完定义实体的基础知识,第 10 章将探讨定义实体的最佳实践。接下来将继续讨论在仓储模式下如何把实体持久化地存储到数据库中。

6.3 使用仓储

仓储模式是从应用程序的服务中抽象数据访问代码的常用方法。6.3.1 节将介绍如何使用 ABP 框架定义的通用仓储从数据库中查询或者操作数据。6.3.2 节将介绍如何创建自定义仓储来扩展通用仓储并添加自己的仓储方法以封装那些自定义数据访问逻辑。

> **集成数据库提供程序**
>
> 为了使用仓储,需要集成数据库提供程序,6.4 节和 6.5 节将讨论这个问题。

6.3.1 通用仓储

定义完实体,就可以直接注入和使用该实体的通用仓储。以下代码展示了通用仓储的使用方法。

```
using System;
using System.Collections.Generic;
using System.Threading.Tasks;
using Volo.Abp.DependencyInjection;
using Volo.Abp.Domain.Repositories;
namespace FormsApp
{
    public class FormService : ITransientDependency
    {
        private readonly IRepository<Form, Guid> _formRepository;

        public FormService(IRepository<Form, Guid> formRepository)
        {
            _formRepository = formRepository;
        }

        public async Task<List<Form>> GetDraftForms()
        {
            return await _formRepository.GetListAsync(f => f.IsDraft);
        }
    }
}
```

在上述示例代码中,注入了 Form 实体的默认通用仓储 IRepository<Form,Guid>,然后调用 GetListAsync 方法根据指定的条件执行数据库查询,获得表单列表。通用的 IRepository 接口有两个泛型参数:实体类型(示例中的 Form)和主键类型(示例中的 Guid)。

> **非聚合根实体的仓储**
>
> 默认情况下,仅为聚合根实体提供默认仓储,因为最佳实践是通过聚合根对象访问聚合中的其他对象。但是,如果使用的是关系数据库,也可以为非聚合根实体启用默认仓储,详情参见 6.4 节。

通用仓储已经实现了许多用于查询、插入、更新和删除实体的方法。

1．插入、更新和删除实体

可以使用以下 6 个方法操作数据库中的数据。

（1）InsertAsync 方法：用于插入一个新实体。

（2）InsertManyAsync 方法：用于一次性插入多个实体。

（3）UpdateAsync 方法：用于更新一个已存在的实体。

（4）UpdateManyAsync 方法：用于一次性更新多个实体。

（5）DeleteAsync 方法：用于删除一个已存在的实体。

（6）DeleteManyAsync 方法：用于一次性删除多个实体。[①]

> **关于异步编程**
>
> 所有的仓储方法都是异步的。强烈建议遵循. NET 应用程序开发中的一般原则,即尽可能使用 async/await 模式编写代码,因为混合使用异步代码和同步代码可能会导致应用程序中出现死锁、超时和扩展性问题,并且这些问题很难发现和解决。

如果使用的是 EF Core,由于它具有一套变更跟踪机制,因此这些方法可能不会立即执行实际的数据库操作,只有在调用 DbContext. SaveChanges 方法后才保存这些更改。ABP 框架的 UoW 系统在当前 HTTP 请求成功后能够自动调用 SaveChanges 方法。如果需要立即把更改保存到数据库中,可以在调用仓储方法时把 autoSave 参数设置为 true。

以下示例代码新建了一个 Form 实体,并立即调用 InsertAsync 方法把它保存到数据库中。

```
var form = new Form(); //设置表单属性
await _formRepository.InsertAsync(form, autoSave: true);
```

即便执行了把更改保存到数据库的操作,这些更改是否能成功保存到数据库仍取决于事务隔离级别,并且事务失败将回滚,详情参见 6.6 节。

DeleteAsync 方法还有另外一个重载方法,用于删除满足指定条件的所有实体。以下示例代码用于删除数据库中所有的草稿表单。

```
await _formRepository.DeleteAsync(form => form.IsDraft);
```

当然,也可以使用逻辑运算符,如"&&"或"||",来指定更复杂的条件。

---

① 译者注：原文 DeleteManyAsync is used to insert multiple entities in a single call(DeleteManyAsync 用于一次性插入多个实体)有误。

> **关于取消标记**
>
> 所有的仓储方法都有一个可选的参数 CancellationToken。取消标记用于在需要的时候取消数据库操作。例如,如果用户关闭了浏览器窗口,那么就不需要继续等待还在运行的数据库操作。通常情况下,开发者不需要手动传递该参数,ABP 框架会自动捕获并使用 HTTP 请求中的取消标记。

2．查询单个实体

以下两种方法用于查询单个实体。

(1) GetAsync 方法:根据 Id 值或者谓词表达式查询单个实体。如果没有找到查询的实体,则抛出 EntityNotFoundException 异常。

(2) FindAsync 方法:根据 Id 值或者谓词表达式查询单个实体。如果没有找到查询的实体,则返回 null。

给定的实体在数据库中不存在的情况下,仅在当开发者需要自定义处理逻辑或者有应对该问题的代码时,才调用 FindAsync 方法。否则调用 GetAsync 方法。该方法会抛出一个异常,从而在 HTTP 请求中向客户端返回 404 状态码。

以下代码调用 GetAsync 方法查询一个指定 Id 的 Form 实体。

```
public async Task<Form> GetFormAsync(Guid formId)
{
    return await _formRepository.GetAsync(formId);
}
```

这两个方法都有一个重载版本可以传递谓词表达式作为参数,来查询符合给定条件的实体。以下代码调用 GetAsync 方法来查询具有给定名称的实体,名称是唯一的。

```
public async Task<Form> GetFormAsync(string name)
{
    return await _formRepository.GetAsync(form => form.Name == name);
}
```

只有当开发者能够确认得到的是单个实体时,才能使用这些重载方法。如果查询返回的结果是多个实体,那么将抛出 InvalidOperationException 异常。例如,如果在系统中能够保证表单名称的唯一性,那么可以像上述示例代码一样通过名称查询表单。然而,如果查询返回的结果可能是多个实体,那么需要使用返回实体列表的查询方法。

3．查询实体列表

通用仓储实现了许多从数据库中查询实体的方法。以下两个方法可以直接获得实体列表。

(1) GetListAsync 方法:返回满足条件的所有实体或实体列表。

(2) GetPagedListAsync 方法:用于获取带分页信息的实体列表。

以下代码展示了如何获得给定名称的表单列表。

```
public async Task<List<Form>> GetFormsAsync(string name)
{
```

```
    return await _formRepository.GetListAsync(form => form.Name.Contains(name));
}
```

上述代码向 GetListAsync 方法传递了一个 lambda 表达式,来获得所有满足表单名称中包含给定的 name 字符串条件的实体。

这些方法虽然简单,但是存在局限性。开发者如果要编写高级查询,可以在仓储上使用语言集成查询(Language-Integrated Query,LINQ)。

4.在仓储上使用 LINQ

仓储定义了 GetQueryableAsync 方法,它返回一个 IQueryable < TEntity >对象,然后可以使用这个对象对数据库中的实体执行 LINQ 操作。

以下代码在 Form 实体上使用 LINQ 操作来获取满足指定条件的实体,并根据它们的名称排序。

```
public class FormService2 : ITransientDependency
{
    private readonly IRepository < Form, Guid >_formRepository;
    private readonly IAsyncQueryableExecuter_asyncExecuter;

    public FormService2(IRepository < Form, Guid > formRepository,
        IAsyncQueryableExecuter asyncExecuter)
    {
        _formRepository = formRepository;
        _asyncExecuter = asyncExecuter;
    }

    public async Task < List < Form >> GetOrderedFormsAsync(string name)
    {
        var queryable = await_formRepository.GetQueryableAsync();
        var query = from form in queryable
            where form.Name.Contains(name)
            orderby form.Name
            select form;
        return await _asyncExecuter.ToListAsync(query);
    }
}
```

在这段代码中,首先获得一个 IQueryable < Form >对象,然后编写一个 LINQ 查询,最后使用 IAsyncQueryableExecuter 服务执行这个查询。

上述查询的另一种写法是使用 LINQ 扩展方法,代码如下:

```
var query = queryable
    .Where(form => form.Name.Contains(name))
    .OrderBy(form => form.Name);
```

获得 IQueryable 对象后,开发者可以基于该对象使用 LINQ 的强大功能。开发者甚至可以连接多个从不同仓储中获得的 IQueryable 对象。

IAsyncQueryableExecuter 服务使用起来不太方便。开发者可以直接在需要查询的对象上调用 ToListAsync 方法,代码如下:

```
return await query.ToListAsync();
```

然而，ToListAsync 是一个由 EF Core（或者 MongoDB）定义的扩展方法，它位于 Microsoft.EntityFrameworkCore 这个 NuGet 包中。如果在应用层引用这个包是没问题的，开发者可以直接使用这些异步扩展方法。然而，如果开发者想使应用层与 ORM 无关，那么 ABP 框架的 IAsyncQueryableExecuter 服务提供了必要的抽象来帮助开发者实现该目标。

5. IRepository 的异步扩展方法

ABP 框架为 IRepository 接口实现了所有标准的异步 LINQ 扩展方法，包括 AllAsync、AnyAsync、AverageAsync、ContainsAsync、CountAsync、FirstAsync、FirstOrDefaultAsync、LastAsync、LastOrDefaultAsync、LongCountAsync、MaxAsync、MinAsync、SingleAsync、SingleOrDefaultAsync、SumAsync、ToArrayAsync 和 ToListAsync。开发者可以直接调用仓储对象的这些方法。

以下示例使用 CountAsync 方法计算名称以 A 开头的表单数目。

```
public async Task < int > GetCountAsync()
{
    return await _formRepository.CountAsync(x => x.Name.StartsWith("A"));
}
```

注意，只有实现了 IRepository 接口的对象才存在这些扩展方法。

6. 为具有复合主键的实体提供的通用仓储

在具有复合主键的实体上无法使用 IRepository < TEntity, TKey >接口，因为该泛型接口只能接收一个主键（Id）的类型作为泛型参数。在这种情况下，开发者可以使用 IRepository < TEntity >接口。

以下代码使用 IRepository < FormManager >获得给定表单的 FormManager。

```
public class FormManagementService : ITransientDependency
{
    private readonly IRepository < FormManager > _formManagerRepository;

    public FormManagementService(IRepository < FormManager > formManagerRepository)
    {
        _formManagerRepository = formManagerRepository;
    }

    public async Task < List < FormManager >> GetManagersAsync(Guid formId)
    {
        return await _formManagerRepository.GetListAsync(fm => fm.FormId == formId);
    }
}
```

这段代码使用 IRepository < FormManager >接口执行获得给定条件 FormManager 的查询操作。

> **为非聚合根实体提供的仓储**
>
> 　　默认情况下,IRepository < FormManager >是不可用的,因为 FormManager 不是一个聚合根实体。通常情况下,开发者应该首先获取 Form 聚合根,然后通过它的 Managers 集合得到指定表单的管理者。然而,开发者如果使用的是 EF Core,那么可以为不是聚合根的实体创建默认通用仓储,详情参见 6.4 节。

不带 TKey 泛型参数的通用仓储的一个缺陷是,由于无法知道 Id 参数的类型,所以无法通过 Id 查询实体。然而,依然可以使用 LINQ 方法根据需要编写任何类型的查询。

7. 其他类型的通用仓储

前面介绍的仓储类功能非常丰富,通常能够满足大部分的应用场景。然而,还有以下一些功能有限的仓储类,这些仓储类可能适用于某些特定的应用场景。

(1) IBasicRepository < TEntity,TPrimaryKey >和 IBasicRepository < TEntity >实现了一些基本的仓储方法,但是它们不支持与 LINQ 和 IQueryable 相关的功能。如果底层数据库提供程序不支持 LINQ,或者不想把 LINQ 查询暴露给应用层,那么可以使用这些仓储类。在这种情况下,开发者需要通过继承这些接口来编写自定义仓储类,并且使用自定义方法实现查询。

(2) IReadOnlyRepository < TEntity,TKey >、IReadOnlyRepository < TEntity >、IReadOnlyBasicRepository < Tentity,TKey > 和 IReadOnlyBasicRepository < TEntity,TKey >实现了只读仓储,即仅有获取数据的方法,不包含任何修改数据库的方法。

通用仓储能够满足大部分的应用场景。然而,在某些特殊场景下,开发者可能依然需要向仓储类中添加一些自定义方法。

6.3.2　自定义仓储

开发者可以创建自定义仓储接口和类来访问底层数据库提供程序的应用程序编程接口(Application Programming Interface,API)、封装 LINQ 表达式、调用存储过程等。

要创建自定义仓储,首先要定义一个新的仓储接口。仓储接口在启动模板中的 Domain 项目中定义。新建的仓储接口可以继承自一个通用仓储接口,以便自定义的仓储包含这些标准方法,代码如下:

```
public interface IFormRepository : IRepository < Form, Guid >
{
    Task < List < Form >> GetListAsync(
        string name,
        bool includeDrafts = false
    );
}
```

在上述代码中,IFormRepository 继承自 IRepository < Form,Guid >,并添加了一个新方法来获得实体列表,该方法的参数用于指定过滤条件。然后就可以替代通用仓储,向服务中注入 IFormRepository,并调用该仓储中的自定义方法。如果自定义仓储中不想包含这些标准仓储的方法,只需要从 IRepository(不带任何泛型参数)接口派生自定义仓储的接口。IRepository 是一个空接口,用于标识从它派生的接口是仓储。

当然，必须在应用程序的某个地方实现 IFormRepository 接口。ABP 框架的启动模板为集成底层数据库提供程序提供了一个单独的项目，开发者可以在这个数据库集成项目中实现自定义仓储的接口。接下来将介绍如何在 EF Core 和 MongoDB 中实现接口。

6.4　集成 EF Core

微软的 EF Core 是 .NET 平台事实上的官方 ORM，能够支持主流的数据库管理系统，如 SQL Server、Oracle、MySQL、PostgreSQL 和 Cosmos DB。当使用 ABP CLI 新建解决方案时，它也是 ABP 框架的默认数据库提供程序。

ABP 框架的启动模板项目默认使用 SQL Server。如果想使用其他 DBMS，可以在新建解决方案时指定 -dbms 参数，示例代码如下：

```
abp new DemoApp - dbms PostgreSQL
```

该命令行的可选参数值包括 SqlServer、MySQL、SQLite、Oracle 和 PostgreSQL。

> **其他数据库**
>
> 关于 ABP CLI 选项参数最新支持的数据库，以及如何切换到选项参数不支持的数据库，可以参阅官方文档 https://docs.abp.io/en/abp/latest/Entity-Framework-Core-Other-DBMS。

下面将介绍如何配置 DBMS（尽管在启动模板中已经完成），定义 DbContext 类，并注册到依赖注入（DI）系统中。然后，将讨论如何把实体映射到数据库表，使用代码优先迁移的方式管理数据库模型，以及为实体创建自定义仓储。最后，将探讨为实体加载关联数据的不同方法。

6.4.1　配置 DBMS

开发者可以在模块的 ConfigureServices 方法中通过 AbpDbContextOptions 来配置 DBMS。以下代码把 SQL Server 配置为该项目使用的 DBMS。

```
Configure<AbpDbContextOptions>(options =>
{
    options.UseSqlServer();
});
```

开发者如果想使用其他的 DBMS，那么需要调用其他方法而不是 UseSqlServer 方法。由于连接字符串直接从配置文件的 ConnectionStrings:Default 节中获取，因此开发者不需要在代码中显式指定。开发者可以通过项目中的 appsettings.json 文件查看和修改连接字符串。

这里虽然配置了 DBMS，但是还没有定义 DbContext 类，该类是使用 EF Core 访问数据库所必需的。

6.4.2　定义 DbContext 类

DbContext 是 EF Core 与数据库交互所需的重要类，通常需要继承 DbContext 类来创建一个自定义的 DbContext 类。然而,在 ABP 框架中,需要从 AbpDbContext 类继承。
以下代码是在 ABP 框架中自定义 DbContext 类的示例。

```
using Microsoft.EntityFrameworkCore;
using Volo.Abp.EntityFrameworkCore;
namespace FormsApp
{
    public class FormsAppDbContext : AbpDbContext<FormsAppDbContext>
    {
        public DbSet<Form> Forms { get; set; }

        public FormsAppDbContext(DbContextOptions<FormsAppDbContext> options)
            : base(options)
        {
        }
    }
}
```

FormsAppDbContext 继承自 AbpDbContext < FormsAppDbContext >。AbpDbContext 类
是一个泛型类,它的泛型参数是 DbContext 类型的。该类强制要求创建一个构造函数。然
后就可以为实体添加 DbSet 属性,这是必需的步骤,因为 ABP 框架只能为定义了 DbSet 属
性的实体创建默认的通用仓储。

一旦定义了 DbContext 类,就需要把它注册到 DI 系统中,以便在应用程序中使用这个
类的实例。

6.4.3　向 DI 注册 DbContext 类

AddAbpDbContext 扩展方法用于向 DI 系统注册 DbContext 类。可以在模块(位于启
动模板解决方案的 EntityFrameworkCore 项目中)的 ConfigureServices 方法中调用这个方
法,代码如下:

```
public override void ConfigureServices(
    ServiceConfigurationContext context)
{
    context.Services.AddAbpDbContext<FormsAppDbContext>(options =>
    {
        options.AddDefaultRepositories();
    });
}
```

AddDefaultRepositories()方法用于为与该 DbContext 类相关的实体启用默认通用仓
储。由于根据领域驱动设计(Domain-Driven Design,DDD)的思想,子实体应该始终通过聚
合根来访问,因此默认情况下,仅为聚合根实体启用通用仓储。如果需要为非聚合根实体启
用默认仓储,可以把可选参数 includeAllEntities 设置为 true,代码如下:

```
options.AddDefaultRepositories(includeAllEntities: true);
```

通过设置上述参数,开发者可以在应用程序代码中注入任何实体的 IRepository 服务。

> **启动模板解决方案中的 includeAllEntities 参数**
>
> 由于使用关系数据库的开发者习惯于能够操作所有的数据库表,因此 ABP 框架启动模板解决方案把 includeAllEntities 参数设置为 true。如果想要严格遵循 DDD 原则,那么应该始终通过聚合根来访问子实体。这种情况下,在调用 AddDefaultRepositories 方法时移除这个参数。

至此已经完成了 DbContext 类的注册。开发者可以通过依赖注入的方式使用在 DbContext 类中所有实体的 IRepository 接口。但是,在这之前需要首先配置实体和数据库表的映射关系。

6.4.4 配置实体映射

EF Core 是一个对象关系映射框架,实现了实体到数据库表的映射。有以下两种方式来配置这些映射细节。

(1)在实体类上使用数据注解特性。

(2)在 DbContext 类中重写 OnModelCreating 方法,在该方法中使用 Fluent API 配置映射关系。

使用数据注解特性的方式将导致领域层依赖 EF Core。如果不介意这个问题,那么可以根据 EF Core 的文档简单地使用数据注解特性来配置映射关系。本书将使用 Fluent API 的方式。为了使用 Fluent API 方式,需要在 DbContext 类中重写 OnModelCreating 方法,代码如下:

```
public class FormsAppDbContext : AbpDbContext < FormsAppDbContext >
{
    ...
    protected override void OnModelCreating(ModelBuilder builder)
    {
        base.OnModelCreating(builder);
        // TODO: 配置实体
    }
}
```

当重写 OnModelCreating 方法时,一定要调用 base.OnModelCreating,因为 ABP 框架在这个方法中执行了一些默认的配置,并且这些配置是使用某些 ABP 框架的功能(如审计日志和数据过滤)所必需的。然后,就可以通过 builder 对象来配置映射关系。

以下代码用于配置本章定义的 Form 类的映射关系。

```
builder.Entity < Form >(b =>
{
    b.ToTable("Forms");
    b.ConfigureByConvention();
    b.Property(x => x.Name)
        .HasMaxLength(100)
        .IsRequired();
    b.HasIndex(x => x.Name);
});
```

在上述代码中,调用 b.ConfigureByConvention 方法十分重要。该方法为派生自 ABP 框架预定义的 Entity 类或 AggregateRoot 类的实体中的一些基本属性配置了映射关系。这样,剩余的配置代码就相当整洁和标准了。关于 Fluent API 的所有细节可以参阅 EF Core 的官方文档。

配置实体之间关系的另一个示例代码如下所示:

```
builder.Entity<Question>(b =>
{
    b.ToTable("FormQuestions");
    b.ConfigureByConvention();
    b.Property(x => x.Title)
        .HasMaxLength(200)
        .IsRequired();
    b.HasOne<Form>()
        .WithMany(x => x.Questions)
        .HasForeignKey(x => x.FormId)
        .IsRequired();
});
```

在上述代码中,定义了 Form 实体和 Question 实体之间的关系:一个 Form 可以有多个 Question,而一个 Question 总是属于一个 Form。

所做的这些配置确保了 EF Core 知道如何从数据库表中读取和写入实体的信息。当然要确保数据库中相应的表是可用的。开发者可以手动创建数据库和其中的表。然后,当每次实体改变时,再手动地把这些变化更新到数据库模型中。但是,通过这种方式很难保持实体和数据库表之间的同步。手动完成这些工作非常烦琐且容易出错,尤其是在有多个环境(如开发环境和生产环境)的情况下。

有另外一种更好的方法——代码优先迁移。EF Core 的代码优先迁移系统提供了一种高效的增量更新数据库模型的方法,保证了实体模型与数据库模型之间的同步。关于如何添加新的数据库迁移及把它应用到数据库中,可以参阅第 3 章。

6.4.5　实现自定义仓储

6.3.2 节创建了一个 IFormRepository 接口,开发者可以在解决方案的 EF Core 集成项目中实现这个仓储,代码如下:

```
public class FormRepository :
    EfCoreRepository<FormsAppDbContext, Form, Guid>,IFormRepository
{
    public FormRepository(
        IDbContextProvider<FormsAppDbContext> dbContextProvider) : base(dbContextProvider)
    {}

    public async Task<List<Form>> GetListAsync(
        string name, bool includeDrafts = false)
    {
        var dbContext = await GetDbContextAsync();
        var query = dbContext.Forms.Where(f => f.Name.Contains(name));
```

```
        if (!includeDrafts)
        {
            query = query.Where(f => !f.IsDraft);
        }
        return await query.ToListAsync();
    }
}
```

上述代码中的类派生自 ABP 框架定义的 EfCoreRepository 类。通过这种方式,继承了 ABP 框架定义的标准仓储方法。EfCoreRepository 类需要三个泛型参数:继承自 DbContext 的类、实体类和实体类的主键类型。

FormRepository 还实现了 IFormRepository 接口,该接口有一个自定义的 GetListAsync 方法。在这个方法中,首先获得 DbContext 实例,然后就能够使用 EF Core API 的强大功能来实现相应的功能。

> **关于 WhereIf 扩展方法**
>
> 　　条件过滤是一种广泛使用的模式,为此 ABP 框架提供了一个很好用的 WhereIf 扩展方法,可以简化上述代码。

上述代码中的 GetListAsync 方法可以重写为如下代码:

```
var dbContext = await GetDbContextAsync();
return await dbContext.Forms
    .Where(f => f.Name.Contains(name))
    .WhereIf(!includeDrafts, f => !f.IsDraft)
    .ToListAsync();
```

既然有了 DbContext 实例,那么就可以使用它来执行结构化查询语言(Structured Query Language,SQL)命令或存储过程。以下代码使用一个原始的 SQL 命令来删除所有的草稿表单。

```
public async Task DeleteAllDraftsAsync()
{
    var dbContext = await GetDbContextAsync();
    await dbContext.Database
        .ExecuteSqlRawAsync("DELETE FROM Forms WHERE IsDraft = 1");
}
```

> **关于调用存储过程和数据库函数**
>
> 　　可以参阅 EF Core 的官方文档 https://docs.microsoft.com/en-us/ef/core 了解如何调用存储过程和数据库函数。

一旦实现了 IFormRepository 接口,就可以替代 IRepository < Form,Guid >,通过依赖注入的方式使用该仓储,代码如下:

```
public class FormService : ITransientDependency
{
```

```
      private readonly IFormRepository _formRepository;

      public FormService(IFormRepository formRepository)
      {
          _formRepository = formRepository;
      }

      public async Task<List<Form>> GetFormsAsync(string name)
      {
          return await _formRepository.GetListAsync(name, includeDrafts: true);
      }
  }
```

上述代码中的类调用了 IFormRepository 中自定义的 GetListAsync 方法。

即使为 Form 实体实现了一个自定义仓储类,但仍然可以通过依赖注入的方式使用该实体的默认通用仓储,如 IRepository<Form,Guid>。这是一个很好的特性,尤其是在开始时使用的是通用仓储,后续决定使用自定义仓储时。开发者不需要修改那些使用通用仓储的现有代码。

一个潜在的问题是,如果在自定义仓储类中重写了 EfCoreRepository 基类的方法,那么使用通用仓储的服务调用的将依然是非重写版本的方法。为了避免这种情况,应在向 DI 注册 DbContext 时调用 AddRepository 方法,代码如下:

```
context.Services.AddAbpDbContext<FormsAppDbContext>(options =>
{
    options.AddDefaultRepositories();
    options.AddRepository<Form, FormRepository>();
});
```

在上述代码中,AddRepository 方法把通用仓储的方法调用重定向到了自定义仓储类。

6.4.6 加载关联数据

如果实体包含其他实体的导航属性,或者包含其他实体的集合,那么在使用主实体时,需要经常访问那些关联的实体。例如,前面介绍的 Form 实体包含一个 Question 实体的集合,开发者在使用 Form 对象时可能需要访问 Question 实体的集合。

1. 显式加载

仓储提供了 EnsurePropertyLoadedAsync 扩展方法和 EnsureCollectionLoadedAsync 扩展方法来分别显式加载导航属性和子集合。例如可以显式加载 Form 中包含的 Question,代码如下:

```
public async Task<IEnumerable<Question>> GetQuestionsAsync(Form form)
{
    await _formRepository.EnsureCollectionLoadedAsync(form, f => f.Questions);
    return form.Questions;
}
```

如果在上述代码中不调用 EnsureCollectionLoadedAsync 方法,那么 form.Questions 集合可能为空。如果开发者不确定该集合是否已经填充数据,那么可以调用

EnsureCollectionLoadedAsync 方法来确保它被加载。在关联的属性或集合已经加载的情况下，EnsurePropertyLoadedAsync 方法和 EnsureCollectionLoadedAsync 方法不进行任何操作，所以多次调用这些方法不影响程序的性能。

2．延迟加载

延迟加载是 EF Core 提供的功能，在第一次访问关联的属性和集合时会加载它们。延迟加载默认是不启用的。可以按照下述步骤为 DbContext 启用延迟加载功能。

（1）在 EF Core 层安装 NuGet 包 Microsoft. EntityFrameworkCore. Proxies。

（2）在配置 AbpDbContextOptions 时调用 UseLazyLoadingProxies 方法，代码如下：

```
Configure<AbpDbContextOptions>(options =>
{
    options.PreConfigure<FormsAppDbContext>(opts =>
    {
        opts.DbContextOptions.UseLazyLoadingProxies();
    });
    options.UseSqlServer();
});
```

（3）确保定义实体中的导航属性和集合属性时使用了 virtual 关键字，代码如下所示：

```
public class Form : BasicAggregateRoot<Guid>
{
    ...
    public virtual ICollection<Question> Questions {get; set; }
    public virtual ICollection<FormManager> Owners {get; set; }
}
```

启用延迟加载后，就不再需要调用显式加载的方法了。

延迟加载是一个 ORM 中的概念。一些开发者认为它是有用且实用的，而另外一些开发者建议不要以任何方式使用它。笔者倾向于避免使用它，因为可能存在如下 3 个潜在问题。

（1）延迟加载由 EF Core 框架实现，无法使用 async/await 模式访问实体的属性，不能使用异步编程。因此，它会阻塞调用者的线程，从而影响应用程序的吞吐量和可伸缩性。

（2）在使用 foreach 循环前忘记预加载关联数据的情况下，可能会导致"1＋N"加载问题。"1＋N"加载的含义是：首先执行一次数据库查询操作得到一个实体列表，这就是"1＋N"的"1"，代表 1 次数据库操作；然后在循环中访问每个实体的导航属性（或者集合属性），此时就会在每个循环中延迟加载关联的属性，N 与第一次数据库查询操作得到的实体数量相等，这就是"1＋N"中的"N"，代表 N 次数据库操作。在这个过程中执行了 1＋N 次数据库操作，这将极大地降低应用程序的性能。因此应该预加载关联的实体信息，这样仅需要执行一次数据库操作。

（3）在延迟加载模式下，开发者很难知道何时从数据库加载关联数据，这使得在代码中无法编写断言语句，也很难优化代码。

笔者建议使用更可控的方法，并尽可能使用预加载的方式加载关联实体的信息。

3．预加载

预加载是在首次查询实体时加载关联实体数据的一种方式。以下代码创建了一个自定义仓储方法,在从数据库获取 Form 对象时,加载关联的 Questions 属性的信息。

```
public async Task < Form > GetWithQuestions(Guid formId)
{
    var dbContext = await GetDbContextAsync();
    return await dbContext.Forms
        .Include(f => f.Questions).SingleAsync(f => f.Id == formId);
}
```

上述代码使用 EF Core 提供的 API 实现了预加载关联信息的功能。然而,如果使用了 ABP 框架的仓储类,并且不想在应用层依赖 EF Core,那么就不能使用 EF Core 的 Include 扩展方法,它用于实现预加载关联数据的功能。在这种情况下,可以使用接下来讨论的两种方法来预加载关联数据。

4. IRepository. WithDetailsAsync

IRepository 接口的 WithDetailsAsync 方法通过指定要加载的关联属性或集合,返回一个 IQueryable 实例,代码如下所示:

```
public async Task EagerLoadDemoAsync(Guid formId)
{
    var queryable = await _formRepository
        .WithDetailsAsync(f => f.Questions);
    var query = queryable.Where(f => f.Id == formId);
    var form = await_asyncExecuter.FirstOrDefaultAsync(query);
    foreach (var question in form.Questions)
    {
        //...
    }
}
```

WithDetailsAsync(f => f. Questions)返回一个 IQueryable < Form >类型的对象,其中包含 Question 对象,因此可以安全地遍历 form. Questions 集合。上述代码中用到了 IAsyncQueryableExecuter 服务,详情参阅 6.3.1 节。在必要的时候,WithDetailsAsync 可以接受多个表达式作为参数来加载多个属性。WithDetailsAsync 不能用于加载嵌套属性(EF Core 中的 ThenInclude 扩展方法的功能)。在这种情况下,需要创建自定义仓储方法。

5. 聚合模式

聚合模式将在第 10 章详细介绍,本节仅做简要介绍。一个聚合就是一个整体,它与所有的子集合作为一个整体进行读取和保存,这样在加载 Form 实体时总是要同时加载 Question 实体的信息。

ABP 框架能够很好地支持聚合模式,允许开发者全局配置实体的预加载模式。开发者可以在模块(位于解决方案的 EntityFrameworkCore 项目中)的 ConfigureServices 方法中编写配置代码,如下所示:

```
Configure < AbpEntityOptions >(options =>
{
    options.Entity < Form >(orderOptions =>
    {
```

```
        orderOptions.DefaultWithDetailsFunc = query = > query
            .Include(f = > f.Questions)
            .Include(f = > f.Owners);
    });
});
```

建议上述配置包括所有的子集合。一旦像上述代码一样配置了 DefaultWithDetailsFunc 方法，那么将会达到以下两个效果。

（1）返回单个实体的仓储方法（如 GetAsync）将默认预加载关联实体，除非在方法调用时显式地把 includeDetails 参数指定为 false 来禁用这项功能。

（2）返回实体列表的仓储方法（如 GetListAsync）将预加载每个实体的关联实体，但是默认情况下是不支持预加载的。

以下是一些示例。

获取单个 Form 对象，并加载子集合的数据，代码如下：

```
var form = await _formRepository.GetAsync(formId);
```

获取单个 Form 对象，不加载子集合的数据，代码如下：

```
var form = await _formRepository.GetAsync(formId, includeDetails: false);
```

获取 Form 对象列表，不加载子集合的数据，代码如下：

```
var forms = await _formRepository.GetListAsync(f = > f.Name. StartsWith("A"));
```

获取 Form 对象列表，并加载子集合的数据，代码如下：

```
var forms = await _formRepository.GetListAsync (f = > f. Name. StartsWith ( " A "),
includeDetails: true);
```

在大多数情况下，聚合模式能够简化应用程序代码，但在对性能要求较高时，仍然需要对代码进行微调。值得注意的是，如果真正实现了聚合模式，那么是不会使用导航属性（指向其他聚合）的。第 10 章将再次深入讨论这个话题。

至此，已经介绍完在 ABP 框架中使用 EF Core 的要点。6.5 节将讨论如何集成 ABP 框架内置的另一个数据库提供程序——MongoDB。

6.5　集成 MongoDB

MongoDB 是一种非关系文档数据库（document database），它把数据存储在类似 JSON 的文档中，而不是传统的基于行/列的表中。

ABP CLI 提供了一个选项用于创建使用 MongoDB 作为数据库的应用程序解决方案，代码如下：

```
abp new FormsApp - d mongodb
```

如果要核对和更改数据库连接字符串,可以查看项目中的 appsetting.json 文件。

> **MongoDB 客户端包**
>
> ABP 框架使用官方提供的 NuGet 包 MongoDB.Driver 来集成 MongoDB。

接下来将介绍如何使用 ABP 框架的 AbpMongoDbContext 类来自定义 DbContext 类,配置实体映射,向 DI 系统注册 DbContext 类,以及在实体的通用仓储无法满足需求时实现自定义仓储。

为了集成 MongoDB,首先需要定义一个 DbContext 类。

6.5.1　定义 DbContext 类

MongoDB 驱动包中没有类似于 EF Core 中的 DbContext 概念。然而,ABP 框架实现了 AbpMongoDbContext 类,以提供一种标准的方式来集成 MongoDB。需要从 AbpMongoDbContext 派生一个类,代码如下:

```
public class FormsAppDbContext : AbpMongoDbContext
{
    [MongoCollection("Forms")]
    public IMongoCollection<Form> Forms => Collection<Form();
}
```

[MongoCollection]特性用于设置与该属性对应的数据库端集合的名称。它是可选的,在没有指定的情况下,会使用驱动程序中的默认值。为了使用默认通用仓储,需要在 FormsAppDbContext 中定义集合属性。

6.5.2　配置实体映射

虽然 MongoDB 的 C♯驱动程序不是 ORM,但它仍然实现了从实体映射到数据库集合的功能。开发者如果需要定制映射规则,那么需要重写 DbContext 类中的 CreateModel 方法,代码如下:

```
protected override void CreateModel(IMongoModelBuilder builder)
{
    builder.Entity<Form>(b =>
    {
        b.BsonMap.UnmapProperty(f => f.Description);
    });
}
```

上述代码配置了 MongoDB,使 MongoDB 在保存和检索数据时忽略 Form 实体中的 Description 属性。关于配置的详细信息,可以参阅 NuGet 包 MongoDB.Drive 的官方文档。

6.5.3　向 DI 注册 DbContext 类

一旦创建 DbContext 类,并配置实体映射关系,就可以在模块类(通常位于解决方案的 MongoDB 集成项目中)的 ConfigureServices 方法中把它注册到 DI 系统,代码如下所示:

```
public override void ConfigureServices(ServiceConfigurationContext context)
{
    context.Services.AddMongoDbContext<FormsAppDbContext>(options =>
    {
        options.AddDefaultRepositories();
    });
}
```

AddDefaultRepositories 方法用于为 DbContext 类中包含的实体启用默认通用仓储,然后就可以通过依赖注入的方式使用 IRepository<Form>访问 MongoDB 数据库。AddDefaultRepositories 方法仅为聚合根实体(从 AggregateRoot 类派生的实体类)启用默认仓储。可以通过设置 includeAllEntities 参数为 true 来为所有实体启用默认仓储。然而,强烈建议在使用 MongoDB 时遵循聚合模式。聚合模式将在第 10 章中详细介绍。

通用仓储能够满足大部分的应用场景。然而,在某些特殊场景下,开发者可能依然需要访问 MongoDB 的 API 或向仓储类中添加一些自定义方法。

6.5.4 实现自定义仓储

6.3.2 节创建了一个 IFormRepository 接口,可以在解决方案的 MongoDB 集成项目中实现这个仓储,代码如下:

```
using System;
using System.Collections.Generic;
using System.Threading.Tasks;
using MongoDB.Driver;
using MongoDB.Driver.Linq;
using Volo.Abp.Domain.Repositories.MongoDB;
using Volo.Abp.MongoDB;
namespace FormsApp
{
    public class FormRepository :
        MongoDbRepository<FormsAppDbContext, Form, Guid>, IFormRepository
    {
        public FormRepository(
            IMongoDbContextProvider<FormsAppDbContext> dbContextProvider)
            : base(dbContextProvider)
        {}
        // TODO: 实现 GetListAsync 方法
    }
}
```

上述代码中的 FormRepository 类派生自 ABP 框架定义的 MongoDbRepository 类。通过这种方式,继承了 ABP 框架定义的标准仓储方法。MongoDbRepository 类需要三个泛型参数:继承自 DbContext 的类、实体类和实体类的主键类型。

FormRepository 类需要实现 IFormRepository 接口定义的 GetListAsync 方法,代码如下:

```
public async Task<List<Form>> GetListAsync(
    string name, bool includeDrafts = false)
{
```

```
        var queryable = await GetMongoQueryableAsync();
        var query = queryable.Where(f => f.Name.Contains(name));
        if (!includeDrafts)
        {
            query = queryable.Where(f => !f.IsDraft);
        }

        return await query.ToListAsync();
}
```

在上述代码中,使用了 MongoDB 驱动程序的 LINQ API,当然也可以使用 IMongoCollection 对象来替代 LINQ API,代码如下所示:

```
IMongoCollection<Form> formsCollection = await GetCollectionAsync();
```

至此,开发者就可以替代通用仓储 IRepository<Form,Guid>,通过依赖注入的方式使用自定义仓储 IFormRepository,并且可以调用所有的标准仓储方法和自定义仓储方法。

即使为 Form 实体实现了一个自定义仓储类,但仍然可以通过依赖注入的方式使用该实体的默认通用仓储,如 IRepository<Form,Guid>。在实现了自定义仓储的情况下,建议在注册 DbContext 时调用 AddRepository 方法,代码如下:

```
context.Services.AddMongoDbContext<FormsAppDbContext>(options =>
{
    options.AddDefaultRepositories();
    options.AddRepository<Form,FormRepository>();
});
```

通过这种方式,默认通用仓储的方法调用将被重定向到自定义仓储类。即如果在自定义仓储中重写了基类的方法,那么对该方法的调用将总是使用重写的方法而不是基类中的方法。

至此已经介绍完如何使用 EF Core 和 MongoDB 这两个数据库提供程序。6.6 节将深入介绍 UoW 系统,讨论如何与这些数据库提供程序配合实现事务模式。

6.6   深入 UoW 系统

UoW 系统是 ABP 框架的重要组成部分,用于启动、管理和释放数据库连接和事务。UoW 系统是根据环境上下文模式(ambient context pattern)设计的。这也就意味着当创建一个新的 UoW 系统时,同步创建了一个作用域上下文,在这个作用域中所有的数据库操作共享相同的数据库上下文,同时它也是一个事务的边界。在同一个 UoW 系统中的所有操作都一起提交(在成功时)或回滚(在发生异常时)。

尽管可以手动创建 UoW 系统作用域并控制事务属性,但通常情况下,它可以按照开发者的期望完美地工作。当然,也提供了一些配置选项来改变它的默认行为。

> **UoW 系统和数据库操作**
>
> 由于 UoW 系统管理着 ABP 框架中的数据库连接和事务,因此所有的数据库操作必须在某个 UoW 系统的作用域中执行,否则将会抛出一个异常。

下面将介绍 UoW 系统是如何工作的,如何通过配置选项定制它,以及如何手动控制 UoW 系统来满足某些场景下的特殊需求。

6.6.1　配置 UoW 系统

在 ASP. NET Core 应用程序中,默认情况下一个 HTTP 请求的范围被视为一个 UoW 系统的作用域。ABP 框架在 HTTP 请求开始时启动 UoW 系统,在请求成功完成时把更改保存到数据库,并在请求由于发生异常而失败时回滚 UoW 系统。

ABP 框架根据 HTTP 请求类型确定是否启用数据库事务。在 HTTP GET 请求中不会创建数据库事务,UoW 系统可以正常使用,仅是没有启用数据库事务。在所有其他类型的 HTTP 请求(POST、PUT、DELETE 等)中默认启用数据库事务。

> **HTTP GET 请求和事务**
>
> 　　最好不要在 GET 请求中修改数据库中的数据。如果在 GET 请求中执行了多个写操作,并且由于某些原因请求失败了,那么数据库可能处于不一致状态,因为 ABP 框架不会在 GET 请求中创建数据库事务。在这种情况下,要么使用 AbpUnitOfWorkDefaultOptions 为 GET 请求启用事务,要么手动控制 UoW 系统。

如果想要更改 UoW 系统的配置选项,可以在模块(位于数据库集成项目中)的 ConfigureServices 方法中设置 AbpUnitOfWorkDefaultOptions,代码如下:

```
public override void ConfigureServices(
    ServiceConfigurationContext context)
{
    Configure < AbpUnitOfWorkDefaultOptions >(options =>
    {
        options.TransactionBehavior = UnitOfWorkTransactionBehavior.Enabled;
        options.Timeout = 300000; // 5 分钟
        options.IsolationLevel = IsolationLevel.Serializable;
    });
}
```

TransactionBehavior 可以接受以下三个值。

(1) Auto(默认值):对于除 HTTP GET 外的其他请求启用事务自动确定是否使用数据库事务。

(2) Enable:始终使用数据库事务,即使对于 HTTP GET 请求。

(3) Disable:禁用数据库事务。

Auto 是 TransactionBehavior 的默认值,建议尽量配置为该值。IsolationLevel 仅对关系数据库有效。如果不配置这些选项的值,ABP 框架将使用底层提供程序的默认值。Timeout 用于设置数据库事务的默认超时时间,单位是毫秒。如果 UoW 系统操作没有在给定的时间内完成,则会抛出一个超时异常。

本节介绍了 UoW 系统的全局配置选项,也可以通过这些配置选项手动控制单个 UoW 系统的行为。

6.6.2　手动控制 UoW 系统

对于 Web 应用程序,基本不需要手动控制 UoW 系统。然而,对于后台工作者或者非 Web 应用程序,可能需要自己手动创建 UoW 系统的作用域。另一个应用场景是控制 UoW 系统来创建内部事务作用域。

创建 UoW 系统的作用域的一种方式是在方法上使用[UnitOfWork]特性,代码如下:

```
[UnitOfWork(isTransactional: true)]
public async Task DoItAsync()
{
    await _formRepository.InsertAsync(new Form() { … });
    await _formRepository.InsertAsync(new Form() { … });
}
```

UoW 系统是基于环境上下文模式设计的。在上述代码中,如果当前上下文中已经存在一个 UoW 系统,就会忽略[UnitOfWork]特性,该方法就会在当前 UoW 系统中执行。否则,ABP 框架在进入 DoItAsync 方法前启动一个新事务 UoW 系统,并在无异常的情况下提交事务。如果该方法抛出异常,则回滚事务。

如果想精细地控制 UoW 系统,可以通过依赖注入的方式使用 IUnitOfWorkManager 服务,代码如下所示:

```
public async Task DoItAsync()
{
    using (var uow = _unitOfWorkManager.Begin(
        requiresNew: true,
        isTransactional: true,
        timeout: 15000))
    {
        await _formRepository.InsertAsync(new Form() {});
        await _formRepository.InsertAsync(new Form() {});
        await uow.CompleteAsync();
    }
}
```

在上述示例中,启动了一个新的事务 UoW 系统的作用域,并把超时参数设置为 15s。由于参数 requiresNew 为 true,因此即使上下文中存在 UoW 系统,ABP 框架也会启动一个新的 UoW 系统。在无异常的情况下,uow.CompleteAsync 方法总能被调用。如果想回滚当前事务,可以调用 RollbackAsync()方法。

UoW 系统使用当前环境中的作用域。可以在这个作用域内的任何地方,通过 IUnitOfWorkManager.Current 属性获得当前的 UoW 系统。如果当前环境中无 UoW 系统,则返回 null。

以下代码调用 IUnitOfWorkManager.Current 属性的 SaveChangesAsync 方法,来提交当前事务:

```
await _unitOfWorkManager.Current.SaveChangesAsync();
```

这样所有的更改将保存到数据库中。由于这是一个包含事务的 UoW 系统,因此这些更改会在两种情况下回滚:主动回滚这个 UoW 系统;在该 UoW 系统的作用域中抛出了异常。

6.7　小结

本章介绍了如何使用 ABP 框架访问数据库。ABP 框架通过提供基类的方式为定义实体提供了标准。当实体派生自审计基类时,ABP 框架也能自动跟踪实体修改的时间和用户。

仓储系统为读写实体信息提供了基本功能。开发者可以在仓储上使用 LINQ 执行高级查询操作。此外,开发者也可以自定义仓储类来直接调用底层的数据提供程序,通过简单的仓储接口隐藏复杂的查询细节,调用存储过程等。

ABP 框架是数据库无关的,但它为集成 EF Core 和 MongoDB 提供了开箱即用的包。ABP 应用程序启动模板可以根据开发者的偏好集成这些数据库提供程序中的一个。

EF Core 是 .NET 平台事实上的官方 ORM,并且 ABP 框架能够无缝地集成 EF Core。在应用程序启动模板的基础上,开发者能够轻松地配置实体到数据表的映射,管理数据库模型迁移,以及支持模块化应用程序的开发。

最后,UoW 系统为开发者提供了一种无缝管理数据库连接和事务的方法。它通过自动完成这些重复任务来帮助开发者保持应用程序代码的整洁。

数据访问是任何业务应用程序的核心需求,了解数据访问的细节非常重要。第 7 章将介绍每个应用程序都要用到的横切关注点,如授权、验证和异常处理。

第 7 章
横切关注点

如授权、验证、异常处理和日志这样的横切关注点是正式系统的基本组成部分。它们对于确保系统的安全和正常运行至关重要。

实现横切关注点的一个问题是,开发者需要在应用程序的所有地方实现这些关注点,这将导致项目中存在大量重复代码。然而,缺少一个授权或者验证检查可能导致系统出现严重问题。

ABP 框架的目标之一是帮助开发者实现 DRY 原则。ASP. NET Core 已经为一些横切关注点提供了良好的基础设施,但是 ABP 框架扩展了它们,能够自动化地完成这些操作,或者能够帮助开发者更方便地实现这些功能。

7.1 准备工作

如果想要运行示例程序,需要安装用于构建 ASP. NET Core 项目的 IDE/编辑器,如 Visual Studio。读者可以从 GitHub 仓库 https://github.com/PacktPublishing/Mastering-ABP-Framework 下载示例代码。

本章还引用了一些 EventHub 项目的代码作为示例代码,第 4 章已经简单介绍过该项目,它的源代码可以从 GitHub 仓库 https://github.com/volosoft/eventhub 下载。

7.2 授权和权限系统

认证(authentication)和授权(authorization)是软件安全中的两个重要概念。认证是确认当前用户身份的过程。授权是用于判断允许或禁止用户在应用程序中执行特定操作的过程。

ASP. NET Core 的授权系统提供了一种先进且灵活的方式来为用户指定权限。ABP 框架的授权基础设施完全兼容 ASP. NET Core 的授权系统,并对其进行了扩展,引入了权限系统。通过 ABP 框架能够方便地把权限授权给角色和用户,也能实现在客户端检查权限。

本节将讨论授权系统,它是由 ASP. NET Core 和 ABP 框架共同提供的基础设施,同时也将指出哪一部分是由 ABP 框架实现的。

7.2.1 简单授权

简单授权是指只允许登录到应用程序的用户执行某个特定的操作。不带任何参数的 [Authorize]特性只检查当前用户是否已经通过认证(登录)。

模型-视图-控制器(Model-View-Controller,MCV)模式下的示例代码如下所示:

```
public class ProductController : Controller
{
    public async Task < List < ProductDto >> GetListAsync()
    {
    }
    [Authorize]
    public async Task CreateAsync(ProductCreationDto input)
    {
    }
    [Authorize]
    public async Task DeleteAsync(Guid id)
    {
    }
}
```

在上述代码中,CreateAsync 和 DeleteAsync 操作仅能被通过身份验证的用户调用。如果一个匿名用户(即没有登录到该应用程序的用户,无法确认用户的身份)试图执行这些操作,那么 ASP. NET Core 将向客户端返回一个授权错误信息。然而,GetListAsync 方法任何人都可以调用,包括匿名用户。

[Authorize]特性可以用于控制器类中以授权控制器内的所有操作。在这种情况下,可以使用[AllowAnonymous]特性来允许匿名用户执行特定的操作。因此,上述代码可以重写为:

```
[Authorize]
public class ProductController : Controller
{

    [AllowAnonymous]
    public async Task < List < ProductDto >> GetListAsync()
    {
    }

    public async Task CreateAsync(ProductCreationDto input)
    {
    }

    public async Task DeleteAsync(Guid id)
    {
    }
}
```

上述代码把[Authorize]特性放在了类上方,并把[AllowAnonymous]放在 GetListAsync 上方,这使得没有登录到应用程序的用户也可以调用该操作。

然而,无参数的[Authorize]特性功能有限。通常情况下,开发者希望在应用程序中定义一些特定的权限或者策略以便所有通过身份验证的用户拥有不同的权限。

7.2.2　使用权限系统

ABP 框架对 ASP. NET Core 授权系统最重要的扩展是添加了权限系统。权限是一个用于允许或禁止用户或角色执行某些操作的策略。它与应用程序的某个特定功能关联,并在试图调用该功能时检查用户是否被授予了权限。当前用户如果被授予了该权限,则可以调用该应用程序相应的功能,否则不能调用。

ABP 框架提供了在应用程序中定义、授予和检查权限的所有功能。

1. 定义权限

权限必须在使用前定义。如果要定义权限,就需要创建一个继承自 PermissionDefinition-Provider 的类。在新建的 ABP 框架解决方案中,Application. Contracts 项目包含一个空的权限定义提供程序类,代码如下:

```
public class ProductManagementPermissionDefinitionProvider
    : PermissionDefinitionProvider
{
    public override void Define(IPermissionDefinitionContext context)
    {
        var myGroup = context.AddGroup("ProductManagement");
        myGroup.AddPermission("ProductManagement.ProductCreation");
        myGroup.AddPermission("ProductManagement.ProductDeletion");
    }
}
```

ABP 框架在应用程序启动时调用所有 PermissionDefinitionProvider 类的 Define 方法。在上述代码中,创建了一个名为 ProductManagement 的权限组,并在其中定义了两个权限。权限组用于 UI 上分组展示权限,通常每个模块都定义一个专属的权限组。组名和权限名可以使任意字符串。建议使用 const 字段而不是魔术字符串。

还可以为权限组指定可本地化的用于展示的名称,以便在 UI 上以用户友好的方式展示它们。以下代码使用本地化系统来指定定义的组和权限的显示名称。

```
public class ProductManagementPermissionDefinitionProvider : PermissionDefinitionProvider
{
    public override void Define(IPermissionDefinitionContext context)
    {
        var myGroup = context.AddGroup(«ProductManagement»,L("ProductManagement"));
        myGroup.AddPermission(
            "ProductManagement.ProductCreation",L("ProductCreation"));
        myGroup.AddPermission(
            "ProductManagement.ProductDeletion",L("ProductDeletion"));
    }

    private static LocalizableString L(string name)
    {
        return LocalizableString.Create<ProductManagementResource>(name);
    }
}
```

L 方法用于简化获取本地化字符串。本地化系统将在第 8 章中详细介绍。

> **多租户应用程序中的权限定义**
>
> 　　在多租户应用程序中，可以在调用 AddPermission 方法时传递 multiTenancySide 参数，以指定定义的权限是仅宿主可用还是仅租户可用。第 16 章将再次讨论这个话题。

一旦定义了权限，并重启应用程序后，它们就可以显示在权限管理对话框中。

2．管理权限

一般情况下，可以向用户或角色授予相应的权限。假设在系统中创建了一个 manager 角色，并希望把产品管理权限授予给该角色。运行该应用程序，选择 Administration→Identity Management→Roles 选项，打开 Roles 页面，如图 7.1 所示。如果之前没有创建 manager 角色，就可以在该页面创建这个角色。

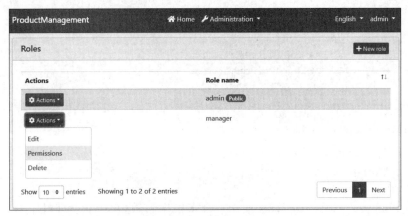

图 7.1　Role Management Roles 页面

选择 Actions→Permissions 选项打开一个权限管理模态对话框，在其中可以管理所选角色的权限，如图 7.2 所示。

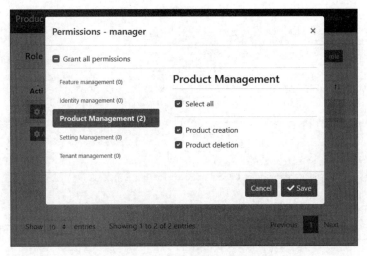

图 7.2　权限管理模态对话框

在图 7.2 中,左侧是权限组,选中的权限组包含的权限在右侧展示。程序中定义的权限组和权限都显示在这个对话框中。

所有 manager 角色的用户都继承该角色的权限。用户可以有多个角色,并继承所有这些角色的权限。也可以在用户管理页面直接对用户授予权限,这样更加灵活。

至此,已经完成了权限定义和权限分配。下一步是检查当前用户是否拥有需要的权限。

3. 检查权限

开发者可以使用[Authorize]特性以声明的方式检查权限,也可以使用 IAuthorizationService 服务以编程的方式检查权限。

设置访问 ProductController 类(参见 7. 2. 1 节)中指定操作所需的产品创建和删除权限的另一种方式的代码如下:

```
public class ProductController : Controller
{
    public async Task < List < ProductDto >> GetListAsync()
    {
    }
    [Authorize("ProductManagement. ProductCreation")]
    public async Task CreateAsync(ProductCreationDto input)
    {
    }
    [Authorize("ProductManagement. ProductDeletion")]
    public async Task DeleteAsync(Guid id)
    {
    }
}
```

在上述代码中,[Authorize]特性接受一个字符串参数,该参数为策略名称。ABP 框架把权限定义为自动策略,可以在需要指定策略名称的任何地方使用权限名称。

声明式授权易于使用,是推荐的方式。然而,这种方式也有一定的局限性,当需要根据是否拥有某项权限来执行不同的自定义逻辑时,它无法满足这种需求。对于这种逻辑,开发者可以注入 IAuthorizationService 服务,代码如下:

```
public class ProductController : Controller
{
    private readonly IAuthorizationService _authorizationService;

    public ProductController(IAuthorizationService authorizationService)
    {
        _authorizationService = authorizationService;
    }

    public async Task CreateAsync(ProductCreationDto input)
    {
        if (await _authorizationService. IsGrantedAsync(
            "ProductManagement. ProductCreation"))
        {
            // TODO: 创建产品
        }
```

```
            else
            {
                // TODO：处理没有获得这项权限的情况
            }
        }
    }
```

IsGrantedAsync 方法用于检查当前用户(或用户的角色)是否被授予给定的权限,并在检查成功时返回 true。这种方式对于需要在未授权的情况下执行自定义逻辑特别有用。然而,在仅需要检查权限并在未授权的情况抛出异常时,CheckAsync 方法更实用,示例代码如下:

```
public async Task CreateAsync(ProductCreationDto input)
{
    await _authorizationService.CheckAsync("ProductManagement.ProductCreation");
    //TODO：创建产品
}
```

在用户没有权限执行这个操作时,CheckAsync 方法将抛出一个 AbpAuthorizationException 异常,ABP 框架会处理该异常,并给客户端一个合适的 HTTP 响应,7.4 节将讨论这个问题。IsGrantedAsync 方法和 CheckAsync 方法是由 ABP 框架定义的用于权限验证的扩展方法。

> **从 AbpController 继承**
>
> 　　建议从 AbpController 类而不是标准的 Controller 类派生用户自定义的控制器类。AbpController 类扩展了标准的 Controller 类,并且定义了一些常用的基本属性。例如,它定义了 AuthorizationService 属性(IAuthorizationService 类型),这样开发者就可以直接使用该属性,而无须手动注入 IAuthorizationService 接口。

服务器端权限检查是应用系统中的常用功能,然而客户端的权限验证功能也是必不可少的。

4. 在客户端中访问权限信息

ABP 框架公开了一个标准的 HTTP API,URL 为/api/abp/application-configuration,返回 JSON 格式的数据,包括本地化文本、设置、权限等。客户端应用程序可以使用该 API 来验证权限,或者在客户端实现本地化。

不同的客户端类型可能需要不同的权限验证服务。例如,在 MVC/Razor Pages 应用程序中,可以使用 JavaScript API(abp.auth)来验证权限,代码如下:

```
abp.auth.isGranted('ProductManagement.ProductCreation');
```

这是一个全局函数。它在当前用户拥有给定的权限时返回 true,否则返回 false。

在 Blazor 应用程序中,可以重用[Authorize]特性和 IAuthorizationService 服务。第 4 部分将再次讨论客户端权限验证问题。

5. 子权限

在复杂应用程序中,可能需要创建一些依赖父权限的子权限。子权限只有在已经获得父权限时才有意义,如图 7.3 所示。

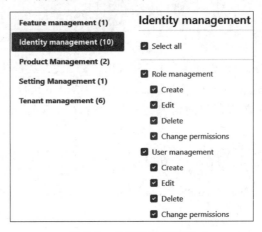

图 7.3　父权限和子权限

在图 7.3 中,Role management 权限包含一些子权限,如 Create、Edit、Delete 和 Change permissions。Role management 权限用于控制用户是否能够进入 Roles 页面。在用户不能进入该页面的情况下,就没有必要授予创建角色权限,因为不进入这个页面是不可能新建角色的。

在权限定义类中,AddPermission 方法的返回值是已创建的权限,可以把它赋值给一个变量,并调用 AddChild 方法创建子权限,代码如下:

```
public override void Define(IpermissionDefinitionContext context)
{
    var myGroup = context.AddGroup("ProductManagement",L("ProductManagement"));
    var parent = myGroup.AddPermission("MyParentPermission");
    parent.AddChild("MyChildPermission");
}
```

在上述示例代码中,创建了一个名为 MyParentPermission 的权限,然后创建了一个名为 MyChildPermission 的权限作为子权限。

子权限也可以有自己的子权限。开发者可以把 parent.AddChild 方法的返回值赋值给一个变量,并调用它的 AddChild 方法。

定义和使用权限是通过简单的开/关风格的策略实现应用程序权限的一种简单而强大的方法。然而,ASP.NET Core 允许开发者实现完整的自定义逻辑来定义策略。

7.2.3　基于策略的授权

在 ASP.NET Core 中,基于策略的授权系统允许开发者在应用程序中授权某些操作,就像使用权限一样,但这次是使用代码实现的自定义逻辑。实际上,权限是 ABP 框架提供的一种简化的自动化的策略。

假设需要自定义代码来实现授权产品创建操作。首先需要定义一个稍后用于验证的

"需求",这些类可以定义在解决方案的应用层,但是没有严格的规则来约定必须这么做,代码如下所示:

```
public class ProductCreationRequirement : IAuthorizationRequirement
{}
```

ProductCreationRequirement 是一个空类,它实现了用于做标记的 IAuthorizationRequirement 接口。然后,需要为该类定义一个授权处理程序,代码如下所示:

```
public class ProductCreationRequirementHandler
    : AuthorizationHandler<ProductCreationRequirement>
{
    protected override Task HandleRequirementAsync(
        AuthorizationHandlerContext context,ProductCreationRequirement requirement)
    {
        if (context.User.HasClaim(c => c.Type == "productManager"))
        {
            context.Succeed(requirement);
        }

        return Task.CompletedTask;
    }
}
```

上述处理程序类必须派生自 AuthorizationHandler<T>,其中 T 是"需求"的类型。这段示例代码只是简单地检查当前用户是否拥有 productManager 声明,声明是一个存储在认证凭证中的简单命名值,该声明是自定义声明。开发者可以在这个类中实现自定义逻辑。如果想让当前用户拥有该"需求",就需要调用 context.Succeed 方法。

一旦定义了"需求"类和处理程序类,就可以在模块的 ConfigureServices 方法中注册它们,代码如下所示:

```
public override void ConfigureServices(
    ServiceConfigurationContext context)
{
    Configure<AuthorizationOptions>(options =>
    {
        options.AddPolicy(
            "ProductManagement.ProductCreation",
            policy => policy.Requirements.Add(new ProductCreationRequirement())
        );
    });
    context.Services.AddSingleton<IAuthorizationHandler,
        ProductCreationRequirementHandler>();
}
```

上述代码使用 AuthorizationOptions 定义了一个名为 ProductManagement.ProductCreation 的策略,并为该策略添加了一个名为 ProductCreationRequirement 的"需求"。然后把 ProductCreationRequirementHandler 注册为一个单例服务。

如果在控制器或者操作上使用[Authorize("ProductManagement.ProductCreation")]

特性或 IAuthorizationService 服务检查策略,那么上述自定义授权处理逻辑将被执行,从而使开发者可以完全控制策略检查逻辑。

> **权限和自定义策略**
>
> 　　一旦使用了自定义策略,就不能使用权限管理对话框向用户和角色授予权限,因为自定义策略不是一个简单的可以启用/禁用的开/关风格的权限。然而,由于 ABP 框架很好地集成了 ASP.NET Core 的策略系统,因此客户端策略检查仍然有效。

如上所述,如果开发者只是需要开/关风格的策略,那么 ABP 框架的权限系统就能够满足需要,并且更加简单和强大。但是,自定义策略可以根据自定义逻辑动态地检查策略。

> **基于资源的授权**
>
> 　　与本书介绍的授权方式相比,ASP.NET Core 的授权系统包含更多的功能。基于资源的授权允许开发者基于对象(如实体)来控制授权策略。例如,可以控制删除特定产品的访问权限,而不是拥有所有产品的通用删除权限。ABP 框架完全兼容 ASP.NET Core 的授权系统,关于授权的详细信息可以参阅 ASP.NET Core 的官方文档 https://docs.microsoft.com/en-us/aspnet/core/security/authorization。

至此,已经介绍完在 MVC 控制器中的[Authorize]特性的用法。然而,该特性和 IAuthorizationService 服务并不是只能在控制器中使用。

7.2.4　在非控制器代码中使用授权

在 ASP.NET Core 应用程序中,[Authorize]特性和 IAuthorizationService 服务可以用在 Razor Pages、Razor 组件和 Web 层的其他地方。标准用法可以参阅 ASP.NET Core 的官方文档 https://docs.microsoft.com/en-us/aspnet/core/security/authorization。

ABP 框架扩展了这些用法,使[Authorize]特性可以用在应用服务类和方法中,而不必依赖 Web 层,甚至可以用于非 Web 应用程序中,示例代码如下:

```
public class ProductAppService
    : ApplicationService,IProductAppService
{
    [Authorize("ProductManagement.ProductCreation")]
    public Task CreateAsync(ProductCreationDto input)
    {
        // TODO
    }
}
```

只有当前用户拥有 ProductManagement.ProductCreation 权限/策略时,才能执行 CreateAsync 方法。事实上,[Authorize]可以在任何注册到 DI 系统的类中使用。然而,由于授权属于应用层需要关注的功能,因此建议在应用层中使用授权,而不是在领域层中。

> **动态代理/拦截器**
>
> ABP 框架使用拦截器和动态代理来在方法调用时进行权限检查。在通过类引用(而不是接口引用)注入服务时,由于动态代理系统底层基于动态继承技术,因此定义方法时必须使用 virtual 关键字来允许动态代理系统重写该方法,从而执行权限检查。

授权系统能够保证只有被授权的用户才能访问应用程序的服务。它是保护应用程序安全所需的系统之一,另一个保护应用程序安全的系统是输入验证系统。

7.3 验证用户的输入

验证用于确保应用程序中数据的安全性和一致性,从而保证应用程序的正常运行。验证是一个宽泛的话题,这里总结以下 3 种常见的验证级别。

(1)客户端验证用于在把数据发送到服务器之前对用户输入进行预验证,如检查一个必填字段的文本框输入是否为空。这对于用户体验(User Experience,UX)很重要,应该尽可能地实现它。然而,即便是没有经验的黑客也能轻松绕过它,因此它不能提高应用程序的安全性。第 4 部分将详细介绍客户端验证。

(2)服务器端验证在服务器端进行,用于阻止不完整的、格式错误的或者恶意的请求,如在服务器端检查必需的输入字段是否为空。它在一定程度上提高了应用程序的安全性,通常在服务器端首次收到客户端发送的数据时执行。

(3)业务验证也是在服务器端进行,用于实现业务规则,并保证业务数据的一致性,如在转账前检查用户的余额。在业务代码的每个级别上都要执行它。第 10 章将详细讨论业务验证。

> **关于 ASP. NET Core 的验证系统**
>
> ASP. NET Core 为输入验证提供了丰富的功能。本书仅关注 ABP 框架所需的基础功能。关于 ASP. NET Core 验证系统的详细信息可以参阅官方文档 https://docs.microsoft.com/en-us/aspnet/core/mvc/models/validation。

本节重点介绍服务器端验证,并展示如何以不同的方式实现输入验证,还将探讨控制验证过程和处理验证异常的方法。

7.3.1 使用数据注解特性

使用数据注解特性是对用户输入数据进行格式验证的最简单的方法。假设有如下应用服务方法:

```
public class ProductAppService
    : ApplicationService, IProductAppService
{
    public Task CreateAsync(ProductCreationDto input)
    {
```

```
        // TODO
    }
}
```

ProductAppService 是一个应用服务，ABP 框架自动验证应用服务的输入，就像 ASP. NET Core 框架自动验证控制器的输入一样。使用数据注解特性实现输入验证的示例代码如下：

```
public class ProductCreationDto
{
    [Required]
    [StringLength(100)]
    public string Name { get; set; }

    [Range(0, 999.99)]
    public decimal Price { get; set; }

    [Url]
    public string PictureUrl { get; set; }

    public bool IsDraft { get; set; }
}
```

ProductCreationDto 有三个属性包含了验证特性。ASP. NET Core 有许多内置的验证特性，包括以下 6 个。

（1）［Required］：验证属性是否为空。

（2）［StringLength］：验证字符串属性的最大长度以及可选的最小长度。

（3）［Range］：验证属性值是否在指定范围内。

（4）［Url］：验证属性值是否具有正确的 URL 格式。

（5）［RegularExpression］：允许指定自定义正则表达式（regular expression，regex）来验证属性值。

（6）［EmailAddress］：验证属性是否符合电子邮件地址的格式。

在 ASP. NET Core 应用程序中，开发者可以通过继承 ValidationAttribute 类并重写 IsValid 方法来创建自定义验证属性。

数据注解属性用法简单，是对 DTO 和模型进行格式验证推荐使用的方法。然而，它也有局限性，即无法执行自定义逻辑来进行输入验证。

7.3.2　使用 IValidatableObject 接口自定义验证规则

DTO 或模型可以通过实现 IValidatableObject 接口的方式，使用自定义代码进行验证，代码如下：

```
public class ProductCreationDto : IValidatableObject
{
    ...
    [Url]
    public string PictureUrl { get; set; }
    public bool IsDraft { get; set; }
```

```
    public IEnumerable<ValidationResult> Validate(ValidationContext context)
    {
        if (IsDraft == false && string.IsNullOrEmpty(PictureUrl))
        {
            yield return new ValidationResult(
                "Picture must be provided to publish a product",
                new []{ nameof(PictureUrl) }
            );
        }
    }
}
```

在上述示例代码中,ProductCreationDto 实现了一个自定义验证规则:如果 IsDraft 为 false,则需要一个产品的简介图片。因此,当进行输入验证时,若遇到上述情况就会产生一个验证错误。

在实现验证逻辑时,如果需要从 DI 系统中获得服务,可以调用 context.GetRequiredService 方法。例如,如果想要本地化错误信息,那么上述代码中的 Validate 方法可以重写为:

```
public IEnumerable<ValidationResult> Validate(ValidationContext context)
{
    if (IsDraft == false && string.IsNullOrEmpty(PictureUrl))
    {
        var localizer = context.GetRequiredService
            <IStringLocalizer<ProductManagementResource>>();

        yield return new ValidationResult(
            localizer["PictureIsMissingErrorMessage"],
            new []{ nameof(PictureUrl) }
        );
    }
}
```

在上述代码中,从 DI 系统获取了一个 IStringLocalizer<ProductManagementResource>实例,并使用它向客户端返回一个本地化的错误消息。第 8 章将详细介绍本地化系统。

> **格式验证和业务验证**
>
> 　　最佳实践是在 DTO 或模型中只进行格式验证(如 DTO 的属性为空或不符合预期的格式),并且仅使用 DTO 或模型中已存在的数据。在应用服务或领域服务中实现业务验证逻辑。例如,不要尝试在 Validate 方法中实现检查给定的产品名称是否已经存在于数据库中这样的逻辑。

无论使用数据注解特性还是自定义验证逻辑,ABP 框架都会处理验证结果,并当验证失败时,在方法执行前抛出一个异常。

7.3.3 验证异常

在用户输入无效的情况下,ABP 框架会自动抛出 AbpValidationException 类型的异常。输入无效的情况包括以下两种。

(1)输入对象为 null,因此开发者不需要检查它是否为 null。

（2）输入对象以某种方式未通过验证，因此开发者不需要在 API 控制器中检查 Model.IsValid。

在上述情况下，ABP 框架不会调用开发者定义的服务方法（或控制器操作）。如果开发者自定义的方法正在被执行，那么可以确认输入不为 null 且有效。

开发者如果需要在自定义服务中执行额外的验证，并想在验证失败时抛出一个与验证相关的异常，那么可以抛出 AbpValidationException，代码如下：

```
public async Task CreateAsync(ProductCreationDto input)
{
    if (await HasExistingProductAsync(input.Name))
    {
        throw new AbpValidationException(
            new List<ValidationResult>
            {
                new ValidationResult(
                    "Product name is already in use!",
                    new[] {nameof(input.Name)}
                )
            }
        );
    }
}
```

在上述代码中，如果存在一个产品的名称与给定名称相同，那么 HasExistingProductAsync 就返回 true。在这种情况下会抛出 AbpValidationException 异常，并指明验证错误的原因。ValidationResult 表示一个验证错误，它的构造函数的第一个参数是验证错误消息，第二个参数（可选的）是导致验证错误的 DTO 属性的名称。

一旦开发者或 ABP 框架的验证系统抛出 ValidationResult 异常，ABP 框架的异常处理系统将捕获并合理地处理它。7.4 节将介绍异常处理的细节。

大部分情况下，ABP 框架的验证系统能够按照开发者希望的方式工作，但是有时候开发者可能需要绕过异常验证，并执行一些自定义逻辑。

7.3.4　禁用验证

在方法或类上使用[DisableValidation]特性能够绕过 ABP 框架的验证系统，代码如下：

```
[DisableValidation]
public async Task CreateAsync(ProductCreationDto input)
{
}
```

在上述示例代码中，在 CreateAsync 方法上添加了[DisableValidation]特性，因此 ABP 框架不会对该方法的输入对象执行任何自动验证。

如果对一个类使用[DisableValidation]特性，那么该类的所有方法的自动验证都被禁用。在这种情况下，可以在方法上添加[EnableValidation]特性来对特定的方法启用自动验证。

在禁用某个方法的自动验证的情况下，仍然可以手动执行自定义验证逻辑并在验证失败时抛出 AbpValidationException 异常。

7.3.5 在其他类中使用验证

ASP.NET Core 可以为控制器中的操作和 Razor Pages 中的处理程序自动执行验证。ABP 框架扩展了 ASP.NET Core 的验证系统,默认情况下能够为应用服务中的方法自动执行验证。

除了这些默认情况外,ABP 框架允许开发者为应用程序中任何类型的类启用自动验证功能。开发者要做的就是让需要自动验证的类实现 IValidationEnabled 标记接口,代码如下所示:

```
public class SomeServiceWithValidation : IValidationEnabled, ITransientDependency
{
    ...
}
```

然后,ABP 框架就能够自动验证该类的所有输入。

> **动态代理/拦截器**
>
> ABP 框架使用动态代理和拦截器来在调用方法时进行数据验证。在通过类引用(而不是接口引用)注入服务时,由于动态代理系统底层使用动态继承技术,因此定义方法时必须使用 virtual 关键字来允许动态代理系统重写该方法,从而执行数据验证。

至此,已经介绍完 ABP 框架的验证系统,它与 ASP.NET Core 的验证基础设施是完全兼容的。

7.3.6 集成 FluentValidation

内置的验证系统能够满足大部分的应用场景,并且很容易使用它来定义格式验证规则。笔者认为在 DTO/模型中嵌入数据验证逻辑是没有任何问题的。然而,一些开发者不推荐在 DTO/模型中实现验证逻辑,即便是格式验证逻辑。在这种情况下,ABP 框架提供了一个集成 FluentValidation 库的包,该库把验证逻辑从 DTO/模型中分离出来,并提供了比标准数据注解方法更强大的功能。

要使用 FluentValidation 库,首先需要把它安装到项目中。可以使用 ABP CLI 的 add-package 命令为项目安装该库,具体如下:

```
abp add - package Volo.Abp.FluentValidation
```

安装该包后,就可以创建验证器类并设置验证规则,代码如下:

```
public class ProductCreationDtoValidator : AbstractValidator < ProductCreationDto >
{
    public ProductCreationDtoValidator()
    {
        RuleFor(x => x.Name).NotEmpty().MaximumLength(100);
        RuleFor(x => x.Price).ExclusiveBetween(0, 1000);
        //...
    }
}
```

如果想要了解如何定义高级的验证规则，可以参阅 FluentValidation 的官方文档 https://fluentvalidation. net/。

ABP 框架能够自动发现验证器类，并把它们集成到验证过程中。这意味着可以混合使用标准验证逻辑和 FluentValidation 的验证器类。

授权异常和验证异常是定义明确的异常类型，ABP 框架能够自动地处理它们。下一节将探讨 ABP 框架的异常处理系统，并介绍如何处理不同类型的异常。

7.4　异常处理

应用程序最重要的质量指标之一是如何处理程序中的错误和异常。一个优秀的应用程序应该处理这些错误，向客户端返回一个恰当的响应，并优雅地把问题反馈给用户。

在典型的 Web 应用程序中，关注每个客户端请求中的异常对开发者来说是一项重复且乏味的工作。ABP 框架能够自动处理应用程序中发生的错误。大部分情况下，开发者不需要在应用程序代码中编写任何 try-catch 语句。ABP 框架在异常处理方面可以完成以下 4 个方面的工作。

（1）处理所有的异常；把异常信息记录到日志中；对于 API 请求向客户端返回一个标准的格式化错误响应信息；对于服务器端渲染页面展示一个标准的错误页面。

（2）隐藏内部原始的错误信息，同时允许开发者在需要的时候返回用户友好的本地化错误信息。

（3）根据标准异常（如验证异常和授权异常）的类型向客户端返回恰当的 HTTP 状态码。

（4）在客户端处理所有错误信息，并向终端用户展示有意义的信息。

尽管 ABP 框架能够自动处理异常，开发者依然能够抛出异常来向客户端返回用户友好的消息或者与业务相关的特定错误码。

7.4.1　用户友好的异常

ABP 框架提供了一些预定义的异常类来定制错误处理行为。UserFriendlyException 类就是其中的一个。

首先，为了理解 UserFriendlyException 类的必要性，观察如果从服务器端 API 抛出一个任意类型的异常会发生什么。以下方法抛出一个带有自定义消息的异常。

```
Public async Task ExampleAsync()
{
    throw new Exception("my error message...");
}
```

假设浏览器客户端以 AJAX 请求的方式调用该方法，那么它将向终端用户展示如图 7.4 所示的错误信息。

可以看出，ABP 框架展示了一个关于内部问题的标准错误信息。真正的错误信息被写入日志系统。服务器对于这一类的错误返回一个 HTTP 500 状态码。这个设计很

图 7.4　默认错误信息

好，因为向终端用户展示原始错误信息是没有用的，甚至是危险的，因为这些信息中可能包含一些关于系统内部的敏感信息，如数据库表名和字段名。

然而，在一些特定情况下，可能需要向终端用户返回用户友好的丰富的消息。此时，可以抛出 UserFriendlyException 异常，代码如下：

```
public async Task ExampleAsync()
{
    throw new UserFriendlyException("This message is available to the user!");
}
```

这次 ABP 框架没有隐藏错误信息，如图 7.5 所示。

UserFriendlyException 类并不是唯一的。任何继承自 UserFriendlyException 类或者直接实现 IUserFriendly-Exception 接口的异常类都可以用来返回用户友好的异常信息。在抛出用户友好异常时，ABP 框架向客户端返回一个 HTTP 403（禁止）状态码。关于 HTTP 状态码和异常的映射关系，可以参阅 7.4.4 节。

图 7.5 自定义错误信息

在多语言应用程序中，可能希望返回本地化的信息，详细信息可以参阅第 8 章。

UserFriendlyException 是一种特殊类型的业务异常，可以直接向用户返回一条信息。

7.4.2 业务异常

业务应用程序中有一些业务规则，当请求的操作不符合这些业务规则且不适合在当前条件下执行时，就需要抛出异常。ABP 框架中的业务异常是一类特殊的异常，它们由 ABP 框架识别并处理。

抛出业务异常最简单的方式是直接使用 BusinessException 类，代码（来自 EventHub 项目）如下所示：

```
public class EventRegistrationManager : DomainService
{
    public async Task RegisterAsync(Event @event, AppUser user)
    {
        if (Clock.Now > @event.EndTime)
        {
            throw new BusinessException(EventHubErrorCodes
                .CantRegisterOrUnregisterForAPastEvent);
        }
        ...
    }
}
```

EventRegistrationManager 是一个领域服务，用于实现活动注册的业务规则。RegisterAsync 方法检查活动的结束时间，禁止用户注册已过期的活动，并在这种情况下抛出业务异常。

BusinessException 的构造函数可以接受以下 5 个可选参数。

（1）code：一个字符串值，代表异常的自定义错误码。客户端应用程序在处理该异常时可以通过该代码方便地获得异常类型。对于不同的异常，通常使用不同的错误码。错误码还可以用于本地化异常信息。

（2）message：一个代表异常信息的字符串，是可选的。

（3）details：一个关于详细异常信息的字符串，是可选的。

（4）innerException：一个内部异常对象，是可选的。如果抛出该业务异常是发生其他内部异常导致的，那么可以把该异常传递给这个参数。

（5）logLevel：此异常的日志级别。它是一个 LogLevel 枚举类型，默认值是 LogLevel. Warning。

开发者一般只需要传递 code 参数，这样能在日志中更容易地找到该异常。它还可以用于本地化返回给客户端的错误信息。

1. 本地化业务异常信息

在使用 UserFriendlyException 异常时，由于异常信息需要直接展示给终端用户，因此开发者必须本地化异常信息。在抛出 BusinessException 异常时，该异常信息是基于错误码命名空间的，除非显式地本地化异常信息，否则 ABP 框架不会把异常信息展示给终端用户。

假设 EventHub:CantRegisterOrUnregisterForAPastEvent 是一个错误码。在这个错误码中，EventHub 代表错误码的命名空间。开发者必须把错误码的命名空间映射到一个本地化资源上，以便 ABP 框架在展示错误信息时能够找到它对应的本地化资源，代码如下所示：

```
Configure<AbpExceptionLocalizationOptions>(options =>
{
    options.MapCodeNamespace("EventHub", typeof(EventHubResource));
});
```

在上述示例代码中，EventHub 错误码的命名空间被映射到 EventHubResource 本地化资源。这样在本地化文件中，错误码（包括它的命名空间）就可以作为键名，代码如下所示：

```
{
    "culture": "en",
    "texts": {
      "EventHub:CantRegisterOrUnregisterForAPastEvent":
          "You can not register to or unregister from an event in the past, sorry!"
    }
}
```

配置完成后，每当抛出带有该错误码的 BusinessException 异常时，ABP 框架都会向用户展示本地化错误信息。

在某些情况下，可能需要在错误信息中包含一些额外的数据，代码如下所示：

```
throw new BusinessException(EventHubErrorCodes.OrganizationNameAlreadyExists
).WithData("Name", name);
```

在上述代码中，通过调用 WithData 扩展方法，把组织名称加入到错误信息中。那么，本地化字符串可以按照如下方式定义：

```
"EventHub:OrganizationNameAlreadyExists": "The organization {Name} already exists. Please use
another name."
```

其中,{Name}是组织名称的占位符。ABP 框架会自动用给定的名称替换它。

至此,已经介绍完 BusinessException 异常的用法。接下来介绍如何创建专用的异常类。

2. 定制业务异常类

除了可以直接抛出 BusinessException 异常,还可以创建自定义的异常类。新创建的业务异常类需要继承自 BusinessException 类,代码如下:

```
public class OrganizationNameAlreadyExistsException : BusinessException
{
    public string Name { get; private set; }
    public OrganizationNameAlreadyExistsException(string name) : base(EventHubErrorCodes.
OrganizationNameAlreadyExists)
    {
        Name = name;
        WithData("Name", name);
    }
}
```

在上述代码中,OrganizationNameAlreadyExistsException 是一个自定义的业务异常类。它的构造函数包含一个用于接受组织名称的参数。方法内部通过调用 WithData 方法来设置"Name"数据,从而使 ABP 框架可以在本地化错误信息时可以加入组织名称。抛出该异常非常简单,代码如下:

```
throw new OrganizationNameAlreadyExistsException(name);
```

使用 BusinessException 异常类需要手动设置自定义数据,而开发者可能会忘记设置它,自定义异常类与这种方法相比更简单。在代码中多个地方都需要抛出相同异常的情况下,这种方法可以减少代码重复。

7.4.3 控制异常日志

ABP 框架会自动记录所有异常。默认情况下,使用 Warning 级别记录业务异常、授权异常和验证异常相关的日志,而用 Error 级别记录其他错误的日志。

通过 IHasLogLevel 接口,可以为异常类设置不同的日志级别,代码如下:

```
public class MyException : Exception, IHasLogLevel
{
    public LogLevel LogLevel { get; set; } = LogLevel.Warning;

    //...
}
```

在上述示例代码中,MyException 类实现了 IHasLogLevel 接口,并把日志级别设置为Warning。在抛出 MyException 类型的异常时,ABP 框架将写入警告日志。

也可以为异常写入额外的日志信息,一般通过继承 IExceptionWithSelfLogging 接口实现,代码如下所示:

```
public class MyException : Exception, IExceptionWithSelfLogging
{
    public void Log( ILogger logger)
    {
        //记录额外的信息
    }
}
```

在上述示例代码中,MyException 类实现了 IExceptionWithSelfLogging 接口,该接口定义了一个 Log 方法。ABP 框架在调用该方法时传递日志记录器参数,开发者可以在该方法中写入额外的日志信息。

7.4.4　控制 HTTP 状态码

ABP 框架尽量为已知的异常类型返回恰当的 HTTP 状态码,异常类型与 HTTP 状态码之间的映射关系如下:

(1) 在用户没有登录的情况下,发生 AbpAuthorizationException 异常,返回 401(未授权)。

(2) 在用户已经登录的情况下,发生 AbpAuthorizationException 异常,返回 403(禁止)。

(3) 发生 AbpValidationException 异常,返回 400(错误请求)。

(4) 发生 EntityNotFoundException 异常,返回 404(未找到)。

(5) 发生业务异常和用户友好异常,返回 403(禁止)。

(6) 发生 EntityNotFoundException 异常,返回 501(未实现)。

(7) 发生其他异常(假定发生基础设施错误),返回 500(服务器内部错误)。

开发者如果想为自定义异常指定返回的 HTTP 状态码,需要配置自定义异常的错误码与 HTTP 状态码之间的映射关系,代码如下所示:

```
services.Configure < AbpExceptionHttpStatusCodeOptions >(options =>
{
    options.Map(
        EventHubErrorCodes.OrganizationNameAlreadyExists,HttpStatusCode.Conflict);
});
```

建议上述配置放在 Web 层或者 HTTP API 层。

7.5　小结

本章介绍了 3 个基本的横切关注点,每个正式的业务应用程序都应该实现它们。

授权是一个保证系统安全的关键的横切关注点。应该谨慎地控制应用程序中每个操作的授权规则。ABP 框架简化了使用 ASP.NET Core 授权基础设施的代码,并实现了一个灵活的权限控制系统。这也是企业应用程序中非常常见的一种授权模式。

验证可以提高系统的安全性,并通过优雅的方式阻止格式错误或恶意的请求来提高用户体验。ABP 框架增强了 ASP.NET Core 中标准的验证系统,使开发者可以在应用程序的任何服务中实现验证,并提供一个集成 FluentValidation 库的单独包来支持验证的高级用法。

ABP 框架的异常处理系统可以在服务器端和客户端自动处理异常,实现无缝衔接。它还解耦了本地化错误消息和抛出异常的应用程序代码,并把错误信息映射到 HTTP 状态码。

第 8 章将继续探讨 ABP 框架提供的服务,并介绍一些有趣的 ABP 特性,如自动审计日志和数据过滤。

第 8 章
ABP 框架提供的功能和服务

ABP 框架是一个全栈应用程序开发框架，为企业应用程序开发提供了许多构件。第 5～7 章介绍了 ABP 框架提供的基础服务、数据访问基础设施和横切关注点。本章将继续介绍业务应用程序中经常使用的一些 ABP 框架的功能。

8.1 准备工作

如果想要运行示例程序，需要安装用于构建 ASP. NET Core 项目的集成开发环境 IDE/编辑器，如 Visual Studio。读者可以从 GitHub 仓库 https://github.com/PacktPublishing/Mastering-ABP-Framework 下载示例代码。

8.2 获取当前用户

如果应用程序为了实现某些功能需要验证用户身份，那么通常需要获取当前用户的相关信息。ABP 框架提供了 ICurrentUser 服务，用于获取当前登录用户的详细信息。对于 Web 应用程序，ICurrentUser 服务完全基于 ASP. NET Core 的认证系统实现，开发者可以方便地获取当前用户的声明。

ICurrentUser 服务的简单用法如下所示：

```
using System;
using Volo.Abp.DependencyInjection;
using Volo.Abp.Users;
namespace DemoApp
{
    public class MyService : ITransientDependency
    {
        private readonly ICurrentUser _currentUser;

        public MyService(ICurrentUser currentUser)
        {
            _currentUser = currentUser;
        }

        public void Demo()
```

```
        {
            Guid? userId = _currentUser.Id;
            string userName = _currentUser.UserName;
            string email = _currentUser.Email;
        }
    }
}
```

在上述示例代码中,ICurrentUser 服务从构造函数注入 MyService 服务中,然后就可以通过该服务获得当前用户的唯一 Id、Username 和 Email。

ICurrentUser 接口包含以下 9 个属性。

(1) IsAuthenticated(bool)：如果当前用户已经登录(即通过身份认证),则返回 true。

(2) Id(Guid?)：当前用户的唯一标识符(Unique Identifier,UID)。如果当前用户未登录,则返回 null。

(3) UserName(string)：当前用户的用户名。如果当前用户未登录,则返回 null。

(4) TenantId(Guid?)：当前用户的租户 ID,主要用于多租户应用程序。如果当前用户不属于任何租户,则返回 null。

(5) Email(string)：当前用户的电子邮箱地址。如果当前用户还没有登录或者没有设置电子邮箱地址,则返回 null。

(6) EmailVerified(bool)：如果当前用户的电子邮箱地址已验证,则返回 true。

(7) PhoneNumber(string)：当前用户的手机号。如果当前用户没有登录或者没有设置手机号,则返回 null。

(8) PhoneNumberVerified(bool)：如果当前用户的手机号已验证,则返回 true。

(9) Roles(string[])：当前用户的所有角色,它是一个字符串数组。

> **注入 ICurrentUser 服务**
>
> ICurrentUser 是一个被广泛使用的服务。因此,ABP 框架中的一些基类(如 ApplicationService 和 AbpController)已经注入该服务。在这些类中,可以直接使用 CurrentUser 属性,而不需要手动注入该服务。

ABP 框架可以与任何身份验证提供程序一起工作,因为它是基于 ASP.NET Core 提供的当前声明实现的。声明是在用户登录时签发的键值对,并存储在认证凭证中。在使用基于 Cookie 的身份验证方法时,它们存储在 Cookie 中,并在每次请求时被发送到服务器。在使用基于令牌的身份验证方法时,在每次请求时,它们通过 HTTP 发送到服务器。

ICurrentUser 服务从当前声明中获取所有信息。可以通过 FindClaim、FindClaims 和 GetAllClaims 方法直接查询当前声明。这些方法在创建自定义声明时特别有用。

ABP 框架提供了一种简单的方法把自定义声明添加到认证凭证中,这样就可以在同一用户的下一次请求中安全地获得这些自定义值。可以实现 IAbpClaimsPrincipalContributor 接口来向认证凭证中添加自定义声明。

在下述示例代码中,社保账号信息作为自定义声明添加到认证凭证中。

```
public class SocialSecurityNumberClaimsPrincipalContributor
    : IAbpClaimsPrincipalContributor, ITransientDependency
```

```
{
    public async Task ContributeAsync(AbpClaimsPrincipalContributorContext context)
    {
        ClaimsIdentity identity = context.ClaimsPrincipal.Identities.FirstOrDefault();
        var userId = identity?.FindUserId();
        if (userId.HasValue)
        {
            var userService = context.ServiceProvider
                .GetRequiredService<IUserService>();
            var socialSecurityNumber = await userService
                .GetSocialSecurityNumberAsync(userId.Value);
            if (socialSecurityNumber != null)
            {
                identity.AddClaim(new Claim("SocialSecurityNumber",
                    socialSecurityNumber));
            }
        }
    }
}
```

在上述示例代码中,首先获得 ClaimsIdentity,并通过它找到当前用户的 ID。然后,从 IUserService 获得社保账号,这是一个需要自己开发的自定义服务。开发者可以通过 ServiceProvider 获得用于查询所需数据的任何服务。最后,每当用户登录应用程序时,可以 把一个新建的 Claim 添加到 identity. SocialSecurityNumberClaimsPrincipalContributor 中, 供后续使用。

开发者可以使用自定义声明来满足特定业务需求中的用户授权,过滤数据或者仅在 UI 上展示这些需求。需要注意的是,身份认证凭证中的声明信息不能修改,除非使当前身份认 证凭证无效,并强制用户重新进行身份认证。如果只是为了把用户信息存储起来以便后续 快速访问,那么可以使用缓存系统,将在 8.5 节介绍。

ICurrentUser 是应用程序中需要经常使用的核心服务。8.3 节将介绍数据过滤系统, 在大多数情况下,开发者觉察不到它的存在。

8.3 数据过滤系统

在查询中,过滤数据是数据库中的常用操作。如果使用的是 SQL,可以使用 WHERE 子句。如果使用的是 LINQ,可以使用 C♯ 中的 Where 扩展方法。虽然大多数过滤条件在 不同的查询中有所区别,但是在软删除模式和多租户模式中,一些过滤表达式将应用于所有 的查询。ABP 框架自动完成上述数据过滤,以帮助开发者避免在应用程序中重复编写相同 的数据过滤逻辑。

本节将首先介绍 ABP 框架预定义的数据过滤器,然后介绍如何在需要的时候禁用这些 过滤器,最后探讨如何实现自定义数据过滤器。

8.3.1 软删除数据过滤器

对于使用了软删除模式的实体,它将永远不会在数据库中被物理删除,而只是把它标记为已删除(deleted)。

ABP 框架定义了 ISoftDelete 接口,提供一个标准属性,用于标记一个实体为软删除实体。以下代码中的实体实现了该接口。

```
public class Order : AggregateRoot<Guid>, ISoftDelete
{
    public bool IsDeleted { get; set; }
    //其他属性
}
```

在上述示例代码中,Order 实体有一个 IsDeleted 属性,它是由 ISoftDelete 接口定义的。一旦实现了这个接口,ABP 框架将自动完成下述两项任务。

(1) 当删除一个订单时,ABP 框架识别到 Order 实体实现了软删除模式,从而阻止删除操作,并把 IsDeleted 属性设置为 true。因此,该订单不会在数据库中被物理删除。

(2) 当查询订单时,ABP 框架将自动过滤已删除的实体(通过向查询条件添加 IsDeleted==false 实现),从而避免从数据库中检索出已删除的订单。

数据过滤与查询有关,因此,任务(1)与数据过滤没有直接关系,而是一个由 ABP 框架实现的软删除逻辑。

数据过滤的局限性

自动化的数据过滤只有在使用仓储或 DbContext(EF Core)时有效。否则,如使用自定义的 SQL 命令 DELETE 或 SELECT 时,开发者需要自己处理过滤逻辑,因为在这种情况下 ABP 框架不能拦截到这些操作。

软删除过滤器是 ABP 框架内置的数据过滤器。另一个内置的过滤器与多租户有关。

8.3.2　多租户数据过滤器

多租户是 SaaS 解决方案中租户间共享资源的一种广泛使用的模式。在多租户应用程序中,隔离不同租户之间的数据非常重要。一个租户不能读写另一个租户的数据,即使他们位于相同的物理数据库中。

ABP 框架实现了一个完整的多租户系统,第 16 章将详细介绍多租户的实现细节,这里仅介绍多租户过滤器。

ABP 框架定义了 IMultiTenant 接口,用于为实体启用多租户数据过滤器。以下代码中的实体实现了这个接口。

```
public class Order : AggregateRoot<Guid>, IMultiTenant
{
    public Guid? TenantId { get; set; }
    //其他属性
}
```

IMultiTenant 接口定义了 TenantId 属性,代表租户的 ID,类型为 Guid。

一旦某个实体实现了 IMultiTenant 接口,ABP 框架就会自动根据当前租户的 ID 过滤对 Order 实体的所有查询。当前租户的 ID 可以通过 IMultiTenant 服务获得,第 16 章将详细介绍该服务。

> **使用多个数据过滤器**
>
> 　　可以为同一个实体启用多个数据过滤器。例如,本节中定义的 Order 实体可以实现 ISoftDelete 接口和 IMultiTenant 接口。

　　如上所述,为实体启用数据过滤器非常简单,只需要实现与数据过滤器相关的接口即可。默认情况下,所有数据过滤器都是启用的,除非显式禁用它们。

8.3.3　禁用一个数据过滤器

　　在某些情况下,需要禁用自动过滤器。例如,开发者可能希望禁用软删除过滤器来从数据库中读取已删除的实体,或者需要恢复用户已删除的实体。又如,开发者可能希望禁用多租户过滤器,以便从多租户系统中查询所有租户的数据。ABP 框架提供了一种简单而安全的方法来禁用数据过滤器。

　　下述示例代码展示了如何通过 IDataFilter 服务禁用 ISoftDelete 数据过滤器,以从数据库中获得所有订单的信息,包括已删除的订单。

```
public class OrderService : ITransientDependency
{
    private readonly IRepository < Order, Guid >_orderRepository;
    private readonly IDataFilter _dataFilter;

    public OrderService(
        IRepository < Order, Guid > orderRepository,IDataFilter dataFilter)
    {
        _orderRepository = orderRepository;
        _dataFilter = dataFilter;
    }

    public async Task < List < Order >> GetAllOrders()
    {
        using (_dataFilter.Disable < ISoftDelete >())
        {
            return await _orderRepository.GetListAsync();
        }
    }
}
```

　　在上述示例代码中,OrderService 中注入了 Order 仓储和 IDataFilter 服务。然后调用 _dataFilter. Disable < IsoftDelete >()方法来禁用软删除过滤器。在 using 语句范围内,过滤器被禁用,可以查询到已删除的订单数据。

> **总是使用 using 语句**
>
> 　　Disable 方法返回一个 IDisposable 对象,以便在 using 语句中使用它。一旦 using 块结束,过滤器会自动返回以前的状态,这也就意味着如果在 using 块之前过滤器是启用状态,那么将返回到启用状态。如果在 using 语句之前它已

> 经被禁用,那么 Disable 方法不影响该状态,并且在 using 语句结束后它仍然是禁用的。该系统允许开发者安全地禁用数据过滤器,而不会影响到任何调用 GetAllOrders 方法的逻辑。建议在 using 语句中禁用数据过滤器。

IDataFilter 服务还提供了以下两个方法。

(1) Enable < TFilter >:启用数据过滤器。可以使用该功能在已禁用筛选器的范围内临时启用数据过滤器。在数据过滤器已启用的情况下,该方法无效。与 Disable 方法类似,建议在 using 语句中启用数据过滤器。

(2) IsEnabled < TFilter >:在给定的筛选器已启用的情况下,返回 true。由于 Enable 方法和 Disable 方法一般都能正常工作,所以通常不需要这个方法。

至此,已经介绍完如何使用 Disable 方法和 Enable 方法启用和禁用这些预定义的数据过滤器。

8.3.4 自定义数据过滤器

开发者可能需要定义一些自己的过滤器。由于数据过滤器由接口表示,因此第一步是为过滤器定义接口。

假设需要对实体进行归档,并自动过滤归档数据,使默认情况下禁止检索到这些归档数据。可以在领域层中定义一个简单的接口,代码如下:

```
public interface IArchivable
{
    bool IsArchived { get; }
}
```

IsArchived 属性用于过滤实体。默认情况下,IsArchived 为 true 的实体在查询时将被排除。一旦定义了上述接口,就可以让需要存档的实体继承它,代码如下:

```
public class Order : AggregateRoot < Guid >, IArchivable
{
    public bool IsArchived { get; set; }
    //其他属性
}
```

在上述示例代码中,Order 实体实现了 IArchivable 接口,这样就可以在该实体上应用数据过滤器。注意,IArchivable 接口没有为 IsArchived 属性定义 setter,而 Order 实体定义了它。实际需求决定了设计,因为不需要通过接口设置 IsArchived 的值,而需要通过实体设置它的值。

由于数据过滤是在数据库提供程序级别完成的,因此所有自定义过滤器的实现都依赖数据库提供程序。下面将展示如何基于 EF Core 实现 IArchivable 过滤器。如果想了解基于 MongoDB 的实现方法,可以参阅 ABP 的官方文档 https://docs.abp.io/en/abp/latest/Data-Filtering。

ABP 框架使用 EF Core 的全局查询过滤(global query filters)系统来实现数据过滤。可以在 DbContext 类中实现数据过滤逻辑。

首先在 DbContext 类中定义一个属性,该属性将在过滤器的表达式中使用,代码如下:

```
protected bool IsArchiveFilterEnabled => DataFilter?.IsEnabled<Iarchivable>() ?? false;
```

该属性直接使用 IDataFilter 服务获取过滤器的状态。DataFilter 属性是由基类 AbpDbContext 定义的。由于 DbContext 实例是从 DI 系统得到的,有时可能为空,因此在使用它之前需要检查它是否为 null。

然后重写 ShouldFilterEntity 方法,以确定是否需要过滤给定的实体类,代码如下:

```
protected override bool ShouldFilterEntity<Tentity>(ImutableEntityType entityType)
{
    If (typeof(IArchivable).IsAssignableFrom(typeof(TEntity)))
    {
        return true;
    }

    return base.ShouldFilterEntity<TEntity>(entityType);
}
```

ABP 框架为 DbContext 类中的每个实体类都调用这个方法,该方法仅在应用程序启动后第一次调用 DbContext 类时被调用一次。如果该方法的返回值为 true,则为该实体启用 EF Core 的全局过滤器。上述示例代码只检查给定的实体是否实现了 IArchivable 接口,并在已实现的情况下返回 true,否则调用基类中的方法来检查其他过滤器。

ShouldFilterEntity 方法只用于决定是否启用过滤系统。应该通过重写 CreateFilterExpression 方法来实现实际的过滤逻辑,代码如下:

```
protected override Expression<Func<TEntity, bool>> CreateFilterExpression<TEntity>()
{
    var expression = base.CreateFilterExpression<Tentity>();
    if (typeof(Iarchivable).IsAssignableFrom(typeof(TEntity)))
    {
        Expression<Func<TEntity, bool>> archiveFilter =
            e => !IsArchiveFilterEnabled || !EF.Property<bool>(e, "IsArchived");
        expression = expression ==
            null? archiveFilter : CombineExpressions(expression, archiveFilter);
    }
    return expression;
}
```

上述示例代码看起来有点复杂,它创建并组合了表达式,重要的部分是如何定义 archiveFilter。!IsArchiveFilterEnabled 用于检查过滤器是否被禁用。如果过滤器被禁用,那么就不用计算其他条件,并且在检索实体时不过滤数据。!EF.Property<bool>(e,"IsArchived")用于检查实体的 IsArchived 是否为 false,会过滤掉 IsArchived 为 true 的实体。过滤器的实现中并未使用 Order 实体。这就意味着该实现是通用的,能够过滤任何实现了 IArchivable 接口的实体类的数据。

8.4　审计日志系统

ABP 框架的审计日志系统跟踪所有的请求和实体变更,并把它们写入数据库中。基于这些信息,可以获得应用程序执行了什么操作、何时执行及由谁执行的相关信息。

从启动模板创建的解决方案已经安装并正确配置了审计日志系统。通常情况下,开发者不需要再做额外的配置就可以使用它。ABP 框架允许开发者控制、定制和扩展审计日志系统。

8.4.1　审计日志对象

审计日志对象由在有限范围内一起执行的一组操作和相关实体变更信息组成,在 Web 应用程序中,这个范围通常是一个 HTTP 请求。

图 8.1 展示了审计日志对象的组成。

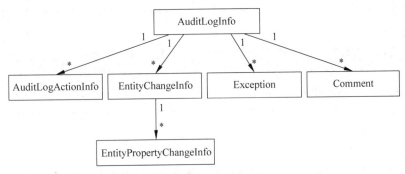

图 8.1　审计日志对象

审计日志对象由以下 6 部分组成。

(1) AuditLogInfo：在每个范围(通常是一个 Web 请求)中,都有一个 AuditLogInfo 对象,其中包含当前用户、当前租户、HTTP 请求、客户端和浏览器的详细信息,以及执行的时间和持续的时间。

(2) AuditLogActionInfo：在每个审计日志中,可能有零个或多个操作信息,操作通常包括控制器中的方法、页面处理程序或应用服务方法。操作信息包括类名、方法名和方法参数。

(3) EntityChangeInfo：一个审计日志可能包含零个或多个数据库中的实体变更信息。每条实体变更信息包括变更类型(创建、更新或删除)、实体类型(完整的类名)和变更实体的 ID。

(4) EntityPropertyChangeInfo：每个实体变更包含一些属性(数据库字段)变更信息。该对象包含受影响的属性名、类型、旧值和新值。

(5) Exception：在该审计日志范围内发生的异常列表。

(6) Comment：与该审计日志相关的附加注释或日志。

在关系数据库中,审计日志对象被保存在多张表中,包括 AbpAuditLogs、AbpAuditLogActions、AbpEntityChanges 和 AbpEntityPropertyChanges。上面已经展示了审计日志对象的基本属性。如果想了解所有属性的详细信息,可以查看数据库表或

AuditLogInfo 类的定义。

> **在使用 MongoDB 时审计日志系统存在的局限性**
>
> 由于 ABP 框架使用 EF Core 的变更跟踪系统来获得实体的变更信息,而 MongoDB 驱动程序没有这样的变更跟踪系统,因此使用 MongoDB 时不会记录实体的变更信息。

8.4.2　审计日志范围

在每个审计日志范围内创建一个审计日志对象。审计日志范围是基于环境上下文模式实现的。当创建一个新的审计日志范围时,在此范围内所做的所有操作和更改都被保存为单个审计日志对象。

接下来介绍创建审计日志范围的方法。

1. 审计日志中间件

第一种也是最常用的方法是在 ASP.NET Core 的管道配置中使用审计日志中间件,代码如下所示:

```
app.UseAuditing();
```

上述代码通常放在 app.UseEndpoints 或 app.UseConfiguredEndpoints 端点配置之前。在使用了这个中间件的情况下,每个 HTTP 请求都会记录一条单独的审计日志,这是大多数时候开发者期望的行为,并且默认情况下已经在启动模板中配置完成。

2. 审计日志拦截器

如果不使用审计日志中间件,或者应用程序不是请求-应答风格的 ASP.NET Core 应用程序(如桌面应用程序或 Blazor Server 应用程序),那么 ABP 框架就为每个应用服务方法创建一个新的审计日志范围。

3. 手动创建审计日志范围

通常不需要手动创建审计日志范围,但是如果想要这样做,可以使用 IAuditingManager 服务,代码如下所示:

```
public class MyServiceWithAuditing : ITransientDependency
{
    //注入 IAuditingManager _auditingManager;
    public async Task DoItAsync()
    {
        using (var auditingScope = _auditingManager.BeginScope())
        {
            try
            {
                //TODO: 调用其他服务
            }
            catch (Exception ex)
            {
                _auditingManager.Current.Log.Exceptions.Add(ex);
                throw;
            }
```

```
        finally
        {
            await auditingScope.SaveAsync();
        }
    }
  }
}
```

　　一旦注入了 IAuditingManager 服务,就可以调用 BeginScope 方法新建一个审计日志范围。然后创建一个 try-catch 块来保存审计日志,包括异常情况。在 try 部分,开发者可以执行自己的业务逻辑、调用其他服务等。所有这些操作及这些操作中的实体变更都通过 finally 块保存到同一个审计日志对象中。

　　在一个审计日志范围内(不管它是由 ABP 框架创建的还是由开发者手动创建的),_auditingManager. Current. Log 方法用于获取当前审计日志对象以查看它或对它进行操作,如添加一行注释或附加信息。如果当前代码不在某个审计日志范围内,那么 _auditingManager. Current 将返回 null,因此可以通过检查它是否为 null 来确定当前代码中是否存在一个审计日志范围。

　　至此已经介绍完审计日志对象和审计日志范围。默认情况下,这两者互相配合完成审计日志记录工作。接下来将介绍审计日志系统的配置选项。

8.4.3　审计日志系统的配置选项

　　AbpAuditingOptions 用于配置审计日志系统的默认选项。它可以使用标准选项(options)模式进行配置,代码如下所示:

```
Configure < AbpAuditingOptions >(options =>
{
    options.IsEnabled = false;
});
```

　　开发者可以在模块的 ConfigureServices 方法中配置该选项。审计日志系统配置选项包含以下 7 个。

　　(1) IsEnabled(bool):用于完全禁用审计日志系统,默认值为 true。

　　(2) IsEnabledForGetRequests(bool):默认值为 false。默认情况下,ABP 框架不保存 HTTP GET 请求的审计日志,因为 GET 请求不应该修改数据库中的数据。开发者可以把它设置为 true,从而允许记录 GET 请求的审计日志。

　　(3) IsEnabledForAnonymousUsers(bool):默认值为 true。如果只想为经过身份验证的用户记录审计日志,可以把它设置为 false。如果记录匿名用户的审计日志,那么日志中这些用户的 UserId 值为 null。

　　(4) AlwaysLogOnException(bool):默认值为 true。如果应用程序代码发生异常,无论 IsEnabledForGetRequests 和 IsEnabledForAnonymousUsers 选项的值是什么,默认情况下,ABP 框架都会记录这些异常时的审计日志。把它设置为 false 可以改变该默认行为。

　　(5) hideErrors(bool):默认值为 true。如果保存审计日志对象到数据库时发生异常,ABP 框架将忽略这些异常。当需要在这种情况下抛出异常而不是隐藏异常时,可以把它设置为 false。

（6）ApplicationName(string)：默认值为 null。在多个应用程序使用同一个数据库保存审计日志时，可以在每个应用程序中设置该选项，以便根据应用名称过滤日志信息。

（7）IgnoredTypes(List < Type >)：用于忽略审计日志系统中的某些特定类型，包括实体类。

除了这些简单的全局配置选项外，开发者还可以启用或禁用实体的变更跟踪。

审计日志对象的实体变更信息中包含属性的详细信息。然而，默认情况下，对于所有实体该功能都是禁用的，因为启用该功能可能会向数据库写入过多的日志信息，从而使数据库的大小迅速增加。建议以一种可控的方式为需要跟踪变更信息的实体启用该功能。

有以下两种启用实体变更历史的方法。

（1）[Auditing]特性用于为单个实体启用实体变更历史，参阅 8.4.4 节。

（2）EntityHistorySelectors 选项用于为多个实体启用变更历史，代码如下：

```
Configure < AbpAuditingOptions >(options =>
{
    options.EntityHistorySelectors.AddAllEntities();
});
```

AddAllEntities 方法可以快捷地为所有实体启用变更历史。EntityHistorySelectors 是一个命名选择器列表，可以向其中添加 lambda 表达式来选择需要启用变更历史的实体。以下代码与上述代码功能相同：

```
Configure < AbpAuditingOptions >(options =>
{
    options.EntityHistorySelectors.Add(
        new NamedTypeSelector("MySelectorName", type => true)
    );
});
```

NamedTypeSelector 的第一个参数是选择器的名称，这里使用 MySelectorName。选择器的名称是任意的，后续可以使用该名称从列表中查找或删除该选择器。一般情况下不会使用它，只需要给它一个唯一的名称。NamedTypeSelector 的第二个参数用于接收一个表达式，该表达式的输入参数为一个 type 实体，返回值为 true 或 false。返回 true 代表需要为给定的实体启用变更历史。因此，可以传递表达式 type => type. Namespace. StartsWith ("MyRootNamespace")来选择指定命名空间内的所有实体。开发者可以根据需要添加任意多的选择器。所有选择器都会被执行，只要其中一个返回为 true，那么就为该实体启用属性变更历史。

8.4.4　精确控制审计日志的禁用和启用

通常开发者希望为每次访问记录审计日志。然而，在某些情况下，可能希望禁止为某些特定操作或实体记录审计日志。这样做的一些潜在的原因包括：操作的参数（如用户的密码）记录到审计日志可能会存在一些安全风险；操作调用或实体变更可能不受用户控制，记录它们的审计日志是没有意义的；某些操作可能是批量操作，需要记录的审计日志信息太多,会导致应用程序性能降低。

ABP 框架定义了[DisableAuditing]和[Audited]特性,可以使用它们以声明的方式来禁用和启用审计日志。服务调用和实体变更历史是两个控制审计日志的目标对象。

1. 控制服务调用的审计日志

默认情况下,要为应用服务方法、Razor Page 处理程序和 MVC 的控制器操作记录审计日志。要禁用它们的审计日志记录,可以在类或方法级别上使用[DisableAuditing]特性。

以下示例代码在应用服务类上使用[DisableAuditing]特性。

```
[DisableAuditing]
public class OrderAppService : ApplicationService,IOrderAppService
{
    public async Task CreateAsync(CreateOrderDto input)
    {
    }
    public async Task DeleteAsync(Guid id)
    {
    }
}
```

这样,ABP 框架就不会把执行这些方法的信息记录到审计日志中。如果只是想禁用其中某个方法的审计日志,可以在方法上使用该特性,代码如下:

```
public class OrderAppService : ApplicationService,IOrderAppService
{
    [DisableAuditing]
    public async Task CreateAsync(CreateOrderDto input)
    {
    }
    public async Task DeleteAsync(Guid id)
    {
    }
}
```

在这种情况下,审计日志中不会记录与调用 CreateAsync 方法相关的信息,只会记录与 DeleteAsync 方法调用相关的信息。下面代码的功能与上述代码的功能完全相同:

```
[DisableAuditing]
public class OrderAppService : ApplicationService,IOrderAppService
{
    public async Task CreateAsync(CreateOrderDto input)
    {
    }
    [Audited]
    public async Task DeleteAsync(Guid id)
    {
    }
}
```

在上述代码中,通过在 DeleteAsync 上声明[Audited]特性,禁止为除 DeleteAsync 方法外的所有方法记录审计日志。

可以在任何类(通过 DI 系统使用的类)上使用[Audited]特性来允许为该类记录审计日志,即使默认没有为该类开启审计日志功能。此外,可以在任何类的方法上使用该特性来允许为特定的方法调用记录审计日志。如果在类上使用了[Audited]特性,那么可以在方法上使用[DisableAuditing]特性来为该方法禁用审计日志功能。

ABP 框架的审计日志对象包含方法调用的信息,其中包含所执行方法的所有参数信息,这对于了解系统中发生了哪些更改非常有用。然而,在某些情况下,开发者可能希望排除输入对象的某些属性。例如,用户输入了信用卡的信息,该信息可能不应该出现在审计日志中。在这种情况下,可以通过在属性上使用[DisableAuditing]特性来实现这个需求。以下示例代码从审计日志中排除输入 Dto 的某个属性。

```
public class CreateOrderDto
{
    public Guid CustomerId { get; set; }
    public string DeliveryAddress { get; set; }

    [DisableAuditing]
    public string CreditCardNumber { get; set; }
}
```

对于上述示例代码,ABP 框架不会把 CreditCardNumber 的值写入审计日志中。

禁用方法调用的审计日志不会影响与实体变更历史相关的审计日志。当一个实体发生更改,并允许记录它的审计日志时,该实体变更历史依然会记录到审计日志中。

2. 控制实体变更历史的审计日志

8.4.3 节介绍了如何通过定义选择器为一个或多个实体启用变更历史记录功能。如果想为单个实体启用变更历史记录,那么另一个更简单的方法是在实体类上添加[Audited]特性,代码如下所示:

```
[Audited]
public class Order : AggregateRoot < Guid >
{
}
```

在上述示例代码中,通过在 Order 实体上添加[Audited]特性的方式配置审计日志系统,为该实体启用变更历史记录功能。

假设已经使用选择器为部分或所有的实体启用了变更历史记录功能,但想要对特定实体禁用该功能。在这种情况下,可以在实体上使用[DisableAuditing]特性。还可以在实体的属性上使用[DisableAuditing]特性,从而禁止审计日志记录该属性,代码如下:

```
[Audited]
public class Order : AggregateRoot < Guid >
{
    public Guid CustomerId { get; set; }

    [DisableAuditing]
    public string CreditCardNumber { get; set; }
}
```

对于上述示例代码,ABP 框架不会把 CreditCardNumber 的值写入审计日志中。

3. 存储审计日志

ABP 框架的核心不假定使用特定的数据源,而是通过引入抽象接口的方式实现数据存储无关性。审计日志系统也不例外。ABP 框架定义了 IAuditingStore 接口来抽象对审计日志对象的保存操作。该接口仅有如下一个方法:

```
Task SaveAsync(AuditLogInfo auditInfo);
```

开发者可以实现该接口来把审计日志保存到合适的位置。由于通过 ABP 框架的启动模板创建的解决方案默认把审计日志保存到应用程序的主数据库中,因此通常情况下不需要手动实现 IAuditingStore 接口。

至此,已经介绍完控制和定制审计日志系统的不同方法。审计日志是企业应用系统跟踪和记录系统信息变更必不可少的手段。8.5 节将介绍缓存系统,它是 Web 应用所需的另一个基础功能。

8.5　缓存系统

缓存系统是提高应用程序性能和可伸缩性的最基本系统之一。ABP 框架扩展了 ASP.NET Core 的分布式缓存(distributed caching)系统,并使其与 ABP 框架的其他功能兼容,如多租户。

在运行应用程序的多个实例或使用分布式系统(如微服务)的情况下,分布式缓存是必不可少的。它保证了不同应用程序之间的数据一致性,在不同应用程序之间共享缓存数据。分布式缓存通常是一个外部的独立的应用程序,如 Redis 和 Memcached。

即使应用程序只有一个正在运行的实例,也建议使用分布式缓存系统。由于分布式缓存默认是基于内存实现的,因此不必担心其性能问题,也就是说它默认的实现方式不是分布式的,除非开发者显式地配置了一个真正的分布式缓存提供程序,如 Redis。

> **ASP. NET Core 中的分布式缓存**
>
> 本节主要关注 ABP 框架的缓存特性,并不会完整介绍 ASP. NET Core 分布式缓存的所有特性。如果想了解更多细节,可以参阅微软的官方文档 https://docs.microsoft.com/en-us/aspnet/core/performance/caching/distributed。

本节将主要介绍如何使用 IDistributedCache<T>接口和配置选项,以及如何处理错误和进行批量操作。还将探讨如何使用 Redis 作为分布式缓存提供程序及作废失效的缓存。

8.5.1　IDistributedCache<T>接口

ASP. NET Core 定义了一个 IDistributedCache 接口,但是它不是类型安全的,从该接口设置和获取的是 byte 数组而不是对象。然而,ABP 框架定义的 IDistributedCache<T>是一个带泛型参数(T 表示缓存项的类型)的接口,可以为方法调用提供类型安全的参数。它内部基于标准的 IDistributedCache 接口实现,与 ASP. NET Core 的缓存系统完全兼容。ABP 框架的 IDistributedCache<T>接口有如下两个主要优点。

(1) 自动序列化/反序列化对象为 JSON 字符串,然后转换为 byte 数组。因此,开发者不需要处理序列化和反序列化问题。

(2) 自动向缓存键添加名称前缀,以允许不同类型的缓存对象使用相同的键名。

使用 IDistributedCache<T>接口的第一步是定义一个表示缓存项的类。以下代码定义了一个用于存储用户信息的缓存项。

```
public class UserCacheItem
{
    public Guid Id { get; set; }
    public string UserName { get; set; }
    public string EmailAddress { get; set; }
}
```

这是一个简单的 C♯ 类。用于缓存项的类的唯一限制是它必须是可序列化的，因为它在保存到缓存时要被序列化为 JSON，在从缓存读取出来时要被反序列化。不要添加不应该或不能存储在缓存中的其他对象的引用，且保持该类尽可能地简单。

定义完缓存项的类之后，就可以通过 DI 系统使用 IDistributedCache<T>接口，代码如下所示：

```
public class MyUserService : ITransientDependency
{
    private readonly IDistributedCache<UserCacheItem> _userCache;
    public MyUserService(IDistributedCache<UserCacheItem> userCache)
    {
        _userCache = userCache;
    }
}
```

在上述代码中，注入 IDistributedCache<UserCacheItem>服务以使用 UserCacheItem 对象的分布式缓存。以下代码演示了如何使用该服务获取缓存的用户信息，并在给定用户未在缓存中时从数据库中查询它的信息。

```
public async Task<UserCacheItem> GetUserInfoAsync(Guid userId)
{
    return await _userCache.GetOrAddAsync(
        userId.ToString(),
        async () => await GetUserFromDatabaseAsync(userId),
        () => new DistributedCacheEntryOptions
        {
            AbsoluteExpiration = DateTimeOffset.Now.AddHours(1)
        }
    );
}
```

GetOrAddAsync 需要以下 3 个参数。

（1）缓存键名。它是一个字符串，因此在上述代码中把 Guid userId 的值转换为字符串。

（2）工厂委托。在缓存中找不到给定键名的情况下，执行该委托。这里传递了 GetUserFromDatabaseAsync 方法，该方法用于从原始数据源中构建缓存项。

（3）返回值为 DistributedCacheEntryOptions 对象的工厂委托。该参数是可选的，可以用于配置缓存项的过期时间。在需要添加缓存项时，该工厂委托才会被执行。

缓存键名默认是字符串类型的。然而，ABP 框架定义了另外一个接口 IDistributedCache
< TCacheItem，TCacheKey >，允许开发者指定缓存键的数据类型，这样就不需要手动把缓
存键转换为字符串类型。可以注入 IDistributedCache < UserCacheItem，Guid >服务，并删
除上述示例中第一个参数中的 ToString()用法。

DistributedCacheEntryOptions 包含以下 3 个用于控制缓存项生命周期的选项。

（1）AbsoluteExpiration：用于指定一个由绝对时间表示的过期时间。到指定时间该缓
存项自动从缓存中删除。

（2）AbsoluteExpirationRelativeToNow：用于指定绝对过期时间的另一种方法。上述
示例中该选项可以重写为 AbsoluteExpirationRelativeToNow = TimeSpan. FromHours(1)，效
果是相同的。

（3）SlidingExpiration：表示在删除缓存项之前，缓存项以不活动（不被访问）的方式存
活的时长。这意味着如果继续访问缓存项，过期时间将自动延长。

如果不传递过期时间参数，则使用默认值。默认值和其他一些全局选项可以通过
AbpDistributedCacheOptions 类进行配置，参见 8.5.2 节。接下来介绍 IDistributedCache
< UserCacheItem >服务提供的一些其他方法，具体如下。

（1）GetAsync 用于从缓存中读取指定键名的数据。

（2）SetAsync 用于把数据保存到缓存中。如果指定的键名已经存在，则覆盖现有
的值。

（3）RefreshAsync 用于重置给定键的滑动过期时间。

（4）RemoveAsync 用于从缓存中删除数据。

关于缓存方法的同步版本

　　这些方法都有同步版本，如与 GetAsync 方法对应的 Get 方法。然而，建议
尽可能地使用异步版本。

这些方法都与 ASP. NET Core 的标准方法相对应。ABP 框架为每个方法都添加了可
以操作多个数据项的方法，如与 GetAsync 方法对应的 GetManyAsync 方法。在需要读取
或写入多项数据的情况下，使用带 Many 的方法可以显著提高性能。ABP 框架还定义了
GetOrAddAsync 方法（本节示例代码中 GetUserInfoAsync 调用了该方法），以在一次方法
调用中实现安全读取缓存数据，回退到原始数据源读取数据，并设置缓存数据的功能。

8.5.2　缓存系统的配置选项

AbpDistributedCacheOptions 主要用于配置缓存系统。开发者可以在模块类的
ConfigureServices 方法中配置该选项（可以放在领域层或应用层），代码如下：

```
Configure< AbpDistributedCacheOptions >(options =>
{
    options.GlobalCacheEntryOptions
        .AbsoluteExpirationRelativeToNow = TimeSpan.FromHours(2);
});
```

在上述示例代码中，通过 GlobalCacheEntryOptions 属性把默认缓存过期时间配置为 2

小时。

AbpDistributedCacheOptions 还包含一些其他属性,具体如下。

(1) KeyPrefix(string):用于指定该应用程序所有缓存键的前缀,默认值为 null。在多个应用程序共享使用同一个分布式缓存时,该选项用于隔离不同应用程序的缓存项。

(2) hideErrors(bool):用于指定缓存服务方法中发生错误时的默认处理方法,默认值为 true。

如前所示,可以通过向 IDistributedCache 服务方法传递参数的方式来覆盖这些选项的值。

8.5.3　错误处理

当使用外部进程(如 Redis)作为分布式缓存时,从缓存中读取数据和写入数据都很可能会出现问题。缓存服务器可能离线,也可能发生短暂的网络故障。大部分情况下可以忽略这些临时性的问题,特别是在试图从缓存中读取数据时。如果缓存服务器当前不可用,那么可以安全地从原始数据源中读取数据,这样做可能会慢一些,但是比抛出异常并使当前请求失败更好。

IDistributedCache < T >接口的所有方法都有一个 hideErrors 参数,用于控制异常处理的方式。如果该参数为 false,则抛出所有异常;如果该参数为 true,那么 ABP 框架会隐藏与缓存相关的错误;如果不指定值,就使用默认值。

8.5.4　在多租户应用程序中使用缓存

在多租户应用程序中,ABP 框架会自动把当前租户的 ID 添加到缓存键中,以区分不同租户的缓存。通过这种方式实现了租户之间的数据隔离。

如果想要创建一个在租户之间共享的缓存,可以在缓存项类上使用[IgnoreMultiTenancy]特性,代码如下所示:

```
[IgnoreMultiTenancy]
public class MyCacheItem
{ /* … */ }
```

对于上述示例代码,MyCacheItem 的值可以被不同租户访问。

8.5.5　使用 Redis 作为分布式缓存提供程序

Redis 是一个流行的分布式缓存工具。ASP. NET Core 为 Redis 提供了一个缓存集成包。如果想使用该软件包,可以参阅微软的官方文档 https://docs. microsoft. com/en-us/aspnet/core/performance/caching/distributed。

ABP 框架也提供了一个 Redis 集成包,它扩展了微软的集成包以支持批量操作,如在 8.5.1 节提到的 GetManyAsync 方法。因此,建议使用 ABP 框架提供的 NuGet 包 Volo. Abp. Caching. StackExchangeRedis 来集成 Redis 作为底层的缓存提供程序。可以使用 ABP CLI 为需要的项目安装该软件包,完整的命令如下:

```
abp add - package Volo. Abp. Caching. StackExchangeRedis
```

安装之后,需要向 appsettings.json 文件添加一项配置来指定需要连接的 Redis 服务器的地址,配置如下所示:

```
"Redis": {
    "Configuration": "127.0.0.1"
}
```

也可以把服务器地址和端口(连接字符串)写入 Configuration 节中。关于配置的详细信息可以参阅微软的官方文档 https://docs.microsoft.com/en-us/aspnet/core/performance/caching/distributed。

8.5.6　作废失效的缓存

缓存通常是原始数据的副本,这些原始数据要么频繁读取,代价很高,要么需要计算才能得到,且计算成本非常高。缓存可以提高程序的性能和可伸缩性,然而当原始数据发生变化,导致缓存数据失效时,处理起来就比较麻烦了。开发者应该仔细观察这些变化,并删除或刷新缓存中的相关数据。这个过程称作缓存失效。

缓存失效很大程度上依赖缓存数据和应用程序逻辑。在某些特定情况下,ABP 框架可以帮助开发者作废失效的缓存。例如,当实体发生变更(更新或删除)时,可能希望缓存失效。对于这种情况,可以监听由 ABP 框架发布的事件。以下代码实现了在相关用户实体更改时作废用户的缓存信息的功能。

```
public class MyUserService :
    ILocalEventHandler < EntityChangedEventData < IdentityUser >>,ITransientDependency
{
    private readonly IDistributedCache < UserCacheItem > _userCache;
    private readonly IRepository < IdentityUser, Guid > _userRepository;
    //省略了其他代码
    public async Task HandleEventAsync(EntityChangedEventData < IdentityUser > data)
    {
        await _userCache.RemoveAsync(data.Entity.Id.ToString());
    }
}
```

MyUserService 监听了本地事件 EntityChangedEventData < IdentityUser >。当新建 IdentityUser 实体、更新或删除已存在的 IdentityUser 实体时,触发该事件。在这种情况下,HandleEventAsync 方法被调用,并把相关的实体保存到 data.Entity 属性中。这个方法根据变更实体的 Id 值把用户数据从缓存中简单地删除。

本地事件存在于当前进程中,这意味着处理程序类(这里是 MyUserService)应该与实体变更处于同一个进程中。

> **关于事件总线系统**
>
> 本书不包含本地事件和分布式事件。如果想了解与事件总线相关的更多信息,可以参阅 ABP 框架的官方文档 https://docs.abp.io/en/abp/latest/Event-Bus。

8.6　UI 本地化

如果构建的是一个面向全球的产品,那么可能希望根据当前用户的语言显示本地化的 UI。ASP.NET Core 实现了一个本地化应用程序 UI 的系统。ABP 框架在此基础上添加了一些有用的功能和约定,使其更加方便和灵活。

本节将介绍如何定义想要支持的语言,为不同语言创建本地化文本,并为当前用户获得正确的本地化文本,还将讨论本地化资源的概念和嵌入式本地化资源文件。

8.6.1　配置支持的语言

本地化的首要问题是打算在 UI 上支持哪些语言。ABP 框架提供了一个简单的配置选项 AbpLocalizationOptions 来定义支持的语言,代码如下:

```
Configure<AbpLocalizationOptions>(options =>
{
    options.Languages.Add(new LanguageInfo("en", "en","English"));
    options.Languages.Add(new LanguageInfo("tr", "tr","Türkçe"));
    options.Languages.Add(new LanguageInfo("es", "es","Español"));
});
```

上述代码可以放在模块类的 ConfigureServices 方法中。事实上,如果解决方案是从启动模板创建的,那么其中已经包含上述配置代码。开发者只需要根据需要编辑上述代码。

LanguageInfo 类的构造函数包含以下 4 个参数。

(1) cultureName:该语言对应的区域名称(代码),在运行时 CultureInfo.CurrentCulture 的值来自该参数。

(2) uiCultureName:该语言对应的 UI 区域名称(代码),在运行时 CultureInfo.CurrentUICulture 的值来自该参数。

(3) displayName:选择该语言时展示给用户的语言名称。建议使用该语言定义这个字符串。

(4) flagIcon:一个用于在 UI 上展示该语言国家标识的字符串。

ABP 框架根据当前 HTTP 请求决定使用哪种语言。

8.6.2　确定当前语言

ABP 框架通过 AbpRequestLocalizationMiddleware 类来确定当前的语言。它是一个 ASP.NET Core 定义的中间件,通过如下代码可以把该中间件添加到 ASP.NET Core 的请求处理管道中:

```
app.UseAbpRequestLocalization();
```

当请求到达该中间件时,把其中一种已经配置好的语言赋值给 CultureInfo.CurrentCulture 和 CultureInfo.CurrentUICulture。它们是.NET 平台本地化系统获取和设置当前区域的标准方法。

当前语言按照以下 3 个优先级顺序,根据 HTTP 请求参数决定。

(1) 在 URL 中设置 culture 参数的情况下,由该参数决定当前语言,如 http://localhost:5000/?culture=en-US。

(2) 在设置了名为 .AspNetCore.Culture 的 Cookie 的情况下,由该值决定当前语言。

(3) 如果 HTTP 请求头中设置了 Accept-Language 参数,则由该参数决定当前语言。浏览器通常默认发送最后一个。

> **关于 ASP.NET Core 的本地化系统**
>
> 　　本节中介绍的是 ASP.NET Core 本地化系统的默认行为。然而,ASP.NET Core 确定当前语言的方法更加灵活和可定制,详情可以参阅微软的官方文档 https://docs.microsoft.com/en-us/aspnet/core/fundamentals/localization。

定义完想要支持的语言之后,就可以定义本地化资源了。

8.6.3　定义本地化资源

ABP 框架完全兼容 ASP.NET Core 的本地化系统。因此,可以使用 .resx 文件作为本地化资源,使用方法请参阅微软的官方文档 https://docs.microsoft.com/en-us/aspnet/core/fundamentals/localization。然而,ABP 框架提供了一个轻量级、灵活和可扩展的方式通过 JSON 文件来定义本地化资源。

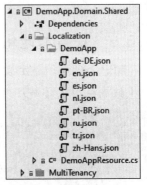

在使用 ABP 框架的启动模板创建解决方案的情况下,DemoApp.Domain.Shared 项目中包含本地化资源类和由 JSON 文件定义的本地化文本,如图 8.2 所示。

在该示例中,DemoAppResource 类表示本地化资源。一个应用程序可以有多个本地化资源,每个资源都有与之相对应的一组本地化文本。每个模块都有自己的本地化资源,这样做有利于构建模块化系统。

图 8.2　本地化资源类和本地化 JSON 文件

本地化资源类是一个空类,代码如下所示:

```
[LocalizationResourceName("DemoApp")]
public class DemoAppResource
{}
```

该类通过引用与之相对应的本地化文本资源文件的方式,为应用程序提供本地化资源。[LocalizationResourceName]特性用于设置该资源的名称。每个本地化资源都有一个唯一的名称,以方便在客户端代码中使用该资源。8.6.8 节将讨论客户端本地化的问题。

> **应用程序的默认本地化资源**
>
> 　　如果解决方案是从 ABP 框架的启动模板创建的,那么其中已经包含一个默认的本地化资源。默认本地化资源类的名称以项目名称开始,例如在 ProductManagement 项目中,默认资源名称是 ProductManagementResource。

在定义了本地化资源后,就可以为每种支持的语言创建一个 JSON 文件。

8.6.4 使用本地化 JSON 文件

本地化资源文件是一个简单的 JSON 格式的文件,内容如下:

```
{
  "culture": "en",
  "texts": {
    "Home": "Home",
    "WelcomeMessage": "Welcome to the application."
  }
}
```

其中,包含如下两个主要的根元素。

(1) culture:表示相关语言的区域码。它与 8.6.1 节定义的区域码相匹配。

(2) texts:在该节内定义本地化文本的键-值对。键名用于访问本地化文本,在所有不同语言的 JSON 文件中应该是相同的。值表示当前区域(语言)的本地化文本。

在定义完每种语言的本地化文本后,就可以在应用程序运行时使用这些本地化文本了。

8.6.5 获得本地化文本

ASP. NET Core 定义了 IStringLocalizer < T >接口以获取当前区域的本地化文本,其中 T 代表本地化资源类。可以通过依赖注入使用该类,代码如下:

```
public class LocalizationDemoService : ITransientDependency
{
    private readonly IStringLocalizer < DemoAppResource > _localizer;
    public LocalizationDemoService(IStringLocalizer < DemoAppResource > localizer)
    {
        _localizer = localizer;
    }
    public string GetWelcomeMessage()
    {
        return _localizer["WelcomeMessage"];
    }
}
```

在上述示例代码中,把 IStringLocalizer < DemoAppResource >服务注入到 Localization-DemoService 类中,从而在该类中访问 DemoAppResource 资源中定义的本地化文本。在 GetWelcomeMessage 方法中,只是简单地获取了与 WelcomeMessage 键名对应的本地化文本。在当前语言是英语的情况下,该方法的返回值是"Welcome to the application.",参见 8.6.4 节中 JSON 文件的定义。

开发者也可以在获取本地化文本时传递一些参数。

1. 参数化文本

本地化文本可以包含一些参数,形式如下所示:

```
"WelcomeMessageWithName": "Welcome {0} to the application."
```

参数可以传递给本地化器，代码如下：

```
public string GetWelcomeMessage(string name)
{
    return _localizer["WelcomeMessageWithName", name];
}
```

上述代码中给定的参数将替换{0}占位符。

2. 回退逻辑

如果在当前区域的 JSON 文件中找不到所需的文本时，本地化系统将回退到父区域或默认区域来查找所需的文本。例如，假设需要得到与 WelcomeMessage 对应的文本，而当前区域（CultureInfo.CurrentUICulture）是 de-DE（German-Germany）。在这种情况下，处理逻辑如下。

（1）如果没有定义名为 de-DE 的 JSON 文件，或者虽然定义了该 JSON 文件，但是其中不包含 WelcomeMessage 键名，那么将回退到父区域 de，并尝试在该区域中查找给定的键，若存在则返回该键对应的字符串值。

（2）若在父区域中没有找到，则回退到本地化资源的默认区域中查找，默认区域的配置可以参阅 8.6.6 节。

（3）若在默认区域中没有找到，则返回给定的键名，该示例中是 WelcomeMessage。

8.6.6　配置本地化资源

在使用本地化资源之前，需要把它添加到 AbpLocalizationOptions 中。启动模板已经使用以下代码完成了该配置。

```
Configure<AbpVirtualFileSystemOptions>(options =>
{
    options.FileSets.AddEmbedded<DemoAppDomainSharedModule>();
});
Configure<AbpLocalizationOptions>(options =>
{
    options.Resources
        .Add<DemoAppResource>("en")
        .AddBaseTypes(typeof(AbpValidationResource))
        .AddVirtualJson("/Localization/DemoApp");
    options.DefaultResourceType = typeof(DemoAppResource);
});
```

本地化 JSON 文件通常被定义为嵌入式资源。在上述示例代码中，通过配置虚拟文件系统（使用 AbpVirtualFileSystemOptions）的方式，把该程序中的所有嵌入式文件添加到虚拟文件系统中，从而也添加了本地化资源文件。然后，把 DemoAppResource 添加到 Resources 字典中，以便 ABP 框架能够识别它，这里的参数 en 用于设置与该本地化资源对应的默认区域。ABP 框架的本地化系统相当先进，允许开发者通过从另一个本地化资源继承的方式来重用本地化资源文本。在上述示例中，本地化资源就继承了 AbpValidationResource，该资源由 ABP 框架定义,包含一些标准的验证错误消息。AddVirtualJson 方法用于设置虚拟文件系统中资源对应的 JSON 文件。DefaultResourceType 用于为应用程序设置默认的本地化资源。该配置使得在没有指定本地化资源的地方可以使用默认资源。8.6.7 节将详细介绍该配置的主要用法。

8.6.7　在特定服务中使用本地化

在任何需要使用本地化服务的地方注入 IStringLocalizer < T >是非常乏味的。ABP 框架把本地化服务预先注入到了某些特定的基类中。当继承这些基类时,开发者可以直接使用 L 快捷属性来获取本地化文本。

以下示例代码演示了如何在应用服务的方法中使用本地化文本。

```
public class MyAppService : ApplicationService
{
    public async Task FooAsync()
    {
        var str = L["WelcomeMessage"];
    }
}
```

在上述示例代码中,L 属性是由 ApplicationService 基类定义的,所以不需要手动注入 IStringLocalizer < T >服务。在没有指定使用的本地化资源的情况下,这里使用的是 8.6.6 节中介绍的 DefaultResourceType 选项指定的本地化资源。

如果希望为特定的应用服务指定另一个本地化资源,那么可以在服务的构造函数中设置 LocalizationResource 属性,代码如下所示:

```
public class MyAppService : ApplicationService
{
    public MyAppService()
    {
        LocalizationResource = typeof(AnotherResource);
    }
    //...
}
```

除了 ApplicationService 类外,也为其他一些常见的基类(如 AbpController 和 AbpPageModel)提供了相同的 L 属性作为使用预注入 IStringLocalizer < T >服务的快捷方法。

8.6.8　在客户端中使用本地化

使用 ABP 框架本地化系统的优势之一是,所有的本地化资源都可以直接在客户端代码中使用。例如,在 ASP.NET Core MVC/Razor Pages 应用程序中,以下 JavaScript 代码可以直接获取与 WelcomeMessage 键名对应的本地化值。

```
var str = abp.localization.localize('WelcomeMessage', 'DemoApp');
```

在上述示例代码中,DemoApp 是本地化资源的名称,而 WelcomeMessage 是本地化键名。

8.7　小结

本章主要介绍了几乎在任何 Web 应用程序中都要用到的一些基本功能。

ICurrentUser 服务用于在应用程序中获取关于当前用户的信息。开发者可以使用标准的声明(如用户名和 ID),并且能够根据需求自定义声明。

本章还介绍了数据过滤系统,它用于在数据库查询时自动过滤数据。通过这种方式能够方便地实现软删除模式和多租户模式。此外,探讨了如何自定义过滤器和在必要时禁用过滤器。

这里还讨论了审计日志系统,介绍了它如何跟踪和保存用户所做的操作。开发者可以使用属性和选项的方法以声明和常规的方式控制审计日志系统。

数据缓存是提高系统性能和可伸缩性的重要方法。本章介绍了 ABP 框架实现的 IDistributedCache<T>服务,该服务提供了一种类型安全的方式与缓存提供程序交互,并能够自动处理一些常见任务,如序列化和异常处理。

最后,介绍了 ASP. NET Core 和 ABP 框架的本地化基础设施,开发者可以使用它们方便地在应用程序中定义和获取本地化文本。

第 3 部分
领域驱动设计

第 3 部分(第 9～11 章)主要讨论与领域驱动设计(Domain Driven Design,DDD)相关的问题。首先简要介绍 DDD,然后深入讨论 DDD 的实现(基于 ABP 框架)。

第 9 章
DDD 概述

ABP 框架的主要目标是为应用程序开发引入一个架构设计方法,并提供必要的基础设施和工具来帮助开发者按照最佳实践实现该架构。

DDD 是 ABP 框架架构的核心设计思想之一。ABP 框架的启动模板是根据 DDD 原则和模式分层的。ABP 框架中的实体、仓储、领域服务、领域事件、规约和其他许多概念都来自 DDD 中的概念。

本书着重于讨论实际的实施细节,而不是 DDD 的理论、战略方法和概念。大部分情况下,该部分用到的示例项目是第 4 章介绍的 EventHub 项目。在 EventHub 项目中没有合适参考示例代码的情况下,也将使用一些其他示例。

9.1　准备工作

EventHub 项目的源代码可以从 GitHub 上通过 https://github.com/volosoft/eventhub 克隆或下载。如果想要在本地开发环境中运行该解决方案,需要安装一个 IDE/编辑器(如 Visual Studio)来编译和运行 ASP. NET Core 解决方案。如果想创建基于 ABP 的解决方案,可以安装 ABP CLI,详情参阅第 2 章。

9.2　DDD 简介

首先介绍 DDD 的核心概念和构件。

9.2.1　DDD 的概念

DDD 是一种把软件实现与持续进化的模型连接在一起的用于满足复杂需求软件开发的方法。

DDD 适用于复杂领域和大规模的应用程序。对于简单的、短生命周期的 CRUD 应用程序,通常不需要遵循所有的 DDD 原则。ABP 框架并不强迫开发者在每个应用程序中都遵循所有的 DDD 原则,开发者可以选择适合自己应用程序开发的原则。然而,在复杂的应用程序开发中,遵循 DDD 原则和模式有助于构建灵活的、模块化的和可维护的项目。

DDD 关注核心领域的逻辑而不是基础设施的细节,后者通常与业务代码隔离。

DDD 的实现与 OOP 的原则密切相关。本书没有介绍这些基本原则,但是,深入了解 OOP 及单一职责原则、开闭原则、里氏替换原则、接口隔离原则和依赖倒置原则(single responsibility, open-closed, Liskov-substitution, interface segregation and dependency inversion,SOLID)对于在项目开发中实施 DDD 十分有帮助。

9.2.2　DDD 分层

分层是组织软件解决方案以降低复杂性并增加可重用性的常见策略。DDD 提供了一个四层模型来帮助开发者组织业务逻辑,并从业务逻辑中抽象基础设施,分层情况如图 9.1 所示。

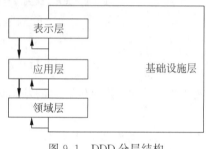

图 9.1　DDD 分层结构

图 9.1 展示了 DDD 中的层以及它们之间的关系,具体如下。

(1)领域层包含基本的业务对象,用于实现解决方案中核心的、独立于具体用例的、可重用的领域逻辑。该层不依赖其他任何层,但是所有其他层都直接或间接地依赖该层。

(2)应用层实现应用程序的用例。用例通常是用户通过 UI 执行的操作。应用层使用领域层的对象实现这些用例。

(3)表示层包含应用程序的 UI 组件,如 Web 应用的视图文件、JavaScript 文件和 CSS 文件。该层不直接使用领域层或数据库对象,而是依赖应用层。通常,对于 UI 上执行的每个用例或操作,应用层都有与之相对应的功能或方法。

(4)基础设施层依赖其他所有层,并实现由这些层定义的抽象接口或方法。这样有助于优雅地把业务逻辑与第三方库和系统(如数据库和缓存提供程序)分离。

该架构的每一层都有明确的职责,并包含各种构件。

9.2.3　实现 DDD 的构件

从技术角度看,DDD 主要聚焦客户的业务领域,并据此设计业务代码。业务逻辑包含领域层和应用层。表示层和基础设施层被认为是实现细节,它们应该根据开发者正在使用的特定技术(如 EntityFramework)的最佳实践来实现。

领域层通过以下 7 个基本构件实现核心领域逻辑。

(1)实体:实体是一个业务对象,它包含状态(数据)和业务逻辑,并且这两者都与实体的属性紧密相关。一个实体包含一个唯一的 ID,这意味着具有不同 ID 的两个实体被认为是不同的实体,即使它们其他的所有属性都相同,如 EventHub 解决方案中的 Event 实体和 Organization 实体。

(2)值对象:值对象是另一个类型的业务对象。值对象由它们的状态(属性)唯一标识,它们没有 ID,这意味着如果两个值对象的所有属性都相同,则认为它们是相同的。值对象通常比实体简单,并且一般把它实现为不可变对象,如地址、货币或日期。

(3)聚合和聚合根:聚合是由与聚合根对象绑定在一起的一组对象(实体和值对象)组成的。聚合根负责保证聚合中对象的有效性。它负责实现和协调这些对象上的业务逻辑。

例如在 EventHub 解决方案中，Event 实体是 Event 聚合的聚合根，它包含 Tracks 子集合[①]。

（4）仓储：仓储是一个类似于集合的接口，领域层和应用层使用它来访问数据持久化系统。它为业务代码隐藏了数据库提供程序的复杂性。

（5）领域服务：领域服务是实现核心业务规则的无状态服务（类）。它主要用于需要多个聚合（这些聚合中的任何一个都不能负责实现这部分逻辑）或外部服务来实现领域逻辑的场景。领域服务实现时仅使用领域对象，并且通常由应用服务或其他领域服务调用。

（6）规约：规约是一个命名的、可重用的、可测试的且可组合的过滤器，它根据特定的业务规则过滤业务对象。

（7）领域事件：领域事件是以松耦合方式通知其他服务发生了某个特定领域事件的一种方法。它主要用于跨多个服务实现数据的一致性。

应用层通过使用以下 3 个构件实现应用程序的用例。

（1）应用服务：应用服务是实现应用程序用例的无状态服务（类）。它的参数和返回值通常是 DTO，它的方法由表示层调用。它通过组合和调用领域层的对象来实现特定的用例。用例通常被实现为事务性（原子性）流程。

（2）DTO：DTO 用于在表示层和应用层之间传输数据（状态）。它不包含任何业务逻辑。

（3）UoW：一个 UoW 就是一个事务的边界。UoW 中的所有状态更改（通常是数据库操作）必须保证原子性，成功时一起提交，失败时一起回滚。

整体了解 ABP 框架并熟悉 DDD 的核心构件是非常重要的，这也是本节介绍这些内容的原因。

9.3　基于 DDD 的.NET 解决方案的结构

前面已经介绍了基于 DDD 的软件解决方案的层和核心构件。本节将展示如何基于 DDD 创建一个分层的.NET 解决方案。

9.3.1　创建一个简单的基于 DDD 的.NET 解决方案

首先创建一个包含 4 个项目的.NET 解决方案，如图 9.2 所示。

假设需要构建客户关系管理（Customer Relationship Management，CRM）解决方案，Acme 是公司的名称，Crm 是产品名称，为每一层创建一个独立的 C♯ 项目。.NET 项目可以完美地实现 DDD 中层的概念，原因

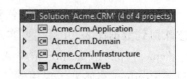

图 9.2　Visual Studio 中基于 DDD 的简单.NET 解决方案

是它们可以把代码物理地分离到不同的包中。某个项目中的类/类型可以直接使用同一项目中的其他类/类型。然而，某个类/类型不能直接使用另一个项目中的类/类型，除非通过

---

①　译者注：原文翻译过来是"它包含 Tracks 和 Sessions 子集合"。然而，该项目的源代码中 Event 实体仅包含 Tracks 集合，而 Tracks 包含 Sessions 子集合。

引用显式地依赖另一个项目。

图 9.3 展示了 4 个项目之间的依赖关系。

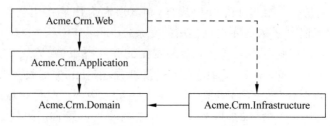

图 9.3　基于 DDD 的简单.NET 解决方案中项目的依赖关系

实线表示开发时的项目依赖关系(项目引用),虚线表示运行时的依赖关系。理解这些依赖关系的前提是要知道这些项目包含什么类型的组件。

Acme.Crm.Application 是一个 C# 类库项目,包含 ProductAppService 类(应用服务),该类包含一些用于创建、更新、删除和获取产品列表的方法。该服务在内部使用 IProductRepository 接口和 Product 实体(领域对象)。

Acme.Crm.Domain 是一个 C# 类库项目,包含一个 Product 类(聚合根实体)和一个 IProductRepository 接口(仓储的抽象)。Product 类表示一个产品,并包含一些属性,如 Id、Name 和 Price。IProductRepository 接口包含一些与执行产品相关的数据库操作的函数,如 Insert、Delete 和 GetList。

Acme.Crm.Infrastructure 是一个 C# 类库项目,包含 CrmDbContext 类(EF Core 的数据上下文),它将 Product 实体映射到数据库表。该项目还包含 EfProductRepoSitory 类,该类实现了 IProductRepository 接口。

Acme.Crm.Web 是一个 ASP.NET Core MVC(Razor Pages)Web 应用程序,包含一个 Products.cshtml 页面及一个相关的 JavaScript 文件。Products.cshtml 页面用于在 UI 上展示产品数据,并为用户提供管理产品的功能,如创建、编辑和删除。它内部通过调用 ProductAppService 来完成实际的操作。

至此已经介绍完这 4 个项目的目的和内容,接下来阐述为什么这些项目存在上述依赖关系。

Acme.Crm.Domain 不依赖其他项目。通常,领域层依赖的项目最少,它与基础设施的实现细节是隔离的。

Acme.Crm.Infrastructure 依赖 Acme.Crm.Domain 项目,因为它要访问 Product 类并把它映射到数据库表,并且还要实现 IProductRepository 接口。

Acme.Crm.Application 依赖 Acme.Crm.Domain 项目,因为它要调用 IProductRepository 接口和 Product 实体来实现用例。

Acme.Crm.Web 依赖 Acme.Crm.Application 项目,因为它要调用应用服务(ProductAppService)。Acme.Crm.Web 项目还要依赖 Acme.Crm.Infrastructure 项目。由于 Web 项目不直接使用 Infrastructure 项目中的任何类,因此不需要直接依赖这个项目。然而,Acme.Crm.Web 项目也是一个应用程序,应用程序在运行时需要通过基础设施层来访问数据库。9.3.3 节将介绍另一种结构,该结构不需要这个依赖。

这是基于 DDD 解决方案的最简单的分层结构。接下来将介绍该解决方案如何演变为 ABP 框架的启动模板解决方案的结构。

9.3.2　向 ABP 框架的启动模板项目结构演变

ABP 框架的启动模板解决方案比如图 9.2 所示的解决方案更复杂。图 9.4 展示了基于 ABP 框架的启动模板创建的相同功能的解决方案，这里创建解决方案使用的命令是 abp new Acme.Crm。

接下来介绍如何从 9.3.1 节中创建的 4 个项目的解决方案演变为这个解决方案。

1. 引入 EntityFrameworkCore 项目

最小化的 DDD 解决方案包含 Acme.Crm.Infrastructure 项目，该项目用于实现所有的基础设施的抽象与集成。然而，ABP 框架的解决方案有一个专门的用于集成 Entity Framework 的项目 Acme.Crm.EntityFrameworkCore，为这些主要依赖项（尤其是集成数据库）创建单独的项目是一种较好的做法。

基础设施层可以拆分为多个项目。ABP 框架的启动模板没有那么多主要的依赖。唯一的基础设施项目是 Acme.Crm.EntityFrameworkCore。随着解决方案越来越复杂，开发者可以创建额外的基础设施项目。

通过上述修改，初始的最小化的基于 DDD 的解决方案如图 9.5 所示。

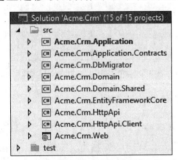

图 9.4　基于 ABP 框架的启动模板
创建的 CRM 解决方案

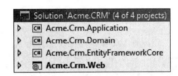

图 9.5　引入 Entity Framework Core
集成项目后的解决方案

这个改动很小，只是把 Acme.Crm.Infrastructure 项目的名称更改为 Acme.Crm.EntityFrameworkCore。接下来将向解决方案中引入一个新项目。

2. 引入应用契约项目

目前，Acme.Crm.Application 项目包含应用程序服务类。因此，Acme.Crm.Web 项目需要引用 Acme.Crm.Application 项目来使用这些服务。这样的设计存在一个问题：Acme.Crm.Web 项目通过 Acme.Crm.Application 项目间接引用了 Acme.Crm.Domain 项目。这将把领域层中的业务对象（如实体、领域服务和仓储）暴露给表示层，失去了抽象和分层的意义。

ABP 框架的启动模板把应用层分为以下两个项目。

（1）Acme.Crm.Application.Contracts 项目，包含应用服务接口（如 IProductAppService）和相关的 DTO（如 ProductCreationDto）。

（2）Acme.Crm.Application 项目，包含应用服务（如 ProductAppService）的实现。

为应用服务引入契约（接口）有以下两个重要的优点。

（1）UI 层（这里的 Acme.Crm.Web 项目）可以依赖服务契约而不是实现，从而使其不会间接依赖领域层。

（2）可以与客户端应用程序共享 Acme. Crm. Application. Contracts 项目，而无须共享业务层，从而达到相同的目的：依赖相同的服务接口，重用相同的 DTO 类。

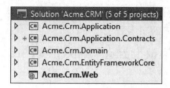

图 9.6　引入应用契约项目后的
解决方案

EventHub 解决方案（见第 4 章）利用这种设计的优点，在 UI 应用程序和 HTTP API 应用程序之间重用了 Application. Contracts 项目。通过这种方式，可以方便地设置分层架构，使应用层和表示层驻留在不同的应用程序中，但它们能够共享相同的服务契约。

通过上述修改，当前解决方案的结构如图 9.6 所示。

根据上述设计，当前项目的依赖关系如图 9.7 所示。

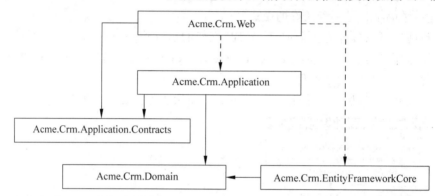

图 9.7　应用契约项目后的项目依赖关系

Acme. Crm. Web 现在只依赖 Acme. Crm. Application. Contracts 项目，并且应该始终使用应用服务接口来处理与用户的交互。Acme. Crm. Web 项目依然依赖 Acme. Crm. Application 项目和 Acme. Crm. EntityFrameworkCore 项目，因为程序运行时需要使用它们。这些依赖关系在图 9.7 中用虚线表示，它们在理想的设计中不应该存在，但是目前还是必要的。9.3.3 节将介绍如何去除这些依赖关系。

3．引入领域共享项目

在把契约项目分离出去后，就不能在契约项目中使用领域层的对象了，因为该项目没有直接或间接地引用领域层。乍一看这似乎不是问题，因为不应该在应用服务契约项目中使用这些实体和其他业务对象，而应该使用 DTO。但是，开发者可能仍然需要重用领域项目中定义的一些类型或值。例如，开发者可能希望在 DTO 类中重用 ProductType 枚举，或者重用领域层定义的常量值——产品名称的最大长度。复制这些代码不是好的做法，但是 Acme. Crm. Application. Contracts 项目也不能添加对 Acme. Crm. Domain 项目的引用。解决方案是再引入一个新项目，并在该项目中声明这些类和值。这个项目被命名为 Acme.

Crm. Domain. Shared，因为这个项目是领域层的一部分，并被解决方案的其他项目共享使用。实际上，虽然该项目中的代码不多，但是这样做依然提高了这部分代码的复用程度，避免重复编写这部分代码。

引入 Acme. Crm. Domain. Shared 项目后，新解决方案的结构如图 9.8 所示。

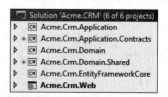

图 9.8　引入领域共享项目后
的解决方案

图 9.9 展示了该解决方案中项目之间的依赖关系。

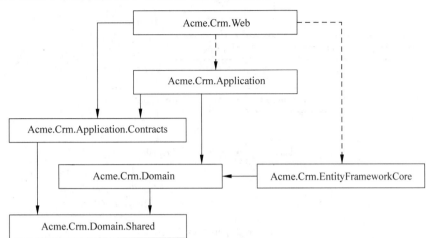

图 9.9 引入领域共享项目后的依赖关系

新建的 Acme. Crm. Domain. Shared 项目被 Acme. Crm. Domain 项目和 Acme. Crm. Application. Contracts 项目使用。通过这种方式,解决方案中的所有其他项目都可以直接或间接地使用该新建项目中的类型。

至此,该项目已经包含了 ABP 框架的启动解决方案的基本层。然而如图 9.4 所示,ABP 框架的启动解决方案还有另外 3 个项目。接下来将探讨这些项目的作用。

4. 引入 HTTP API 项目

图 9.4 展示了 ABP 框架的启动模板解决方案中的项目,其中有两个与 HTTP API 相关。

第一个项目是 Acme. Crm. HttpApi,该项目包含解决方案中的 API 控制器(即 REST API)。引入这个项目的目的是把 API 与 UI 分离,从而更好地组织和开发解决方案。

把 HTTP API 层分离出来作为单独的类库项目,使在某些高级场景中可以重用该层。EventHub 项目采用了这种分离方案,在 UI 层通过代理来访问 HTTP API 层。在这种解决方案中,UI 和 HTTP API 托管在不同的应用程序中。

第二个项目是 Acme. Crm. HttpApi. Client。它是一个类库项目,本章的示例解决方案没有使用它,但可以在更高级的应用场景中使用该项目。开发者可以在客户端应用程序(自己开发的应用程序或者第三方. NET 客户端)中通过该项目方便地调用该解决方案中定义的 HTTP API。它是基于 ABP 框架的动态 C♯ 客户端代理系统实现的,详情参阅第 14 章。大多数情况下,即使开发者不对这个项目做任何更改,它也能正常工作。EventHub 解决方案使用该技术在 UI 应用程序中执行 HTTP API 请求。

为 HTTP API 层添加两个新项目后,该解决方案包含 8 个项目,如图 9.10 所示。

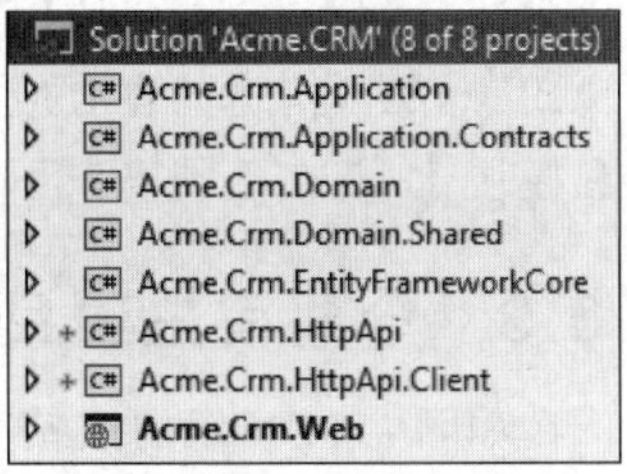

图 9.11 展示了添加新项目后项目间的依赖关系。为了更好地展示效果,移除了图中项目名的前缀"Acme. Crm. "。

因为服务器和客户端共享相同的契约(应用服务接口),所以 Acme. Crm. HttpApi 项目和 Acme. Crm. HttpApi. Client 项目都依赖 Acme. Crm. Application. Contracts 项

图 9.10 向解决方案中添加 HTTP API 项目

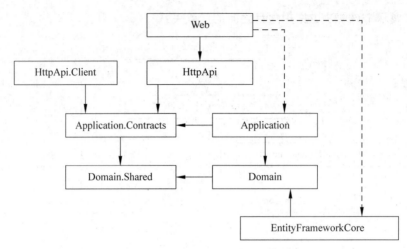

图 9.11　添加新项目后的依赖关系

目。Acme. Crm. Web 项目依赖 Acme. Crm. HttpApi 项目,因为它在运行时需要访问
HTTP API。该解决方案在运行时只有一个应用程序。

> **关于 HTTP API 层**
>
> 　　并不是每个应用程序都需要 HTTP API(即 REST API)。在这种情况下,
> 可以把该项目从解决方案中移除。还可以把 API 控制器移到 Acme. Crm.
> Web 项目中,从而移除 Acme. Crm. HttpApi 项目。

接下来将介绍解决方案中的最后一个项目。

5. 关于数据库迁移项目

图 9.4 中还有一个名为 Acme. Crm. DbMigrator 的项目。这是一个控制台应用程序,
可以使用 EF Core 的代码优先迁移方式管理数据库模型。它是一个实用的应用程序工具,
不是解决方案必不可少的部分,因此本书不讨论它的实现细节。

> **解决方案中的测试项目**
>
> 　　除了上述 9 个项目,在解决方案的 test 文件夹下还有 6 个项目。它们是每
> 一层的单元测试项目或集成测试项目。其中一个项目 Acme. Crm. HttpApi.
> Client. ConsoleTestApp 演示了如何通过 Acme. Crm. HttpApi. Client 项目访
> 问 HTTP API。读者可以自行查看该项目的源代码。

至此,已经介绍完 ABP 框架的启动模板解决方案中的所有项目。解决方案结构通过使
用 ABP 框架预构建的官方应用程序模块实现了一个架构模型。得益于该架构模型的灵活
性和模块化,使在不同场景下重用应用程序模块成为可能。

9.3.3　分离宿主项目和 UI 项目

在如图 9.11 所示的依赖关系中,Acme. Crm. Web 项目引用了 Acme. Crm. Application 和
Acme. Crm. EntityFramework 项目。Acme. Crm. Web 项目中的页面或类都没有直接使用

这些项目中的类。然而,由于 Acme. Crm. Web 项目是运行应用程序的项目[①],所以需要引用这些项目,以便在运行时可以使用这些项目。

只要不将领域层和数据库层的对象泄露到表示(Web)层,这种结构就不存在大问题。然而,如果担心出现问题并且不想把这些运行时依赖项配置为开发时依赖项,那么可以再添加一个 Acme. Crm. Web. Host 项目,如图 9.12 所示。

通过上述修改,Acme. Crm. Web 项目变成了一个类库项目,而不再是应用程序项目。该项目只包含应用程序的表示层所需的页面或组件,不包含 Startup. cs、Program. cs 和 appsettings. json 文件。Acme. Crm. Web. Host 项目变成了一个应用程序项目,通过把所有项目汇聚在一起以在运行时提供宿主环境。它不包含应用程序的任何 UI 页面和组件。

图 9.12　添加一个单独的宿
主项目

笔者认为这个设计比较好。它把托管配置细节和运行时依赖优雅地从 UI 层中分离出去,使其更专注于 UI 层的职责。然而,ABP 框架的启动模板解决方案并没有单独建立宿主应用程序项目,因为大多数开发者认为 ABP 框架的启动模板解决方案与单项目的 ASP. NET Core 启动模板解决方案相比已经很复杂了。造成这种复杂性的原因是它包含了很多项目,这里不想再添加一个项目。但笔者坚信一个包含多个项目且每个项目中仅包含更少的代码的解决方案,比所有代码都放在一个项目中的解决方案要好。

如果想了解有单独的宿主项目结构的解决方案,可以参阅本书的 GitHub 仓库 https://github. com/PacktPublishing/Mastering-ABP-Framework/tree/main/Samples/Chapter-09/SeparateHosting。

9.4　多应用程序解决方案

9.3 节已经介绍了 ABP 框架的启动模板解决方案中每个项目的作用。它是构建良好架构软件解决方案的起点。该解决方案进行了合理的分层,包含一个领域层和一个应用层(它被 Web 应用程序引用)。然而,现实世界中的解决方案可能更加复杂,可能有多个应用程序在同一个系统中,或者可能需要把领域划分为多个子领域来降低每个子领域的复杂性。

DDD 为设计复杂软件解决方案提供了理论基础。当解决方案中存在多个应用程序时,把业务逻辑划分为领域逻辑和应用逻辑以合理地组织代码。存在多个应用程序,就存在多个应用层。这些层实现与特定应用程序相关的业务逻辑,但是它们仍然通过使用相同的领域层来共享相同的核心领域逻辑。

EventHub 项目(见第 4 章)有两个 Web 应用程序。一个是终端用户使用的主网站,另一个是管理(后台)应用程序,供系统管理员使用。这两个应用程序具有不同的用户界面、用例、授权规则、性能、本地化、缓存和伸缩性需求。通过划分成两个应用层的方式,有利于实现这些差异化的需求,可以隔离这些特定应用程序的业务和基础设施需求。这些应用程

---

① 即宿主项目。

共享那些不希望在应用程序之间复制的核心业务逻辑,这意味着两个应用层使用相同的领域层。层之间的依赖关系如图 9.13 所示。

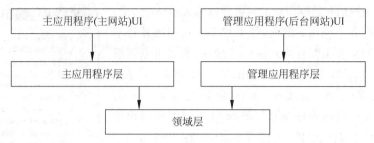

图 9.13   EventHub 项目——多个应用层和一个单独的领域层

在有多个应用程序的情况下,分离应用层和领域层之间的业务逻辑变得更加重要。领域层逻辑泄露到应用层将导致大量代码重复。另外,把特定于应用程序的逻辑放在领域层中将导致不同应用程序的业务逻辑耦合在一起,且需要编写很多条件语句以使得这些应用程序可以使用领域层。这会使代码中充满错误且难以维护。

第 10～11 章将讨论分离领域逻辑与应用逻辑,并详细介绍领域层和应用层。

9.5   基于 DDD 的应用程序的执行流程

已经详细介绍了许多构件,以及这些构件应该放在.NET 解决方案中的哪一层。本节将介绍一个典型的基于 DDD 分层的 Web 应用程序如何处理 HTTP 请求。一个 HTTP 请求的处理流程如图 9.14 所示。

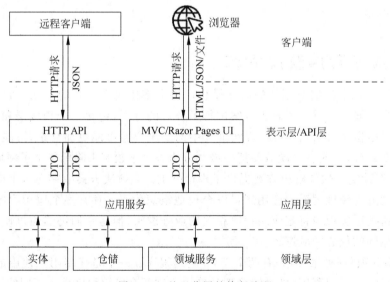

图 9.14   基于分层的执行流程

HTTP 请求由客户端发起。这里的客户端可以是浏览器,它请求一个 HTML 页面(包括 CSS/JavaScript 文件)或数据(如 JSON)。在请求 HTML 页面的情况下,Razor Pages 可以处理该请求并返回一个 HTML 页面。如果发出 HTTP 请求的是另一种类型的客户端

（这是其中一种类型的远程客户端），HTTP API（API 控制器）端点可以处理该请求，并返回一个普通的数据结果。

MVC 页面（在表示层）处理 UI 逻辑，可能需要进行一些数据转换，并由应用层的方法执行实际的操作。应用服务方法使用 DTO 作为参数，在其中实现用例逻辑，并把结果通过 DTO 返回给表示层。

应用服务内部使用领域对象（实体、仓储、领域服务等）完成实际的业务操作。业务操作应该是一个 UoW。这意味着它具有原子性。用例（通常是一个应用服务的方法）中的所有数据库操作应该一起提交或回滚。

通常在表示层和应用层实现横切关注点，如授权、验证、异常处理、缓存、审计日志等。ABP 框架提供了一个完整的基础设施来实现这些横切关注点，并尽可能自动化地完成这些工作。ABP 框架还提供了一些合适的基类和实践约定，来帮助开发者通过最佳实践来实现业务组件和 DDD。

9.6　通用原则

DDD 专注于业务代码的设计。它关注状态变化及如何与业务对象交互，即如何创建实体，如何根据业务规则和约束来修改实体的属性，以及如何保证数据的有效性和完整性。

DDD 不关注报告或复杂的查询。开发者可以利用强大的报表工具来创建炫酷的仪表板，也可以充分利用底层数据库提供程序的特性来提高查询的性能，还可以把数据复制到另一个数据库提供程序中来实现生成只读报告。只要不把基础设施的细节与业务代码混合在一起，开发者可以自由地做任何事情。这些都是开发者应该关注的问题，DDD 并不关注。

DDD 也不关注基础设施的实现细节，需要开发者通过适当的抽象方式隔离业务代码与这些实现细节。其中，数据库提供程序和展示层技术的抽象特别重要，因为它们需要很大的代码量。

9.6.1　数据库提供程序独立原则

在基于 DDD 的软件解决方案中，把集成数据库抽象出来独立于业务代码是一种好的做法。理论上，领域层和应用层应该独立于数据库甚至 ORM。这种做法有以下 3 个优势。

（1）数据库提供程序（ORM 或 DBMS）将来可能会改变，但不影响业务代码。这使业务代码更健壮。

（2）通过仓储隐藏数据访问逻辑，可以使领域层和应用层更专注于业务代码。

（3）可以更加有效地模拟数据库层来支持自动化测试。

ABP 框架的启动模板遵循这个原则，该解决方案的领域层和应用层没有引用数据库提供程序，且已经提供了基础设施来帮助开发者方便地实现仓储模式。ABP 框架的启动模板还包含数据库层，可以使用内存数据库实例进行自动化测试。

后两个优势很重要，并且基于 ABP 框架也非常容易实现。然而，第一个优势就没那么容易实现了。在设计之初，通过仓储隐藏了数据访问逻辑，这样似乎做到了业务代码与 ORM 或数据库无关，然而并没有这么简单。假设当前正在使用 EF Core 和 SQL Server（一个关系数据库），并且想把业务代码和实体设计成与数据库无关，以便后续可以把数据库切换为 MongoDB(一个文档数据库),那么必须解决以下两个问题。

(1) 不能假设 EF Core 的变更跟踪系统是可用的,MongoDB 的. NET 驱动程序没有提供这项功能。因此,开发者应该总是在业务逻辑结束时手动保存已修改的实体。

(2) 如果一个实体的属性是其他聚合中的类,则不能向实体添加导航属性。开发者必须通过聚合边界严格遵循聚合模式(见第 10 章)。该限制深刻地影响实体的设计和基于实体的业务代码的实现方式。

因此,在设计实体和实现业务代码时,要充分考虑数据库无关性的实现方式及实现程度。

开发者可能也对这些问题感到困惑:是否需要数据库无关性?将来是否会更换数据库提供程序?如果后续更换了数据库提供程序,需要为此付出多大代价?实现数据库无关性是否比当前的工作更有价值?这样做后,代码真的能够独立于数据库吗(不尝试切换数据库去验证是不可能得到答案的)?

ABP 框架所有的预构建模块都是按照独立于数据库提供程序的原则设计的,相同的业务代码可以在 EF Core 和 MongoDB 上运行。这样做是有必要的,因为这些都是可重用模块,无法事先假定使用的数据库提供程序。最终的业务应用程序可以假定使用的数据库提供程序。笔者仍然建议通过仓储隐藏数据库访问细节,使用 ABP 框架非常容易实现这一点。如果最终应用程序不实现数据库独立性,而是依赖 EF Core,那么也没有什么问题。

9.6.2　展示层技术无关原则

UI 框架在软件行业中的变化是最频繁的。替代方案很多,流行的方法和工具也正在迅速地发展。一个好的设计不会把业务代码和 UI 代码耦合在一起。这个原则更重要,也相对更容易实现,尤其是基于 ABP 框架的解决方案。ABP 框架的启动模板解决方案采用分层架构。它提供了许多可以在应用层和领域层中使用的抽象接口,使它们不必依赖 ASP. NET Core 或其他 UI 框架。

9.7　小结

本章是与 DDD 相关的第 1 章,探讨了一个包含 4 个基本层的架构,并介绍了这些层中需要的核心构件。ABP 框架的启动模板解决方案比这个四层结构的解决方案更复杂。本章介绍了如何从简单的四层结构的解决方案一步一步地演变为启动模板解决方案,并阐述了每一步演变背后的原因。

根据 DDD 的相关原则,把业务逻辑分到了两层(应用层和领域层)中实现。本章通过引用 EventHub 示例解决方案探讨了如何来处理多个应用程序共享相同领域逻辑的问题。

然后,探讨了典型的基于 DDD 开发的软件是如何处理 HTTP 请求的,以及信息在每一层是如何传递的。最后,介绍了把应用层和领域层与基础设施实现细节隔离的方法,特别是数据库提供程序和表示层技术。

本章旨在介绍 DDD 的总体概况和基本概念。第 10 章将重点介绍如何实现领域层中的构件,如聚合、仓储和领域服务。

第 10 章
领域层

第 9 章整体介绍了与 DDD 相关的内容,其中包括基于 DDD 的分层结构、实现 DDD 的构件和基于 DDD 的应用程序开发需要遵循的原则,还讨论了 ABP 框架解决方案的结构及它与 DDD 的关系。

本章聚焦领域层的实现细节,并提供一些代码示例和最佳实践。

10.1 准备工作

EventHub 项目的源代码可以从 https://github.com/volosoft/eventhub 克隆或下载。如果想要在本地开发环境中运行该解决方案,需要安装一个 IDE/编辑器(如 Visual Studio)来编译和运行 ASP.NET Core 解决方案。如果想创建基于 ABP 框架的解决方案,需要安装 ABP CLI,详情参阅第 2 章。

10.2 示例领域简介

本章和第 11 章的示例将主要基于 EventHub 解决方案。如果想要重新熟悉该应用程序和解决方案的结构,可以参阅第 4 章。本章将探讨技术细节和领域对象。

该应用程序对应的领域主要包括以下 6 个概念。

(1) Event(活动)表示一个线上或线下活动的根对象。活动的主要属性包括标题、描述、开始时间、结束时间、注册容量(可选的)和语言(可选的)。

(2) 活动是由组织(Organization)创建的。应用程序中的任何用户(User)都可以创建组织,并以该组织的名义组织活动。

(3) 每个活动可以有零个或更多个节(Track),每一节都有一个名字,通常是一个简单的标签,如 1、2、3 或 A、B、C。一节活动是一个活动场次的序列。活动中包含多个节可以用于组织具有并行场次的活动。

(4) 一节活动包含一个或多个场次(Session)。在一场活动中,听众听演讲者进行一段时间的演讲。

(5) 一场活动有零个或多个演讲者(Speaker)。演讲者是在该场活动中发言并演讲的人。一般情况下,一场活动将有一个演讲者。但是有时候,可能有多个演讲者或没有演讲者。10.3.1 节将展示活动、节、场次和演讲者之间的关系。

（6）应用程序中的任何用户都可以注册（Register）活动。在活动开始前或活动时间更改时，注册该活动的用户将收到相关的通知。

10.3　聚合和实体

实体和聚合边界非常重要，因为解决方案的其他组件都是基于它们设计的。本节将首先介绍聚合的概念，然后介绍聚合设计需要遵循的一些关键原则，最后介绍一些明确的规则并展示示例代码，以加深读者对聚合的理解。

10.3.1　聚合的概念

聚合是由与聚合根对象绑定在一起的一组对象组成的。聚合根对象负责实现与聚合相关的业务规则和约束，从而保证聚合对象的状态一致性和数据的完整性。聚合根和这些相关的对象负责实现这些职责。

图 10.1 展示了 Event 聚合的结构。

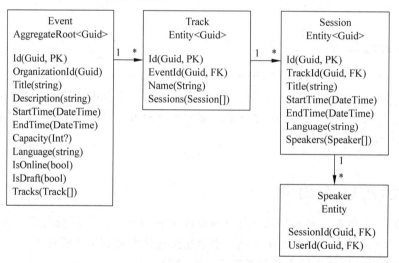

图 10.1　Event 聚合

本章中的示例大部分是基于 Event 聚合的，因为它包含了 EventHub 解决方法的基本概念。它的设计细节如下。

（1）Event 对象是聚合根，它包含一个 Guid 类型的主键。它有一个 Track 对象的集合。一个 Event 可以有零个或多个 Track。

（2）Track 是一个以 Guid 类型为主键的实体，它包含一个 Session 对象的集合。一个 Track 有一个或多个 Session。

（3）Session 是一个以 Guid 类型为主键的实体，它包含一个 Speaker 对象的集合。一个 Session 可以有零个或多个 Speaker。

（4）Speaker 是一个具有复合主键的实体，主键由 SessionId 和 UserId 组成。

Event 是一个相对复杂的聚合。应用程序中大部分聚合由单个实体组成，即聚合根实体。聚合根也是聚合中具有特殊角色的实体：它是聚合的根实体，负责管理聚合中的其他实体(子集合)。本书把聚合根实体和子集合实体都称作实体，因此除非特别说明，这两种类型的对象都需要遵循相同的实体规则。

接下来将介绍聚合的两个基本特征。

1. 独立的整体

聚合在检索(从数据库中)和存储(在数据库中)时是一个整体，包括它所有的属性和子集合实体。例如，在向一个 Event 中添加一个新的 Session 时，需要执行如下操作。

(1) 从数据库中读取相关的 Event 对象及与该对象相关的所有 Track 对象、Session 对象和 Speaker 对象。

(2) 调用 Event 类的方法把新创建的 Session 对象添加到 Track 对象中。

(3) 把包含最新更改信息的 Event 聚合保存到数据库中。

对于习惯使用关系数据库和 EF Core 等的 ORM 的开发人员来说，这样做可能显得效率低下。然而，开发者可以通过实现业务规则来保证聚合对象的一致性和有效性，这是十分有必要的。

下面的代码实现了上述流程，这是一个简化版的应用服务方法的实现。

```
public class EventAppService : EventHubAppService, IEventAppService
{
    //...
    public async Task AddSessionAsync(Guid eventId, AddSessionDto input)
    {
        var @event = await _eventRepository.GetAsync(eventId);
        @event.AddSession(input.TrackId, input.Title, input.StartTime, input.EndTime);
        await _eventRepository.UpdateAsync(@event);
    }
}
```

在上述示例代码中，event.AddSession 方法在内部检查新添加的场次的开始时间是否与同一节活动中的另一场次冲突，并且一场活动的时间范围不能超过整个活动的时间范围。此外，一个活动的场数是有限制的，还要检查一场活动的演讲者是否在相同时间范围内还有另一场演讲。

需要注意的是，DDD 主要用于维护对象的状态。在需要进行大量查询或实现报表相关的需求时，开发者可以尽可能优化数据库查询，而不用考虑 DDD。然而，在修改聚合时，开发者需要获得聚合中的所有对象来更改它们的状态，从而实现业务规则。如果担心这样做存在性能问题，可以参阅 10.3.3 节。

在方法的最后，调用了仓储的 UpdateAsync 方法来更新 Event 实体。如果使用的是 EF Core，得益于 EF Core 的变更跟踪系统，开发者不需要显式调用 UpdateAsync 方法，ABP 框架的工作单元系统能够自动调用 DbContext.SaveChangesAsync() 方法来保存这些更改。然而，由于 MongoDB 的 .NET 驱动程序没有变更跟踪系统，因此如果使用的是 MongoDB，那么开发者需要显式调用 UpdateAsync 方法来保存 Event 对象的更改。

> **关于 IRepository. GetAsync 方法**
>
> 仓储的 GetAsync 方法(在上述示例代码中被使用过)把 Event 对象按照聚合(包括所有的子集合)的规则作为一个整体执行检索操作,这对于 MongoDB 来说是开箱即用的。但是对于 EF Core 来说,需要开发者配置该聚合来启用这个功能。关于如何配置,可以参阅 6.4.6 节。

把聚合作为一个整体来执行检索和保存操作时,开发者可以对单个聚合对象进行多次更改,并通过单个数据库操作把所有更改一起保存。在不显式使用数据库事务的情况下,这种方式保证了聚合中所有修改操作的原子性。

> **UoW**
>
> 在需要更改多个聚合(相同或不同类型)的情况下,开发者仍然需要使用数据库事务。这时,ABP 框架的 UoW 系统(见第 6 章)将按照约定自动处理数据库事务。

2. 可序列化

聚合应该作为一个整体(包括所有属性和子集合)被序列化,并且能在网络上传输。这也就意味着它能够被转换为字节数组、XML 文本或 JSON 文本,还能够根据这些序列化值反序列化(重构)它。

EF Core 不会序列化实体,然而文档数据库(如 MongoDB)可以把聚合序列化为 BSON 或 JSON 文本,从而把它们存储到数据库中。

这个原则不是聚合的设计要求,但它对确定聚合边界具有很好的指导意义。例如,不能让聚合的属性引用其他聚合中的实体,否则,这个被引用的对象也会被序列化为聚合的一部分。

接下来将介绍更多的聚合设计原则。

10.3.2 通过 ID 引用其他聚合

聚合(包括聚合根和其他类)不应该包含到其他聚合的导航属性,但可以在必要的时候包含它们的 ID。该规则可以保证聚合是一个自包含的可序列化的单元。通过对其他聚合隐藏该聚合的实现细节,有助于防止一个聚合中的业务逻辑泄露到另一个聚合中。

下面是一个聚合的示例代码。

```
public class Event : FullAuditedAggregateRoot < Guid >
{
    public Organization Organization { get; private set; }
    public string Title { get; private set; }
    ...
}
```

在上述代码中,Event 类有一个到 Organization 聚合的导航属性,这违反了上述规则。在这种情况下,如果把 Event 对象序列化为 JSON 字符串,则相关的 Organization 对象也会被序列化。

合适的设计思路是：Event 类包含一个 OrganizationId 属性，从而实现与相关的 Organization 对象之间的关联关系，代码如下所示：

```
public class Event : FullAuditedAggregateRoot < Guid >
{
    public Guid OrganizationId { get; private set; }
    public string Title { get; private set; }
    ...
}
```

当得到一个 Event 对象，并且需要访问它的组织的详细信息时，应该根据 OrganizationId 把 Organization 对象从数据库中检索出来，或最初使用 JOIN 查询把它们一起加载到应用程序中。

在使用文档数据库（如 MongoDB）的情况下，这条规则对开发者来说是很自然的。因为如果添加一个到 Organization 聚合的导航属性，那么相关的 Organization 对象将被序列化到数据库的 Event 对象集合中，从而把组织相关的数据复制到所有的活动数据中。然而，对于关系数据库来说，像 EF Core 这样的 ORM 允许开发者使用导航属性来处理这类关联关系，并且不会有任何问题。本书仍然建议开发者遵守该规则，因为它可以使聚合更简单，并降低加载关联数据的复杂性。如果不想遵守这条规则，可以参阅 9.6.1 节。

接下来介绍另一个最佳实践：把聚合控制在较小的规模。

10.3.3　小聚合

在把聚合作为一个整体进行加载和保存时，如果聚合太大，那么可能会降低应用程序的性能并占有过多的内存。保持聚合简单和小巧是一个基本原则，这样做不仅提高应用程序的性能，还降低复杂性。

使聚合变大的主要因素是子集合实体的潜在数量。如果聚合根的子集合中有数百个项目，那么这一定是一个糟糕的设计。在一个好的设计中，子集合中的项目不应该超过几十个，极限情况下应该少于 100~150 个。

Event 聚合的代码如下。

```
public class Event : FullAuditedAggregateRoot < Guid >
{
  ...
  public ICollection < Track > Tracks { get; set; }
  public ICollection < EventRegistration > Registrations {get; set; }
}

public class EventRegistration : Entity
{
    public Guid EventId { get; set; }
    public Guid UserId { get; set; }
}
```

在上述示例代码中，Event 聚合包含两个子集合：Tracks 和 Registrations。Tracks 子集合是活动中可并行节的集合。该集合中通常只有几个项，因此在加载 Event 实体的同时加载 Tracks 子集合是没有问题的。Registrations 子集合是记录注册到该活动的用户的集合。一个活动可能有成千上万人注册，如果在加载活动时加载所有注册的用户，那么将会带来严重的性能问题。另外，在大多数情况下，操作 Event 对象时不需要所有注册到该活动的用户信息。因此，最好不要在 Event 聚合中包含已注册人员的集合。在上述示例代码中，EventRegistration 类是一个子集合实体。更好的设计思路是把它作为一个单独的聚合根类。

在确定聚合边界时，主要考虑如下三个因素。

（1）相关的且一起使用的对象。

（2）数据完整性、有效性和一致性。

（3）聚合加载和保存的性能（从技术角度考虑）。

在实际项目中，大多数聚合不包括任何子集合。当需要把子集合添加到聚合中时，可以把对象的大小作为一个考虑的技术因素。

> **并发控制**
>
> 大聚合的另一个问题是，由于大对象由多个用户同时修改的可能性更大，因此增加了出现并发更新问题的概率。ABP 框架为并发控制提供了一个标准的模型，详情参阅官方文档 https://docs.abp.io/en/abp/latest/Concurrency-Check。

10.3.4 实体的主键

实体由它们的 ID（唯一标识或主键）确定。ABP 框架允许开发者选择任何数据库提供程序支持的类型作为主键。预构建的实体使用 Guid 类型的主键。ABP 框架假设用户 ID 和租户 ID 的类型是 Guid。

ABP 框架还允许开发者为实体指定复合主键。复合主键由两个或多个实体的属性组成，这些属性组合在一起共同确定一个实体。

最佳实践是为聚合根指定单主键（Guid 类型的值、自增的整数值或其他类型）。对于子集合实体，可以使用单主键或复合主键。

> **非关系数据库中的复合主键**
>
> 通常情况下，复合主键用于关系数据库中的子集合实体，因为在关系数据库中存在与子集合对应的表。然而，在文档数据库（如 MongoDB）中，由于没有与子集合实体对应的数据库集合，而是把它们作为聚合根的一部分存储起来，因为不需要为它们定义主键。

在 EventHub 项目中，Event 是一个以 Guid 类型为主键的聚合根。Track、Session 和 Speaker 是 Event 聚合的子集合实体。Track 实体和 Session 实体的主键为 Guid 类型，而 Speaker 实体使用的是复合主键。

Speaker 实体类的代码如下。

```
public class Speaker : Entity
{
```

```
public Guid SessionId { get; private set; }
public Guid UserId { get; private set; }

public Speaker(Guid sessionId, Guid userId)
{
    SessionId = sessionId;
    UserId = userId;
}

public override object[] GetKeys()
{
    return new object[] {SessionId, UserId};
}
}
```

SessionId 和 UserId 构成了 Speaker 实体的唯一标识符。Speaker 类派生自不带泛型参数的 Entity 类。从非泛型 Entity 类派生新类时，ABP 框架强制要求开发者定义 GetKeys方法来获取复合主键的值。在使用复合主键时，可以参阅数据库提供程序（如 EF Core）的文档来了解如何进行配置。

10.3.5　实体的构造函数

构造函数控制着对象的创建过程。在没有为类显式定义构造函数的情况下，编译器会自动创建一个默认的无参构造函数。定义构造函数是一种用于确保正确创建对象的好方法。

保证创建的实体的有效性是构造函数的主要职责。创建实体所必需的值应该作为构造函数的参数，从而强制要求创建对象时提供这些信息，以保证实体一旦被创建就是有效的。构造函数应该检查（验证）这些参数的合法性，并根据这些参数合理地设置实体的属性。构造函数还应该初始化子集合，并在必要时执行额外的初始化逻辑。

EventHub 项目中一个实体（聚合根实体）的代码如下所示：

```
public class Country : BasicAggregateRoot < Guid >
{
    public string Name { get; private set; }

    private Country() {} // 无参构造函数

    public Country(Guid id, string name)
        //主构造函数
        : base(id)
    {
        Name = Check.NotNullOrWhiteSpace(name, nameof(name),
                CountryConsts.MaxNameLength);
    }
}
```

Country 是一个非常简单的实体，它只有一个属性 Name。由于 Name 属性是必需的，因此 Country 的主构造函数（应用程序开发人员实际调用的构造函数）强制要求开发人员传递 name 参数,并在函数体中检查该参数是否为空或超过最大长度限制,从而保证新建实体的有效性。Check 是一个 ABP 框架提供的静态类,它提供了用于校验方法参数有效性的各种方法,并在参数检验失败时抛出 ArgumentException 异常。

Name 属性的 setter 是私有的,因此在对象创建后无法更改该属性的值。在该示例中,假定国家不会更改名字。

Country 类的主构造函数的另一个参数是 id(Guid 类型)。为了使用 ABP 框架提供的 IGuidGenerator 服务生成有序的 Guid 值(见 6.2.4 节),在构造函数中没有调用 Guid. NewGuid()方法。在上述代码中,直接把 id 值传给了基类(BasicAggregateRoot<Guid>)的构造函数,它在内部设置实体的 Id 属性。

> **无参构造函数**
>
> Country 类还定义了一个私有的无参构造函数。该构造函数只是为了满足 ORM 从数据库读取数据来构造对象的要求,应用程序开发人员不能调用它。

Event 实体的主构造函数更加复杂,代码如下所示:

```
internal Event(
    Guid id,
    Guid organizationId,
    string urlCode,
    string title,
    DateTime startTime,
    DateTime endTime,
    string description)
    : base(id)
{
    OrganizationId = organizationId;
    UrlCode = Check.NotNullOrWhiteSpace(urlCode, urlCode,
                EventConsts.UrlCodeLength,
                EventConsts.UrlCodeLength);
    SetTitle(title);
    SetDescription(description);
    SetTimeInternal(startTime, endTime);
    Tracks = new Collection<Track>();
}
```

Event 类的构造函数把构建该实体所需的最少属性作为参数,在函数体中检查这些参数的有效性,并在有效的情况下把它们赋值给该类的属性。所有这些属性的构造的 setter 都是私有的,只能通过构造函数或 Event 类的一些方法设置它们。构造函数也通过调用这些方法来设置 Title、Description、StartTime 和 EndTime 属性的值。

SetTitle 方法的具体实现如下。

```
public Event SetTitle(string title)
{
    Title = Check.NotNullOrWhiteSpace(title, nameof(title),
                EventConsts.MaxTitleLength,
```

```
                     EventConsts.MinTitleLength);
     Url = EventUrlHelper.ConvertTitleToUrlPart(Title) + "-" + UrlCode;
     return this;
}
```

SetTitle 方法首先检查给定的 title 参数的合法性，然后把它赋值给 Title 属性。然后根据 Title 属性和 UrlCode 属性计算得到 Url 属性的值。该方法是公共的，在之后需要修改 Event 实体的 Title 时可以调用该方法。UrlCode 是一个包含 8 个字符的随机值，且是唯一的。该属性由构造函数的参数确定，并且无法修改。

接下来展示构造函数调用的另外一个方法的源代码，具体如下。

```
private Event SetTimeInternal(DateTime startTime,DateTime endTime)
{
     if (startTime > endTime)
     {
          throw new BusinessException(EventHubErrorCodes
              .EventEndTimeCantBeEarlierThanStartTime);
     }

     StartTime = startTime;
     EndTime = endTime;
     return this;
}
```

上述代码包含一个业务逻辑：StartTime 不能晚于 EndTime。

10.3.6　使用领域服务创建聚合

创建和初始化新实体的最佳方法是调用它的公共构造函数，这也是最简单的方法。然而，在某些情况下，创建对象需要一些更加复杂的业务逻辑，而这些业务逻辑无法在构造函数中实现。对于这种情况，开发者可以通过领域服务的工厂方法来创建对象。

Event 类的主构造函数是内部（internal）的，因此其他层不能直接通过该构造函数创建 Event 对象。应该调用 EventManager 的 CreateAsync 方法来新建 Event 对象，代码如下：

```
public class EventManager : DomainService
{
     ...
     public async Task < Event > CreateAsync(
         Organization organization,
         string title,
         DateTime startTime,
         DateTime endTime,
         string description)
     {
         return new Event(
             GuidGenerator.Create(),
             organization.Id,
             await _eventUrlCodeGenerator.GenerateAsync(),
             title,
```

```
            startTime,
            endTime,
            description
        );
    }
}
```

在 CreateAsync 方法中，创建并返回了一个有效的 Event 对象。在该方法中调用了 eventUrlCodeGenerator 服务来为新创建的活动生成 URL 码。eventUrlCodeGenerator 服务为新创建的活动生成一个随机的包含 8 个字符的代码，并检查该代码是否被其他活动使用过。该方法是异步的原因是它需要执行数据库操作。

在上述示例代码中定义了一个领域服务工厂方法以创建 Event 对象，这样做的原因是 Event 类的构造函数不能调用 eventUrlCodeGenerator 服务。因此，如果在创建新实体时需要调用外部服务/对象，那么可以定义工厂方法。

> **工厂服务和领域服务**
>
> 　　可以把工厂方法放到一个单独的工厂服务类中。也就是说，可以创建一个 EventFactory 类，并在该类中定义 CreateAsync 方法。笔者更喜欢在领域服务中定义创建实体的方法，这样可以使创建实体的代码与其他逻辑代码更集中。

不要在工厂方法中把新创建的实体保存到数据库，而应该把这部分功能留给客户端代码来实现（通常是应用服务方法）。工厂方法的职责是创建对象，可以把它看作是高级构造函数，实体的构造函数不会把实体保存到数据库，同理该方法也不应该把实体保存到数据库。在保存实体之前，客户端代码可能需要对该实体执行一些其他操作。第 11 章将再次讨论这个话题。

不要过度使用工厂方法，应尽可能使用简单的公共构造函数来创建实体。虽然创建一个有效的实体非常重要，但是这也仅是实体生命周期的开始。接下来将介绍如何以可控的方式更改实体的状态。

10.3.7　业务逻辑和约束

实体负责保持自身始终有效。除了通过构造函数保证实体创建时的有效性之外，还可以在实体类中定义一些方法，以可控的方式更改实体的属性。

如果改变实体的属性值是有先决条件的，那么应该把该属性的 setter 设置为 private，并定义一个方法来更改该属性的值，在这个方法内部要实现对应的业务逻辑并验证传递的参数值。

以下代码用于更改 Event 类中的 Description 属性。

```
public class Event : FullAuditedAggregateRoot < Guid >
{
    ...
    public string Description { get; private set; }

    public Event SetDescription(string description)
```

```
    {
        Description = Check.NotNullOrWhiteSpace(
            description, nameof(description),
            EventConsts.MaxDescriptionLength,
            EventConsts.MinDescriptionLength);
        return this;
    }
}
```

Description 属性的 setter 是私有的(private)。SetDescription 方法是修改该属性的唯一方法。在这个方法中,验证了参数 description,它应该是一个长度大于 50(MinDescriptionLength)且小于 2000(MaxDescriptionLength)的字符串。由于这些常量定义在 EventHub.Domain. Shared 项目中,因此在 DTO 中可以重用这些常量,相应的示例代码参见第 11 章。

实体上的数据注解特性

　　读者可能存在疑问:是否可以在 Description 属性上添加数据注解[Required]和[StringLength],而不是定义 SetDescription 方法来手动验证该属性的有效性? 使用数据注解的方式验证有效性需要依赖其他系统。例如,EF Core 可以在实体保存到数据库时根据这些数据注解来验证该属性值的有效性。然而,这样做是不严谨的,因为实体在保存到数据库之前可能是无效的。实体应该始终都是有效的。

以下代码是 Event 类中一个更加复杂的方法。

```
public Event AddSession(Guid trackId, Guid sessionId,
    string title, DateTime startTime, DateTime endTime,
    string description, string language)
{
    if (startTime < this.StartTime || this.EndTime < endTime)
    {
        throw new BusinessException(EventHubErrorCodes
            .SessionTimeShouldBeInTheEventTime);
    }

    var track = GetTrack(trackId);
    track.AddSession(sessionId, title, startTime, endTime,description, language);
    return this;
}
private Track GetTrack(Guid trackId)
{
    return Tracks.FirstOrDefault(t => t.Id == trackId) ??
        throw new EntityNotFoundException(typeof(Track),trackId);
}
```

　　由于一场活动属于活动中的某一节,因此 AddSession 方法需要 trackId 参数。它的另一个参数是新添加的场次活动的 sessionId,把它作为参数传递进来,调用者可以通过 IGuidGenerator 服务来创建该值。其他的参数是创建 Session 所必需的属性。

　　AddSession 方法首先检查新创建的这场活动是否在整个活动的时间范围内,然后通过

trackId 找到合适的 track 对象,否则抛出异常,并把剩余的工作委托给 track 对象。以下是 track. AddSession 方法的源代码。

```
internal Track AddSession(Guid sessionId, string title,
    DateTime startTime, DateTime endTime,string description, string language)
{
    if (startTime > endTime)
    {
        throw new BusinessException(EventHubErrorCodes
            .EndTimeCantBeEarlierThanStartTime);
    }
    foreach (var session in Sessions)
    {
        if (startTime. IsBetween (session. StartTime, session. EndTime) || endTime. IsBetween
(session. StartTime, session. EndTime))
        {
            throw new BusinessException(EventHubErrorCodes
                .SessionTimeConflictsWithAnExistingSession);
        }
    }
    Sessions. Add(new Session(sessionId, Id, title,startTime, endTime, description));
    return this;
}
```

首先,该方法被 internal 修饰来防止在领域层外被调用。该方法总是被 Event. AddSession 方法调用。Track. AddSession 方法通过循环遍历当前场次活动来检查是有某个场次与新建场次的时间冲突。在没有问题的情况下,该方法把该 session 添加到这个 track 中。

从 setter 方法返回 this(Event 类的对象)是一种值得提倡的做法,因为这样就可以链式地调用这些 setter 方法,如 eventObject. SetTime(…). SetDescription(…)。

这两个示例方法都只是使用了 Event 对象上的属性,并不依赖任何外部对象。接下来介绍如何使用外部服务或者仓储来实现业务规则。

10.3.8　在实体方法中使用外部服务

在某些情况下,实现业务规则需要依赖外部服务。由于技术和设计的限制,实体不能通过依赖注入的方式获得外部服务的对象。如果需要在实体方法中使用外部服务,正确的做法是把该服务作为方法的参数。

假设有一个关于活动容量的业务规则:不能把容量减少到低于当前已报名参加该互动的用户数量。容量的值为 null 意味着该活动没有容量限制。

实现上述业务规则的源代码如下。

```
public async Task SetCapacityAsync(
    IRepository < EventRegistration, Guid > registrationRepository, int? capacity)
{
    if (capacity. HasValue)
    {
        var registeredUserCount = await
```

```
            registrationRepository.CountAsync(x => x.EventId == @event.Id);
        if (capacity.Value < registeredUserCount)
        {
            throw new BusinessException(
                EventHubErrorCodes.CapacityCanNotBeLowerThanRegisteredUserCount);
        }
    }

    this.Capacity = capacity;
}
```

SetCapacityAsync 方法使用仓储对象执行数据库查询，从而获得当前报名参加指定活动的用户数量。如果这个数量高于给定的新容量值，则抛出异常。SetCapacityAsync 方法是异步的，因为它需要执行异步数据库调用。客户端（通常是应用服务的方法）负责注入仓储服务，并把它作为参数传递给该方法。

因为 Capacity 属性的 setter 是私有的，SetCapacityAsync 是能够修改该属性的唯一方法，所以 SetCapacityAsync 方法能够保证实现上述业务规则。

如上述示例所示，开发者可以把外部服务作为参数传递到实体的方法中。然而，这种方式导致实体需要依赖外部服务，使其变得复杂和难以测试。这种方式还违反了单一职责原则，混合了不同聚合的业务逻辑（EventRegistration 是另一个聚合根）。

实现依赖外部服务或需要多个聚合的业务逻辑的一种更好的方法是使用领域服务。

10.4　领域服务

当需要多个聚合互相协作，而不适合在这些聚合中的任何一个中实现这些业务逻辑时，通常在领域服务中实现它们。当需要使用其他服务或仓储时，也可以使用领域服务，因为它们可以使用 DI 系统。

SetCapacityAsync 方法（10.3.8 节）可以实现为领域服务中的一个方法，代码如下：

```
public class EventManager : DomainService
{
    ...
    public async Task SetCapacityAsync(Event @event, int? capacity)
    {
        if (capacity.HasValue)
        {
            var registeredUserCount = await
                _eventRegistrationRepository.CountAsync(x => x.EventId == @event.Id);
            if (capacity.Value < registeredUserCount)
            {
                throw new BusinessException(
                    EventHubErrorCodes.CapacityCanNotBeLower ThanRegisteredUserCount);
            }
        }
        @event.Capacity = capacity;
    }
}
```

在上述示例代码中，EventManager 领域服务通过依赖注入获得 IRepository
<EventRegistration,Guid>对象，并把 Event 对象作为方法的参数。Event. Capacity 属性
的 setter 是内部方法（internal），因此只能在领域层中的 EventManager 类中设置该属性的值。

领域服务中应该实现细粒度的方法：它应该对聚合进行小的、但有意义且一致的更改。
然后，应用层通过组合这些小的更改来实现不同的用例。

应用服务将在第 11 章详细介绍。这里展示一个应用服务方法的示例，该方法实现了在
一个请求中更新活动多个属性的功能，代码如下：

```
public async Task UpdateAsync(Guid id,UpdateEventDto input)
{
    var @event = await _eventRepository.GetAsync(id);
    @event.SetTitle(input.Title);
    @event.SetTime(input.StartTime, input.EndTime);
    await _eventManager.SetCapacityAsync(@event,input.Capacity);
    @event.Language = input.Language;
    await _eventRepository.UpdateAsync(@event);
}
```

UpdateAsync 方法的参数是一个 DTO 对象，其中包含需要更新的属性信息。该方法
首先从数据库中检索出 Event 对象，然后调用 Event 对象的 SetTitle 方法和 SetTime 方法。
这些方法在内部对这些参数进行验证，并正确地更新这些属性的值。然后，UpdateAsync
方法调用领域服务的方法 eventManager. SetCapacity 来更改活动的容量。这里直接设置了
Language 属性，因为该属性有公共的 setter 且没有业务规则，它甚至可以为 null。如果属
性的修改包含业务逻辑或约束，就不要创建公共的 setter。另外，不要为了修改没有任何业
务逻辑的实体属性而创建简单的领域服务方法。UpdateAsync 方法最后调用仓储来更新
数据库中 Event 实体的信息。

> **领域服务接口**
>
> 不需要为领域服务创建接口（如 IEventMananger），因为它们是领域不可
> 分割的一部分，不应该被抽象成可独立存在的部分。然而，如果在单元测试中
> 模拟领域服务，那么可能仍然需要创建领域服务接口。

领域服务方法不应该更新实体，这是一个基本的原则。在上述示例中，在调用了
SetCapacityAsync 方法后修改了该实体的 Language 属性。如果 SetCapacityAsync 更新了
实体的信息，那么最终将需要执行两次数据库更新操作，这样做显然是低效的。

另一个好的做法是把实体对象（而不是它的 id）作为领域服务方法的参数。如果方法的
参数是 id 值，则需要在领域服务内部从数据库中检索对应的实体。这种方式会导致应用程
序代码在相同请求（用例）的不同位置多次加载相同的实体，降低程序的效率且容易发生错
误。加载实体应该由应用层来实现。

用于创建聚合的工厂方法是一种特殊的领域服务方法。只有当聚合根的公共构造函数
无法满足业务约束时，才需要声明工厂方法。在需要依赖外部服务检查业务约束的情况下，
可以使用工厂方法。

10.5　仓储

仓储是一个类似于集合的接口,用于访问存储在持久化系统中的领域对象。它通过简单的抽象接口隐藏了复杂的数据访问逻辑。

仓储的实现主要需要遵循以下 5 个准则。

(1)在领域层中定义仓储接口,以便领域层和应用层可以使用它们。在基础设施层或集成数据库提供程序中实现这些接口。

(2)仓储是为聚合根实体创建的,而不是为子集合实体创建的,因为应该通过聚合根来访问子集合实体。通常情况下,每个聚合根都对应一个仓储。

(3)仓储方法的参数应该使用领域对象,而不是 DTO。

(4)在理想情况下,仓储接口应该独立于数据库提供程序,因此不应该把 EF Core 相关的对象(如 DbContext 或 DbSet)作为参数或返回值。

(5)不要在仓储类中实现业务逻辑。

ABP 框架为仓储模式提供了开箱即用的实现。第 6 章详细介绍了如何使用通用仓储和实现自定义仓储。本节将简要介绍一些实现仓储模式的最佳实践。

一个仓储接口的示例代码如下所示:

```
public interface IEventRepository : IRepository<Event,Guid>
{
    Task UpdateSessionTimeAsync(Guid sessionId, DateTime startTime, DateTime endTime);
    Task<List<Event>> GetNearbyEventsAsync();
}
```

乍一看,这个仓储接口的设计没有问题,这些方法只是执行一些数据库操作。然而,细节决定成败。

第一个方法 UpdateSessionTimeAsync 用于更改活动中某一场次的时间。前面提到过一个业务规则:同一节活动中不同场次之间的时间不能重叠;某一场活动的时间不能超出整个活动的时间范围。如果在仓储方法中实现这个业务规则,则需要复制已经在 Event 聚合中实现过的业务规则验证逻辑。如果不验证这个业务逻辑,那么显然这个方法是存在错误的。事实上,这个逻辑应该在聚合中实现。仓储应该把聚合作为一个单独的整体进行查询和更新。

第二个方法是 GetNearbyEventsAsync 用于获取当前用户所在城市的活动列表。这个方法的问题在于,当前用户是一个应用层的概念,需要通过活动用户会话才能得到当前用户。仓储不应该依赖当前用户的概念。如果想在后台服务中重用 GetNearby EventsAsync 实现的 nearby 逻辑,而当前上下文中又不存在当前用户的概念,那么最好把城市、日期范围和其他参数传递给该方法,这样它就能根据这些条件查询到需要的活动。实体的属性对于仓储来说只是一个值。仓储不应该了解任何领域知识,也不应该使用应用层的功能。

仓储基本上用于创建、更新、删除和查询实体。ABP 框架的通用仓储提供了大部分开箱即用的通用操作。它还提供了一个可以返回 IQueryable 对象的方法,从而可以使用 LINQ 来构建和执行查询。然而,在应用层构建复杂的查询会把应用逻辑与数据查询逻辑混合在一起,在理想情况下这些数据查询逻辑应该在基础设施层中实现。

下面的示例代码通过使用 IRepository < Event,Guid >来获取给定用户作为演讲者的活动列表。

```
public async Task < List < Event >> GetSpokenEventsAsync(Guid userId)
{
    var queryable = await _eventRepository.GetQueryableAsync();
    var query = queryable.Where(x => x.Tracks.Any(track => track.Sessions
        .Any(session => session.Speakers.Any(speaker => speaker.UserId == userId))));
    return await AsyncExecuter.ToListAsync(query);
}
```

首先获得一个 IQueryable < Event >对象,然后调用 Where 方法过滤符合条件的活动,最后执行查询获得活动列表。把这样的查询放在应用服务中的问题是,查询逻辑泄露到了应用层,使无法在需要该查询逻辑的其他地方重用它。为了克服这个缺点,通常需要创建一个自定义仓储方法来查询这些活动,代码如下所示:

```
public interface IEventRepository : IRepository < Event, Guid >
{
    Task < List < Event >> GetSpokenEventsAsync(Guid userId);
}
```

这样,开发者就可以在任何需要获得指定用户是演讲者的活动的地方调用这个自定义的仓储方法。

创建自定义仓储方法是一种值得推荐的做法。但是,一旦应用程序需求增多,这种做法将导致需要创建很多类似的方法。假设想要获得指定日期范围内的活动列表,就需要再添加一个方法,代码如下所示:

```
public interface IEventRepository : IRepository < Event, Guid >
{
    Task < List < Event >> GetSpokenEventsAsync(Guid userId);
    Task < List < Event >> GetEventsByDateRangeAsync(DateTime minDate, DateTime maxDate);
}
```

如果想要查询指定日期范围内某个包含演讲者的活动,需要再创建一个方法,代码如下所示:

```
Task < List < Event >> GetSpokenEventsByDateRangeAsync(Guid userId,
DateTime minDate, DateTime maxDate)
```

实际上,ABP 框架提供了 GetListAsync 方法,参数为一个表达式。因此,没必要定义上述方法,只需要通过使用一个合适的谓词作为参数来调用 GetListAsync 方法。

下面的示例代码通过调用 GetListAsync 方法获得在接下来 30 天内指定用户是演讲者的活动的列表。

```
public async Task < List < Event >> GetSpokenEventsAsync(Guid userId)
{
    var startTime = Clock.Now;
```

```
var endTime = Clock.Now.AddDays(30);
return await _eventRepository.GetListAsync(x =>
    x.Tracks
    .Any(track => track.Sessions
        .Any(session => session.Speakers
            .Any(speaker => speaker.UserId == userId)))
    && x.StartTime > startTime && x.StartTime <= endTime
);
}
```

然而,这样做又混合了复杂的查询与应用程序代码。完全摆脱复杂查询是不可能的,10.6 节将提供一个有趣的解决方案——规约模式。

10.6　规约

规约是一个命名的、可重用的、可组合的和可测试的类,用于根据业务规则过滤领域对象。在实践中,可以很容易地把过滤器表达式封装为可重用的对象。

本节将从最简单的无参数的规约开始介绍,然后介绍更复杂的有参数的规约,最后将讨论如何组合多个规约来创建更复杂的规约。

10.6.1　无参数的规约

以下代码实现了一个非常简单的无参数的规约类。

```
public class OnlineEventSpecification : Specification<Event>
{
    public override Expression<Func<Event, bool>> ToExpression()
    {
        return x => x.IsOnline == true;
    }
}
```

OnlineEventSpecification 用于过滤在线活动,这意味着应用该规约后得到的是在线活动。该类派生自 ABP 框架提供的基类 Specification<T>,该基类用于方便地创建规约类。开发者需要重写 ToExpression 方法来过滤 Event 对象。这个方法的返回值是一个 lambda 表达式。如果给定的 Event 实体(这里的 x 对象)满足条件,该表达式返回 true(可以简写为 return x => x.IsOnline)。

这样,如果想要获得在线活动的列表,只需要把规约对象作为参数传递给 GetListAsync 方法即可,代码如下:

```
var events = _eventRepository.GetListAsync(new OnlineEventSpecification());
```

规约可以隐式转换为表达式(GetListAsync 方法需要一个表达式作为参数)。如果开发者想显式地把它转换为表达式,可以调用它的 ToExpression 方法,代码如下:

```
var events = _eventRepository.GetListAsync(new OnlineEventSpecification().ToExpression());
```

因此,任何可以使用表达式的地方都可以使用规约。通过这种方式,开发者可以把表达式封装为命名的、可重用的对象。

Specification 类还包含一个 IsSatisfiedBy 方法,用于测试单个对象是否满足条件。如果有一个 Even 对象,那么可以很方便地检查它是否是一个在线活动,代码如下:

```
Event evnt = GetEvent();
if (new OnlineEventSpecification().IsSatisfiedBy(evnt))
{
    // ...
}
```

在上述示例代码中,开发者通过某种方式得到一个 Even 对象,希望检查它是否为在线活动。IsSatisfiedBy 方法需要一个 Event 对象作为参数,如果该对象满足条件,则返回 true。这个例子看起来很荒谬,因为可以简写为 if(evnt.IsOnline),如此简单的规约是没有必要的。10.6.2 节将介绍更复杂的示例。

10.6.2　有参数的规约

规约可以包含一些用于构建表达式的参数,代码如下:

```
public class SpeakerSpecification : Specification < Event >
{
    public Guid UserId { get; }

    public SpeakerSpecification(Guid userId)
    {
        UserId = userId;
    }

    public override Expression < Func < Event, bool >> ToExpression()
    {
        return x => x.Tracks
            .Any(t => t.Sessions
                .Any(s => s.Speakers
                    .Any(sp => sp.UserId == UserId)));
    }
}
```

上述代码创建了一个包含参数的规约类,用于检查给定的用户是否为某个活动的演讲者。然后可以过滤活动,代码如下:

```
public async Task < List < Event >> GetSpokenEventsAsync(Guid userId)
{
    return await _eventRepository.GetListAsync(new SpeakerSpecification(userId));
}
```

在上述示例代码中,通过传递一个新的 SpeakerSpecification 对象作为参数来重用 GetListAsync 方法。如果以后在应用程序的其他地方需要使用相同的表达式时,开发者就可以重用这个规约类,而不需要复制/粘贴这个表达式。如果以后需要更改条件,那么仅需要更改该规约类,所有使用该类的位置将使用更新后的表达式。

如果需要在给定的 Event 中检查用户是否为演讲者,可以通过调用 SpeakerSpecification 的 IsSatisfiedBy 方法来重用该表达式,代码如下所示:

```
Event evnt = GetEvent();
if (new SpeakerSpecification(userId).IsSatisfiedBy(evnt))
{
    // ...
}
```

规约在创建命名的、可重用的过滤器方面非常强大,但它们还有另外一个强大的功能:通过组合规约来创建复合的规约对象。

10.6.3　组合规约

可以使用 And、Or 和 AndNot 操作符方法来组合多个规约,或者使用 Not 方法来获得一个相反的规约。

查找给定用户是演讲者的在线活动的代码如下:

```
var events = _eventRepository.GetListAsync(
    new SpeakerSpecification(userId)
        .And(new OnlineEventSpecification())
        .ToExpression()
);
```

上述示例代码组合使用了 SpeakerSpecification 对象和 OnlineEventSpecification 对象来创建一个复合规约对象。在这种情况下,显式调用 ToExpression 方法是必要的,因为 C#不支持从接口(And 方法的返回值是一个 ISpecification＜T＞类型的引用)把规约对象隐式转换为表达式。

查找在接下来 30 天内给定用户是演讲者的线下活动的代码如下:

```
var events = _eventRepository.GetListAsync(
    new SpeakerSpecification(userId)
        .And(new DateRangeSpecification(Clock.Now,Clock.Now.AddDays(30)))
        .AndNot(new OnlineEventSpecification())
        .ToExpression()
);
```

在上述示例代码中,使用 AndNot 方法翻转了 OnlineEventSpecification 对象的过滤逻辑。这里还用到了一个尚未定义的 DateRangeSpecification 规约类,该类作为练习留给读者自己实现。

可以通过扩展 AndSpecification 来创建一个组合了两个规约的类,代码如下:

```
public class OnlineSpeakerSpecification :
    AndSpecification＜Event＞
{
    public OnlineSpeakerSpecification(Guid userId)
        : base(new SpeakerSpecification(userId),new OnlineEventSpecification())
    {
    }
}
```

上述示例代码中的 OnlineSpeakerSpecification 类组合了 SpeakerSpecification 类和 OnlineEventSpecification 类。可以在任何需要使用规约对象的地方使用 OnlineSpeaker-Specification 类。

何时使用规约

在需要基于领域规则过滤对象，并且领域规则在未来有可能改变，而不希望在很多地方复制过滤规则的场景下，规约特别有用。开发者不要为仅用于报告目的的表达式定义规约。

接下来介绍如何使用领域事件来发布通知。

10.7　领域事件

领域事件用于在领域对象发生重要变更时通知其他组件和服务，以便它们可以执行一些操作。

ABP 框架提供了以下两种类型的事件总线来发布领域事件。

(1) 本地事件总线(local event bus)用于通知同一进程中的处理程序。

(2) 分布式事件总线(distributed event bus)用于通知相同或不同进程中的处理程序。

使用 ABP 框架可以非常方便地发布和处理事件。

10.7.1　本地事件总线

本地事件处理程序与发布事件的程序在相同的工作单元中执行，即在相同的本地数据库事务中。如果构建的是单体应用程序，或者希望在同一个服务中处理事件，那么本地事件总线是较好的选择，因为它们工作在相同的进程中，高效且安全。

假设希望在活动的时间改变时发布一个本地事件，并且有一个事件处理程序来向报名参加该活动的用户发送一封关于活动时间变更的电子邮件。Event 类的 SetTime 方法简单地实现了该需求，代码如下：

```
public void SetTime(DateTime startTime, DateTime endTime)
{
    if (startTime > endTime)
    {
        throw new BusinessException(EventHubErrorCodes
            .EndTimeCantBeEarlierThanStartTime);
    }
    StartTime = startTime;
    EndTime = endTime;
    if (!IsDraft)
    {
        AddLocalEvent(new EventTimeChangedEventData(this));
    }
}
```

在上述示例代码中，添加了一个本地事件，该事件将在实体更新时发布。ABP 框架重写了 EF Core 的 SaveChangesAsync 方法来发布事件。对于 MongoDB 来说，这是在仓储的

UpdateAsync 方法中完成的。这里的 EventTimeChangedEventData 是一个保存事件数据的普通类,定义如下:

```
public class EventTimeChangedEventData
{
    public Event Event { get; }
    public EventTimeChangedEventData(Event @event)
    {
        Event = @event;
    }
}
```

事件处理类需要实现 ILocalEventHandler < TEventData >接口,可以用来处理已发布的事件,代码如下:

```
public class UserEmailingHandler :
    ILocalEventHandler < EventTimeChangedEventData >, ITransientDependency
{
    public async Task HandleEventAsync(EventTimeChangedEventData eventData)
    {
        var @event = eventData.Event;
        // 给已报名的用户发送电子邮件
    }
}
```

UserEmailingHandler 类可以注入任何服务(或仓储)来获得已经报名参加某个活动的用户列表,然后就可以发送电子邮件通知他们活动的时间已更改。同一个事件可以有多个处理程序。如果任何一个处理程序抛出异常,则回滚主数据事务,因为事件处理程序也是在同一个数据库事务中执行的。

事件可以在实体中发布,也可以使用 ILocalEventBus 服务来发布事件。

假设不在 Event 类中发布 EventTimeChangedEventData 事件,而是在一个可以使用 DI 系统的任意类中发布该事件,如在应用服务类中,代码如下:

```
public class EventAppService : EventHubAppService, IEventAppService
{
    private readonly IRepository < Event, Guid > _eventRepository;
    private readonly ILocalEventBus _localEventBus;

    public EventAppService(IRepository < Event, Guid > eventRepository,
        ILocalEventBus localEventBus)
    {
        _eventRepository = eventRepository;
        _localEventBus = localEventBus;
    }

    public async Task SetTimeAsync(Guid eventId, DateTime startTime, DateTime endTime)
    {
        var @event = await _eventRepository.GetAsync(eventId);
        @event.SetTime(startTime, endTime);
        await _eventRepository.UpdateAsync(@event);
        await _localEventBus.PublishAsync(new EventTimeChangedEventData(@event));
    }
}
```

在上述示例代码中,EventAppService 类通过 DI 系统获得仓储服务和 ILocalEventBus 服务。在 SetTimeAsync 方法中,使用本地事件总线发布 EventTimeChangedEventData 事件。

调用 ILocalEventBus 服务的 PublishAsync 方法后将立即执行事件处理程序。如果事件处理程序抛出异常,那么由于 PublishAsync 方法内部不会处理异常,所以调用者将获得该异常。如果调用者不捕获该异常,那么整个工作单元将回滚。

最好在实体或领域服务中发布事件。如果在 Event 类的 SetTime 方法中发布 EventTimeChangedEventData 事件,则能够保证在修改活动时间后总是能够发布该事件。然而,如果像上述示例代码那样在应用服务中发布该事件,就有可能在另外一个更改活动时间的地方忘记发布这个事件。即便没有忘记,也会出现重复代码,这增加了代码维护成本,并且容易出现一些潜在的错误。

本地事件总线可以用于在对象状态发生改变时执行一些额外的操作。它非常适合解耦和集成系统的不同切面。在本节中,事件总线用于在活动时间发生变更时向参加该活动的用户发送通知邮件。然而,事件总线不应该被滥用,因为它把一部分业务逻辑拆分到了事件处理程序中,使整个业务逻辑更加难以理解。

10.7.2　分布式事件总线

在分布式事件总线中,事件通过消息代理服务发布,如 RabbitMQ 或 Kafka。在构建微服务或分布式解决方案时,分布式事件总线可以异步通知其他服务中的处理程序。

分布式事件总线和本地事件总线的用法非常相似,但是它们在实现上还是有很大差异的,理解其中的差异和限制是非常重要的。

当活动时间变更时,在 Event 类的 SetTime 方法中发布分布式事件的代码如下:

```
public void SetTime(DateTime startTime, DateTime endTime)
{
    if (startTime > endTime)
    {
        throw new BusinessException(EventHubErrorCodes.EndTimeCantBeEarlierThanStartTime);
    }
    StartTime = startTime;
    EndTime = endTime;
    if (!IsDraft)
    {
        AddDistributedEvent(new EventTimeChangedEto
        {
            EventId = Id, Title = Title,
            StartTime = StartTime, EndTime = EndTime
        });
    }
}
```

在上述示例代码中,调用 AddDistributedEvent 方法来发布事件(当更新数据库中的实体信息时发布该事件)。与发布本地事件的一个重要区别是,没有把实体(this)对象作为参数传递给发布事件的方法,而是把一些属性复制到一个新对象。新对象将负责在不同进程间传递数据。该对象将在当前进程中被序列化,在目标进程中被反序列化,ABP 框架自动处理序列化和反序列化问题。因此较好的做法是创建一个只包含所需属性的类似于 DTO 的对象,而不是使用完整的对象。Eto(Event Transfer Object,事件传输对象)后缀是建议使用的命名约定,但不是必须遵循的约定。

AddDistributedEvent 方法和 AddLocalEvent 方法只在聚合根实体中可用,子集合实体不包含该方法。然而,任何服务中都可以使用 IDistributedEventBus 服务发布分布式事件,方法如下:

```
await _distributedEventBus.PublishAsync(new EventTimeChangedEto
    {
        EventId = @event.Id,
        Title = @event.Title,
        StartTime = @event.StartTime,
        EndTime = @event.EndTime
    });
```

在使用上述示例代码之前,要先注入 IDistributedEventBus 服务。

想要获得通知的应用程序或服务可以创建一个实现 IDistributedEventHandler < T >的类,代码如下:

```
public class UserEmailingHandler :
    IDistributedEventHandler < EventTimeChangedEto >,ITransientDependency
{
    public Task HandleEventAsync(EventTimeChangedEto eventData)
    {
        var eventId = eventData.EventId;
        // 给已报名的用户发送电子邮件
    }
}
```

事件处理程序可以使用 EventTimeChangedEto 类的所有属性。如果需要更多数据,可以把需要的数据添加到 ETO 类中。当然,也可以从数据库中查询所需数据的详细信息,或者在分布式场景中调用相应服务的 API。

10.8 小结

本章介绍了领域层的相关构件,并且深入探讨了基于 ABP 框架设计和实现这些构件的方法。

聚合是 DDD 中最基础的构件,聚合状态的改变非常重要,需要开发者注意。聚合应该根据业务规则保证其数据的有效性和一致性。正确地确定聚合边界是至关重要的。

领域服务主要负责实现涉及多个聚合或需要外部服务的领域逻辑。领域服务方法的参数应该是领域对象,而不是 DTO。

仓储模式抽象了数据访问逻辑,并为领域层和应用层中的其他服务提供了方便调用的接口。注意,不要把业务逻辑泄露到仓储中。规约模式提供了一种封装数据过滤逻辑的方法。开发者可以通过重用和组合它们实现对业务对象的过滤选择。

此外,探讨了如何使用 ABP 框架发布和订阅领域事件。领域事件能够以松耦合的方式在领域对象变更时执行一些其他必要的操作。

第 11 章将继续探讨应用层中的构件块,还将通过实际案例讨论领域层和应用层的区别。

第 11 章
应用层

第 10 章详细介绍了领域层的构件。领域层用于实现解决方案中核心的、与应用无关的领域逻辑。然而，一些应用程序（如 Web 或者移动应用程序）也需要与这些领域逻辑交互。应用层负责实现这些应用程序的业务逻辑，并且不依赖表示层中使用的 UI 技术。通过使用应用服务封装领域层，从而实现领域层与表示技术的隔离。

本章将介绍如何使用 ABP 框架设计和实现应用服务和 DTO，还将讨论领域层和应用层的职责的区别。

11.1 准备工作

EventHub 项目的源代码可以从 https://github.com/volosoft/eventhub 克隆或者下载。若想在本地开发环境中构建并运行 ASP.NET Core 的解决方案，则需要一个 IDE/编辑器，如 Visual Studio。此外，若想要创建基于 ABP 框架的解决方案，则需要安装 ABP CLI，安装方法参见第 2 章。

11.2 实现应用服务

应用服务是表示层执行程序用例的无状态类。它通过协调多个领域对象完成业务操作。应用服务的输入和输出都是 DTO，而不是实体类。

应用服务中的方法应该实现为一个 UoW，也就是该方法中所有的数据库操作应该被看作一个整体，要么都成功，要么都失败，ABP 框架已经实现了该功能。一个典型的应用服务方法包含以下 4 个步骤。

（1）根据输入参数和当前的上下文信息从仓储中获取必要的聚合。

（2）通过协调调用聚合、领域服务和领域对象，实现所需的功能。

（3）使用仓储更新已经改变的聚合，并把信息写入数据库。

（4）若有返回值，则把结果 DTO 返回给调用方（通常是表示层）。

> **关于更新已变更对象**
>
> 事实上，如果使用的是 EF Core，那么就不需要步骤（3）了。EF Core 有一套对象变更跟踪机制，能够自动跟踪变更的对象，并且在 UoW 结束时在数据库中更新它们。因此，如果读者的项目依赖 EF Core，那么就可以省略步骤（3）。

应用服务方法 AddSessionAsync 的代码如下所示：

```
public class EventAppService : ApplicationService,IEventAppService
{
    ...
    [Authorize]
    public async Task AddSessionAsync(Guid id,AddSessionDto input)
    {
        var @event = await _eventRepository.GetAsync(id);
        @event.AddSession(
            input.TrackId, GuidGenerator.Create(),
            input.Title,
            input.StartTime, input.EndTime,
            input.Description, input.Language
        );
        await _eventRepository.UpdateAsync(@event);
    }
}
```

以上代码实现了向一个活动添加新场次的功能。该方法首先从数据库中获取相关的 Event 聚合，然后调用 Event 类中的 AddSession 方法把相应的业务操作委托给领域层，最后更新数据库中的 Event 对象。11.3 节将详细介绍 AddSessionDto 类。

以下示例代码更加复杂，它用于创建一个新活动。

```
[Authorize]
public async Task < EventDto > CreateAsync(CreateEventDtoinput)
{
    var organization = await _organizationRepository.GetAsync(input.OrganizationId);

    if (organization.OwnerUserId != CurrentUser.GetId())
    {
        throw new AbpAuthorizationException(
        L["EventHub:NotAuthorizedToCreateEventInThisOrganization",
            organization.DisplayName]
    );
    }

    var @event = await _eventManager.CreateAsync(
        organization, input.Title,input.StartTime, input.EndTime, input.Description);

    await _eventManager.SetLocationAsync(@event,
        input.IsOnline, input.OnlineLink, input.CountryId,input.City);
    await _eventManager.SetCapacityAsync(@event,input.Capacity);
    @event.Language = input.Language;

    if (input.CoverImageContent != null && input.CoverImageContent.Length > 0)
    {
        await SaveCoverImageAsync(@event.Id, input.CoverImageContent);
    }

    await _eventRepository.InsertAsync(@event);
    return ObjectMapper.Map < Event, EventDto >(@event);
}
```

CreateAsync 方法从 UI 层接收一个 CreateEventDto 对象，该对象包含了创建活动所需要的数据。该方法首先从数据库中获取 organization 对象，并比较该对象的所有者的 ID 与当前用户的 ID。如果两者不相同，该方法就抛出一个 AbpAuthorizationException 异常。授权是应用层的职责，不同的应用程序可以有不同的授权规则。例如，在后台管理应用程序中，管理员可以为任意用户创建活动，而不需要检测当前用户是否拥有这个组织。

然后 CreateAsync 方法使用 eventManager 领域服务创建一个新的 Event 对象，该对象包含活动所需的最基本属性。CreateEventDto 还包含一些用户可设置的可选属性。再次调用 eventManager 领域服务设置活动的地点，然后可以直接设置 Event 的 Language 属性，因为设置该属性不包含任何业务规则，并且它有公共的 setter 且值可以为空。

CreateAsync 方法继续通过 eventManager 类设置活动的容量，在 SetCapacityAsync 方法中实现对应的业务规则。当然如果调用者提供了活动封面图像，也可以通过调用另一个方法把它保存起来。

到目前为止，Event 对象的信息还没有保存到数据库中，所有的操作都是在内存对象上进行的。领域服务不会把这些信息保存到数据库，因为这是应用层的职责。假如在领域服务中实现保存这些信息的功能，则需要一个插入操作和三个更新操作。对于当前的实现，CreateAsync 方法调用仓储中的 InsertAsync 方法在程序最后执行一个数据库操作时把这些信息保存起来。

应用服务使用 DTO 从上层（通常是表示层）获取数据，然后再通过 DTO 把数据返回给上层。11.3 节将介绍 DTO 设计的注意事项和最佳实践。

11.3 设计 DTO

DTO 是一个用于在表示层和应用层之间传递数据的简单对象。接下来介绍设计 DTO 类的一些基本原则。

11.3.1 设计 DTO 类

在定义 DTO 类时需要遵循以下 3 个基本原则。

（1）DTO 类不应该包含任何业务逻辑，它们只用来传输数据。

（2）DTO 对象应该是可序列化的，因为大多数情况下它们需要作为参数在方法之间传递。一般它们都有一个无参构造函数，并且所有的属性都有公共的 getter 和 setter。

（3）DTO 类不应该继承自实体类，也不应该使用实体类作为它们的属性。

以下 DTO 类用于向已存在的一节活动中添加新场次时存储数据。

```
public class AddSessionDto
{
    [Required]
    [StringLength(SessionConsts.MaxTitleLength, MinimumLength = SessionConsts.MinTitleLength)]
    public string Title { get; set; }
    [Required]
    [StringLength(SessionConsts.MaxDescriptionLength,
        MinimumLength = SessionConsts.MinDescriptionLength)]
    public string Description { get; set; }
```

```
    public Guid TrackId { get; set; }
    public DateTime StartTime { get; set; }
    public DateTime EndTime { get; set; }
    public string Language { get; set; }
}
```

AddSessionDto 类没有定义方法，因此该类不包含任何业务逻辑。它所有的属性都有公共的 getter 和 setter。这个类也没有定义任何构造函数，因此它默认有一个隐式的公共无参构造函数。AddSessionDto 类的 Title 属性和 Description 属性有验证特性，如［Required］和［StringLength］。

11.3.2　验证输入 DTO

当 DTO 对象被作为参数传递给应用服务的方法时，需要验证这些输入的 DTO，验证方法如下。

（1）可以使用数据注解特性，如［Required］、［StringLength］和［Range］。

（2）让 DTO 类实现 IValidatableObject 接口，并在 Validate 方法中实现额外的验证逻辑。

（3）可以使用第三方库来验证 DTO 对象。例如，ABP 框架集成了 FluentValidation 库，可以实现验证逻辑与 DTO 类分离，以及高级的验证逻辑。

无论采用哪种方法（也可以同时使用这些方法），ABP 框架都会自动校验这些验证规则，并在出现无效值时抛出验证异常。因此，应用服务方法在执行时使用的始终是有效的 DTO 对象。ABP 框架的验证基础设施组件的细节可以参阅 7.3 节。

DTO 类或者 FluentValidation 验证器类里的验证逻辑应该只做形式验证，即可以检查给定的输入是否存在和格式是否正确，不应该包含领域验证。例如，不要试图检查给定的开始和结束日期是否与同一节上的另一场活动的时间冲突，这种验证逻辑应该在领域层实现，通常应该放在实体类或者领域服务类中。

11.3.3　对象到对象的映射

在领域层和应用层内部使用实体，与上层通信使用 DTO。这样就需要创建一些类似实体类的 DTO 类，并需要把实体对象转换为 DTO 对象。如果实体类仅有很少的几个属性，那么可以通过逐个复制属性的方式手动创建对应的 DTO 对象。然而，实体类会随着项目的迭代而增长，编写和维护映射代码非常乏味且容易出错。

ABP 框架提供了一个 IObjectMapper 服务，用于在相似的对象之间互相转换，代码如下：

```
public async Task < EventDto > GetAsync(Guid id)
{
    Event eventEntity = await _eventRepository.GetAsync(id);
    return ObjectMapper.Map< Event, EventDto >(eventEntity);
}
```

上述代码中的方法使用 IObjectMapper 服务把 Event 对象映射为 EventDto 对象并返回。EventDto 类有很多属性，通过手动赋值的方式创建该对象的代码很长。IObjectMapper 是一个接口，ABP 框架内部使用 AutoMapper 库实现该接口。要想让上述代码正常工作，还需要定义 AutoMapper 库需要的映射配置类。

对象到对象映射文档

本书不包含对象到对象映射的详细内容，不过在第 3 章中创建的示例程序用到了该技术，可以参阅 ABP 框架的官方文档 https://docs.abp.io/en/abp/latest/Object-To-Object-Mapping 全面了解对象到对象映射系统的细节。

虽然使用对象到对象的映射非常简单，但是开发者在使用时一定要认真。对象映射库大多数依赖命名约定。它们会自动映射相同名称的属性，开发者也可以手动配置映射规则。

当更改了实体，但没有更改 DTO 或者映射代码时，系统可能会出现问题。AutoMapper 库具有一个名为配置验证的概念。它会在应用程序启动时验证映射配置，并在检测到映射配置有问题时抛出一个异常。建议在应用程序中开启该配置项，可以参阅 AutoMapper 官方文档 https://docs.automapper.org/en/stable/Configuration-validation.html 了解配置验证的细节。

对象到对象的映射技术对从实体映射到 DTO 非常有用。但是，不建议使用该技术把输入 DTO 映射到实体，原因如下。

（1）实体类通常有一个带参数的主构造函数，从而可以通过参数获取创建实体所必需的属性。自动映射操作通常需要目标类上有无参构造函数，因此有可能导致映射失败。

（2）实体上的一些属性的 setter 是私有的。应该使用实体的方法更改这些属性，直接从 DTO 对象复制值可能会违反业务规则。

（3）应用程序应该仔细地验证和处理用户的输入，不应该草率地把用户输入直接映射为实体。

11.2 节的 CreateAsync 方法是一个从输入 DTO 创建实体的很好的范例。该方法没有直接把 DTO 映射为实体，而是使用领域服务创建一个有效的实体，然后再设置可选属性的值。

接下来，将介绍一些设计 DTO 的最佳实践。

11.3.4 DTO 设计的最佳实践

设计 DTO 听起来很简单，然而一旦应用程序随着迭代变得复杂，项目中就会有很多 DTO 类，这时如何有效地组织这些类就显得十分重要。为了使编写的代码更具可维护性且无错误，接下来将给出一些关于 DTO 设计的建议。

1. 不要在输入 DTO 中定义未使用的属性

DTO 类中如果存在没有在应用服务方法中使用的属性，就会使调用该服务方法的开发者感到困惑，从而导致他们写出有错误的代码。

DTO 类中存在未使用属性的一个可能原因是，该属性以前被使用过，但是应用服务方法被修改后，开发者忘记删除它。开发者应该尽量避免这种情况的发生，保证在合适的时机删除那些未使用的属性。如果开发者构建的是供别人使用的类库，关注向后兼容性，那么在修改代码后应该在未使用的属性上添加 [Obsolete] 特性，并做好破坏性更改的文档说明。如果被废弃属性的值还能够被使用，那么要让程序尽量保留原来的行为。

如果违反了下一条规则，DTO 类中就会不可避免地存在一些未使用属性。

2．不要重用输入 DTO

当项目中有非常多的应用服务方法时，开发者可能认为多个应用服务方法共用 DTO 是减少 DTO 数量的一个好方法。然而这样做的话，一些属性将在一些方法中被使用，而在另一些方法中未被使用。

一个更好的做法是为每个应用服务方法定义专用的输入 DTO。有时为两个方法重用相同的 DTO 似乎是可行的，因为它们需要的输入信息几乎是相同的。但是，项目的需求是会变化的，随着项目的迭代，应用服务方法也会改变。继承是重用 DTO 的另一种方式，但是也存在同样的问题。

在大部分场景中，代码复用要好于用例耦合，示例代码如下：

```
public interface IEventAppService : IApplicationService
{
    Task < EventDto > GetAsync(Guid id);
    Task CreateAsync(EventDto input);
    Task UpdateEventTimeAsync(EventDto input);
}
```

在上面的示例代码中，GetAsync 方法返回一个 EventDto 对象，该对象几乎包含了 Event 所有的属性。CreateAsync 方法重用了 EventDto 类。通常重用一个输出 DTO 作为输入 DTO 是不推荐的，因为一些 EventDto 的属性（如 ID、UrlCode、RegisteredUserCount 和 CreationTime）并不希望调用者在创建 Event 的时候提供，而是希望由服务器端计算出来。在 UpdateEventTimeAsync 方法中重用相同的 EventDto 更加不可取，因为该方法仅用到了 Id、StartTime 和 EndTime 属性。

一个合理的 DTO 设计的代码如下：

```
public interface IEventAppService : IApplicationService
{
    Task < EventDto > GetAsync(Guid id);
    Task CreateAsync(EventCreationDto input);
    Task UpdateEventTimeAsync(EventTimeUpdateDto input);
}
```

在这个设计中，为 CreateAsync 方法和 UpdateEventTimeAsync 方法分别定义了一个单独的 DTO 类。在这种情况下，修改任意一个 DTO 类都不会影响另一个方法。

以上两条建议是针对输入 DTO 的，下一条建议针对输出 DTO。

3．关于输出 DTO

事实上，输出 DTO 和输入 DTO 是很不一样的。输出 DTO 不存在"未使用属性"的问题。假设在调用一个方法时设置了输入 DTO 的某个属性，那么就期望这个属性能够被方法处理并改变该方法的行为。如果方法不使用这个属性，那么无论把该属性设置成什么值都看不到该方法行为的任何差异，使用该方法的人就会感到困惑。如果设置了一个方法的某个参数或者参数的属性，那么该方法就会按预期执行。

输出 DTO 不存在上述情况。应用服务可能返回比调用者当前需要的更多的属性。这也就意味着，应用服务可以输出 DTO 的所有属性，只要某个属性是 DTO 的一部分，无论调用者是否需要它,都应该把它填充到 DTO 里。

以上做法[①]的优势在于,当调用者以后需要这些属性时,开发者不需要修改该应用服务类,从而使 UI 更容易被扩展。如果调用者与开发者不是同一个人,或者该项目需要将 API 开放给需求各不相同的第三方客户端,那么这种做法更具优势。

由于输出 DTO 可能包含一些调用者还不需要的属性,因此一般情况下可以通过重用 DTO 类来减少输出 DTO 的数量,代码如下:

```
public interface IEventAppService : IApplicationService
{
    Task < EventDto > CreateAsync(CreateEventDto input);
    Task < EventDto > GetAsync(Guid id);
    Task < List < EventDto >> GetListAsync(PagedResultRequestDto input);
    Task < EventDto > AddSessionAsync(Guid id,AddSessionDto input);
}
```

在上述示例代码中,所有方法都用相同的输出 DTO(即 EventDto 类)表示一个活动,而这些方法的输入 DTO 却是不同的。

> **关于性能**
>
> 　　为了满足性能需求,可能需要返回恰好满足需求的具有最少输出结果的 DTO 对象,这种情况大多出现在返回大型结果集时。在这种情况下,可以为这些相关的用例定义不同的 DTO 类,它们仅包含必需的属性。

到目前为止,已经介绍完使用 ABP 框架实现 DDD 的基础构件。11.4 节将展示一些示例,以理解各层的角色和职责。

11.4　各层职责

如 9.4 节所述,同一个域上可以有多个应用程序,并把业务逻辑分成应用层和领域层。大型系统通常有多个应用程序,把核心域与应用程序特定的逻辑分离是理清不同应用程序逻辑的一个关键原则。为每个应用程序创建单独的应用层,可以最大限度地设计出符合不同应用程序需求的应用服务方法。

为了合理地划分应用层和领域层,应该深入地理解各层的职责。

11.4.1　用户授权

授权用于允许或者阻止用户(在 UI 上)、客户端应用(在机器对机器通信上)使用特定应用程序功能。

ABP 框架提供两种检查用户权限的方法:基于[Authorize]特性的声明式的方式和基于 IAuthorizationService 服务的命令式的方式。开发者可以使用这些方法来控制对应用程序中某些功能的访问权限。

授权高度依赖应用的调用者和用户,因此它是应用层和更上层(如表示层)的职责。

---

①　译者注:输出 DTO 包含所有属性。

例如,在 EventHub 项目中,前端公共 Web 应用的用户只能编辑他们自己的活动。但是,后台管理应用的管理员用户可以编辑任何活动,只要他们有所需的权限,就无须检查他们是否拥有该活动。另外,后台服务可以在不进行任何授权规则检查的情况下改变活动的状态。这些应用程序使用相同的领域层,因此具有相同的领域逻辑规则。不同应用程序具有不同的授权规则。因此最好不要在领域层中包含授权逻辑,以提高领域层的可重用性。

11.4.2　控制事务

UoW 系统的职责是为一个用例(通常是一个 Web 请求)创建一个事务作用域,并确保在该用例中做的所有更改都一起提交。

用例的作用域是整个应用服务方法。应用服务方法调用多个领域服务和聚合,并能够更改聚合。确保所有更改一起提交的唯一方法是在应用服务层的应用服务方法级别上实现 UoW 系统。由此可见 UoW 是一个应用层中的概念。

11.4.3　验证用户输入

如 7.3 节所述,一般应用程序有以下三个级别的验证。

(1) 客户端验证用于在把数据发送到服务器之前对用户输入进行预验证。该类型的验证是表示层的职责。

(2) 服务器端验证是在服务器端进行,用于阻止不完整的、格式错误的或者恶意的请求。通常使用数据注解特性或者其他机制来验证 DTO 对象。这种验证是应用层的职责。

(3) 业务验证也是在服务器端进行,用于验证业务规则,并保证业务数据的一致性。业务验证主要在领域层中完成,以使所有应用层使用相同的业务规则。

ABP 框架提供了设计优秀的基础设施组件,并优雅地同 ASP.NET Core 的服务集成在一起,可以方便、规范地实现验证逻辑。开发者可以在聚合的构造函数、方法和领域服务中实现业务验证规则和约束,参见第 10 章。

11.4.4　获取当前用户信息

ABP 框架的 ICurrentUser 服务用于获取当前用户的信息。获取当前用户信息需要一个有状态的会话系统存储用户信息,并确保在每次 Web 请求中都可以访问这些用户信息。

对于 ASP.NET Core 应用程序,ABP 框架使用基于身份认证令牌的当前主体(current principle)获取用户信息。身份认证令牌在用户登录应用时创建。该令牌被保存在 Cookie 中,并在以后的请求中读取它以确认用户身份。身份认证令牌也可以存储在 SPA 的本地存储中,并通过每次请求的 HTTP 报头发送到服务器。

会话/当前用户一般是在表示层中实现的概念。由于应用层由表示层调用,可以假设当前上下文中有一个当前用户,因此在应用层中也可以使用当前用户。然而,领域层原则上应该独立于任何应用程序,因此该层中不应该使用当前用户。在某些应用程序(如后台服务或者集成应用)中,可能根本就没有用户。

以下应用服务方法用于把当前用户加入到给定的组织中,这段代码出自 EventHub 项目。

```
[Authorize]
public async Task JoinAsync(Guid organizationId)
{
    var organization = await _organizationRepository.GetAsync(organizationId);
    var user = await _userRepository.GetAsync(CurrentUser.GetId());
    await _organizationMembershipManager.JoinAsync(organization, user);
}
```

首先,该方法需要授权才能访问,从而确保该方法只能由已经登录到应用程序中的用户调用,且 CurrentUser.GetId 能够返回一个有效的用户 ID。

该方法没有把用户 ID 作为参数,否则任何通过身份验证的用户都能把任意用户加入任意组织。期望的功能是每个用户只能把他们自己加入到某个组织。

开发者可以从仓储中获取组织和用户聚合,并把具体的工作委托给领域服务(organizationMembershipManager)。通过这种方式,领域服务独立于当前用户,并且可重用性更高。该领域服务可以使用任意用户作为输入参数,而不仅是当前用户。

11.5　小结

本章详细介绍了如何恰当地实现应用服务和设计 DTO,探讨了 DTO 设计的细节,如验证输入 DTO 和将实体映射到 DTO,并根据最佳实践和笔者的经验给出了一些 DTO 设计的建议。

本章指出混淆各层的职责会使分层变得毫无意义,并介绍了各层的基本职责。

本章是第 3 部分的最后一章。该部分的目的是演示如何使用 ABP 框架实现 DDD 的构件。开发者可以通过遵循该部分提供的规则、最佳实践和建议,使自己的代码库更具可维护性。

第 4 部分
用户界面和 API 开发

第 4 部分(第 12～14 章)将探讨如何基于 MVC/Razor Pages 和 Blazor UI 构建用户界面,以及为远程客户端创建 HTTP API。

第 12 章

使用 MVC/Razor Pages

ABP 框架是按照模块化、分层原则设计的,并且与 UI 框架无关。它适合作为服务器-客户端体系结构应用程序的开发框架,而且理论上它可以与任何类型的 UI 技术一起工作。服务器端使用标准的身份验证协议,并提供符合标准的 HTTP API。开发者可以使用自己喜欢的 SPA 框架,并能方便地访问服务器端 API。通过这种方式,开发者可以使用 ABP 框架提供的整个服务器端基础设施。

ABP 框架也可以辅助 UI 开发工作。它提供了一些可以帮助开发者构建模块化用户界面、UI 主题、布局、导航菜单和工具栏的系统。它简化了应用程序 UI 的开发过程,特别是在处理数据表格、模态框、表单、身份验证和与服务器通信时。

ABP 框架集成了以下 UI 框架,并为它们提供了启动解决方案模板。

(1) ASP. NET Core MVC/Razor Pages。

(2) Blazor。

(3) Angular。

本章将介绍 ABP 框架提供的 MVC/Razor Page 基础设施是如何设计的,以及它如何帮助开发者处理常规 UI 开发周期中遇到的问题。

这里把 UI 类型称作 MVC/Razor Pages 的原因是,ABP 框架同时支持 MVC 和 Razor Pages 技术。开发者甚至可以在一个应用程序中混合使用这两种技术。然而,自从 Razor Pages(ASP. NET Core 2.0 引入)成为微软推荐的技术后,所有预构建的 ABP 模块、示例和文档都使用该技术。

12.1 准备工作

若要运行本章的示例程序,则需要一个支持 ASP. NET Core 开发的 IDE/编辑器。本章的某些地方需要使用 ABP CLI,因此需要安装 ABP CLI,安装方法参见第 2 章。为了在开发时能够安装 NPM 包,系统中需要预装 Node. js v14 +。读者可以从 GitHub 仓库 https://github. com/PacktPublishing/Mastering-ABP-Framework 下载本章的部分示例代码。

12.2　主题系统

　　UI 样式是应用程序中需要高度定制的部分,并且有许多选择。开发者可以以 Bootstrap、Tailwind CSS 或 Bulma 这些 UI 工具包为基础来构建应用程序的 UI。然后可以构建一种设计语言或从主题市场购买预构建的廉价 UI 主题。在构建一个独立的应用程序时,开发者可以根据自己的选择构建 UI 页面和组件。在这种情况下,这些页面和样式不需要与其他应用程序兼容。

　　另外,如果想构建一个模块化的应用程序,其中每个模块的 UI 都是独立开发的(可能由一个单独的团队开发),而这些模块在运行时共同组成一个单独的应用程序,那么就需要确定一个由所有模块开发人员共同遵循的设计标准,以便最终的应用程序拥有风格一致的 UI。

　　ABP 框架提供了一个模块化的基础设施,实现了一个主题系统,可以为程序的 UI 提供一组基础库和标准。这确保了应用程序和模块开发人员可以在不依赖特定主题或样式集的情况下构建 UI 页面和组件。在模块/应用程序代码与主题无关的情况下,只要明确了主题标准,就可以构建不同的主题,并通过简单的配置方便地把该主题应用到程序中。

　　ABP 框架提供了以下两个免费的预构建 UI 主题。

　　(1) Basic 主题是基于普通 Bootstrap 样式构建的极简主题。它是从头构建样式的理想选择。

　　(2) LeptonX 主题是一个由 ABP 框架团队构建的现代且可用于生产环境的 UI 主题。

　　本书的所有示例都使用 Basic 主题。LeptonX 主题效果如图 12.1 所示。

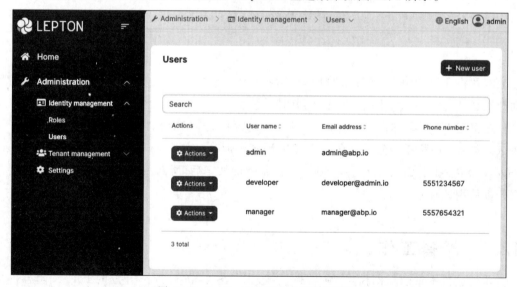

图 12.1　LeptonX 主题和应用程序布局

　　预构建主题被发布为 NuGet 包和 NPM 包,开发者可以方便地安装这些主题并在它们之间切换。

　　接下来将介绍这些主题都会用到的一些基础库和布局。

12.2.1 基础库

为了使模块/应用程序独立于特定的主题,ABP 框架确定了一些模块/应用程序可以依赖的基础 CSS 和 JavaScript 库。

最基本的依赖是 Twitter Bootstrap 框架。ABP 框架从版本 5.0 开始使用 Bootstrap 5.x 版本。除了 Bootstrap,ABP 框架还需要依赖其他一些核心库,如 Datatables.NET、JQuery、JQuery Validation、FontAwesome、Sweetalert、Toastr、Lodash 等。如果想在模块或应用程序中使用这些标准库,那么不需要做任何额外的设置。

12.2.2 布局

典型的 Web 页面由两部分组成:布局和页面内容。布局用于组织整个页面,通常包括主页眉、公司/产品的 Logo、主导航菜单、页脚和一些其他标准组件。图 12.2 展示了其中部分组件在示例布局中的位置。

图 12.2 页面布局中的不同部分

现代的 Web 应用程序一般使用响应式布局,这意味着页面中组件的形状和位置是可变的,以适应当前用户正在使用的设备的尺寸。

布局的内容在不同的页面中几乎保持不变,只有页面的内容发生变化,页面内容通常占大部分的布局,并且在内容大于屏幕高度时,是可以滚动的。

Web 应用程序的不同部分/页面可能有不同的布局要求。在 ABP 框架中,一个主题可以定义一个或多个布局。每个布局都有一个唯一的字符串名称,ABP 框架定义了以下 4 个标准布局名称。

(1) Application:专门为具有页眉、菜单、工具栏、页脚等的后台办公风格的 Web 应用程序设计。图 12.1 中的布局就属于这一类。

(2) Account:专门为登录、注册和其他账号相关的页面设计。

(3) Public:专门为面向公众的网站设计,如产品的引导页面。

（4）Empty：空布局，页面的内容覆盖了整个屏幕。

这些字符串在 Volo. Abp. AspNetCore. Mvc. UI. Theming. StandardLayouts 类中定义。每个主题必须定义 Application、Account 和 Empty 布局，因为这些布局大多数应用程序都会用到。Public 布局是可选的，在没有定义该主题的情况下，它将回退使用 Application 布局。一个主题中可以定义更多的布局，只要保证它们的名称不相同。

在不做额外设置的情况下，默认使用 Application 布局。开发者可以为一个页面/视图或文件夹下的所有页面/视图指定使用哪种布局。

要修改页面/视图使用的布局，需要注入 IThemeManager 服务，并调用 CurrentTheme. GetLayout 方法，把该方法的参数设置为想要使用的布局的名称，代码如下：

```
@inject IThemeManager ThemeManager
@{
    Layout = ThemeManager.CurrentTheme.GetLayout(StandardLayouts.Empty);
}
```

开发者可以使用 StandardLayouts 类来获取标准布局的名称。对于上述示例代码，由于 StandardLayouts. Empty 的值是常量字符串 Empty，所以也可以写为 GetLayout("Empty")。通过这种方式，开发者可以使用布局的字符串名称获得自定义主题中的非标准布局。

如果想要修改一个文件夹中所有页面/视图的布局，开发者可以在该文件夹中创建一个名为_ViewStart. cshtml 的文件，并向该文件添加如下代码：

```
@using Volo.Abp.AspNetCore.Mvc.UI.Theming
@inject IThemeManager ThemeManager
@{
    Layout = ThemeManager.CurrentTheme.GetLayout(StandardLayouts.Account);
}
```

如果把_ViewStart. cshtml 文件放在 Pages 文件夹中（或 MVC 视图的 Views 文件夹中），则该项目中的所有页面都将使用该文件中指定的布局，除非为子文件夹或特定的页面/视图重新指定另一个布局。

开发者可以方便地为页面选择一个布局，并在其中放置需要展示的主要内容。

12.3 打包和压缩系统

ABP 框架为安装 NPM 包、向页面添加脚本/样式文件、在开发环境和生产环境中打包和压缩这些文件提供了端到端的解决方案。

接下来首先介绍如何为应用程序安装 NPM 包。

12.3.1 安装 NPM 包

NPM 是 CSS/JavaScript 库事实上的包管理器。在基于 MVC/Razor Pages UI 技术创建一个新的解决方案时，Web 项目的根目录下有一个 package. json 文件，该文件的初始内容如下：

```
{
    ...
    "dependencies": {
        "@abp/aspnetcore.mvc.ui.theme.basic": "^5.0.0"
    }
}
```

最初，该项目只依赖一个名为@abp/aspnetcore.mvc.ui.theme.basic 的 NPM 包。这个包依赖 Basic 主题所需的所有基础的 CSS/JavaScript 库。开发者可以使用标准命令 npm install(或 yarn add)安装其他 NPM 包。

假设应用程序需要使用 Vue.js 库。可以在 Web 项目的根目录下运行如下命令安装该库：

```
npm install vue
```

该命令把名为 vue 的 NPM 包安装到了 node_modules/vue 目录下。然而，Web 项目无法使用 node_modules 文件夹下的文件。开发者需要把必要的文件复制到 Web 项目的 wwwroot 文件夹中，然后才能把它们导入到页面中。

开发者可以手动复制这些必要的文件，但是这不是最好的方法。ABP 框架提供了一个 install-libs 命令使用映射文件来自动完成上述任务。打开 Web 项目下的 abp.resourcemapping.js 文件，并把如下代码添加到映射字典中：

```
"@node_modules/vue/dist/vue.min.js": "@libs/vue/"
```

abp.resourcemapping.js 文件的最终内容如下所示：

```
module.exports = {
    aliases: {},
    mappings: {
        "@node_modules/vue/dist/vue.min.js": "@libs/vue/"
    }
};
```

这样，就可以在 Web 项目的根目录下使用命令行运行如下命令：

```
abp install - labs
```

vue.min.js 已经被复制到了 wwwroot/libs/vue 文件夹下，如图 12.3 所示。

映射支持 glob/通配符模式。例如，可以使用如下映射复制 vue 包中的所有文件：

```
"@node_modules/vue/dist/*": "@libs/vue/"
```

图 12.3　向 Web 项目中
　　　　　添加 Vue.js 库

默认情况下，libs 文件夹会提交到源代码版本管理系统(如 Git)中。这意味着，团队中的其他开发者如果从源代码管理系统中获取代码，则不需要运行 npm install 命令或 abp install-labs 命令。如果愿意，也可以把 libs 文件夹添加到源代码版本管理系统的 ignore 文件中，如 Git 的 .gitignore 文件。在这种情况下，就需要在运行应用程序之前运行 npm install 命令和 abp install-libs 命令。

接下来将探讨如何使用 ABP 框架提供的这些标准 NPM 包。

12.3.2　使用标准包

构建模块化应用的另一个挑战是，所有模块需要使用相同（或兼容）版本的 NPM 包。ABP 框架提供了一组标准的 NPM 包，允许 ABP 框架生态中的应用程序或模块使用这些相同版本的 NPM 包，并自动把所需的文件映射并复制到 libs 文件夹中。

@abp/vue 就是一个标准包，可以用来为项目安装 Vue.js 库，推荐安装它而不是 vue 包，完整的安装命令如下：

```
npm install @abp/vue
```

然后，就可以运行 abp install-libs 命令把 vue.min.js 文件复制到 wwwroot/libs/vue 文件夹中。需要注意的是，不需要在 abp.resourcemapping.js 文件中定义映射，因为 @abp/vue 包已经包含了必要的映射配置。

建议在标准的 @abp/* 包可用的情况下尽量使用它们。通过这种方式，项目依赖的是相关库的标准版本，并且不需要手动配置 abp.resourcemapping.js 文件。

在项目中安装完这些库后，还需要把它们导入到页面中才能在应用程序中使用它们。

12.3.3　导入脚本和样式文件

安装完 JavaScript 库或 CSS 库之后，就可以把它们导入到任意页面或包中。例如，把 vue.min.js 导入到 Razor Page 或视图中，代码如下所示：

```
@section scripts {
    <abp-script src="/libs/vue/vue.min.js"/>
}
```

上述示例代码中，由于把 JavaScript 文件导入到了 scripts 节中，因此主题会把它们放在 HTML 文档的末尾，位于全局脚本之后。abp-script 是一个由 ABP 框架提供的自定义标签，用于指定页面/视图需要包含的脚本。该标签被服务器端处理后为：

```
<script src=»/libs/vue/vue.min.js?_v=637653840922970000"»</script>
```

开发者可以使用标准的 script 标签，但是使用 abp-script 标签有以下 3 个优势。

（1）如果给定的文件还没有压缩，那么在生产（演示）环境中，它会自动压缩这些文件；如果给定的文件没有压缩，且 ABP 框架能够在原始文件附近找到压缩后的文件，则它会使用这个预先压缩好的文件，而不需要在运行时动态压缩这个原始文件。

（2）它会在原始文件名后添加一个查询字符串参数，并把该参数作为版本信息，以便在文件更改后浏览器使用的是最新版本的文件，而不是缓存的旧版本文件。这意味着当重新部署应用程序时，浏览器不会意外地使用缓存的旧版本脚本文件。

（3）即使开发者多次导入同一个脚本文件，ABP 框架也能确保该文件只被添加到页面中一次。如果构建的是模块化系统，那么这个功能是非常有用的，因为不同的模块组件彼此独立,可能包含相同的库,而 ABP 框架消除了这种重复。

在页面中导入 Vue.js 后,就可以使用它创建高度动态化的页面。一个名为 VueDemo.cshtml 的 Razor Page 页面代码如下:

```
@page
@model MvcDemo.Web.Pages.VueDemoModel
@section scripts {
    <abp-script src=»/libs/vue/vue.min.js»/>
    <script>
        var app = new Vue({
            el: '#app',
            data: {
                message: 'Hello Vue!'
            }
        })
    </script>
}
<div id="app">
    <h2>{{ message }}</h2>
</div>
```

运行这个页面后,UI 上将显示“Hello Vue!”。在 MVC/Razor pages 应用程序中构建复杂的动态用户界面时,建议使用 Vue.js。

可以把上述示例代码中自定义的 JavaScript 代码放在一个单独的文件中。在上述文件的同级目录下创建一个名为 VueDemo.cshtml.js 的 JavaScript 文件,如图 12.4 所示。

建议使用这种命名约定,但是开发者可以为这个 JavaScript 文件设置任意名称。

图 12.4　添加 JavaScript 文件

> **Pages 文件夹中的 JavaScript/CSS 文件**
>
> 在常规的 ASP.NET Core 应用程序中,需要把所有的 JavaScript/CSS 文件放在 wwwroot 文件夹中。ABP 框架允许开发者把 JavaScript/CSS 文件与 .cshtml 文件一起放在 Pages 或 Views 文件夹中。把这些相关的文件放在一起对于开发者来说是非常友好的。

新的 JavaScript 文件的内容如下:

```
var app = new Vue({
    el: '#app',
    data: {
        message: 'Hello Vue!'
    }
});
```

这样,可以把 VueDemo.cshtml 文件更新为如下内容:

```
@page
@model MvcDemo.Web.Pages.VueDemoModel
```

```
@section scripts {
    <abp-script src=»/libs/vue/vue.min.js»/>
    <abp-script src=»/Pages/VueDemo.cshtml.js»/>
}
<div id="app">
    <h2>{{ message }}</h2>
</div>
```

最好把 JavaScript 代码保存到单独的文件中,并把它作为外部文件引入到页面中。

样式(CSS)文件与脚本文件的用法非常相似。使用 abp-style 标签可以把样式文件导入到页面的 styles 节中,代码如下:

```
@section styles {
    <abp-style src="/Pages/VueDemo.cshtml.css" />
}
```

可以向一个页面导入多个脚本文件或样式文件。接下来将介绍如何在生产环境中把这些文件打包成一个单独的压缩过的文件。

12.3.4　页面打包

当在页面上包含多个 abp-script(或 abp-style)标签时,ABP 框架把它们按照多个文件处理,并且在生产环境中使用压缩版本。然而,通常希望在生产环境中对这些文件进行打包,并压缩为一个文件。开发者可以使用 abp-script-bundle 标签和 abp-style-bundle 标签分别把页面中的脚本文件和样式文件打包,代码如下:

```
@section scripts {
    <abp-script-bundle>
        <abp-script src=»/libs/vue/vue.min.js»/>
        <abp-script src=»/Pages/VueDemo.cshtml.js»/>
    </abp-script-bundle>
}
```

在上述示例代码中,打包了两个文件。在生产环境中,ABP 框架会自动压缩这些文件,并把它们打包为一个文件,然后为该文件指定一个版本号。ABP 框架在第一次请求该页面时执行打包操作,然后把打包后的文件缓存到内存中。后续请求将使用该缓存的打包文件。

bundle 标签中可以使用条件逻辑和动态代码,具体如下所示:

```
<abp-script-bundle>
    <abp-script src="/validator.js" />
    @if (System.Globalization.CultureInfo.CurrentUICulture.Name == "tr")
    {
        <abp-script src="/validator.tr.js" />
    }
    <abp-script src="/some-other.js" />
</abp-script-bundle>
```

上述示例代码向打包系统添加了一个验证库,并根据某个条件决定是否添加土耳其语本地化脚本。如果用户的语言是土耳其语,那么该本地化脚本将被添加到打包系统中,否则不添加该文件。ABP 框架能够理解这两者的区别：它分别创建和缓存两个单独的打包文件，一个针对土耳其语用户，一个针对其他用户。

12.3.5　全局打包配置

打包标签对于打包页面中的资源文件非常有用，也可以在创建自定义布局时使用它。然而，在使用主题系统的情况下，布局是由主题控制的。

假设所有页面都要使用 Vue.js 库，并希望把它添加到全局包中，而不是在每个页面中对它单独打包。为了实现上述功能，可以在模块（位于 Web 项目中）的 ConfigureServices 方法中配置 AbpBundlingOptions，代码如下：

```
Configure<AbpBundlingOptions>(options =>
{
    options.ScriptBundles.Configure(
        StandardBundles.Scripts.Global,
        bundle =>
        {
            bundle.AddFiles(«/libs/vue/vue.min.js»);
        }
    );

    options.StyleBundles.Configure(
        StandardBundles.Styles.Global,
        bundle =>
        {
            bundle.AddFiles("/global-styles.css");
        }
    );
});
```

options.ScriptBundles.Configure 方法用于控制给定名称打包操作的行为。第一个参数是打包的名称。StandardBundles.Scripts.Global 是一个常量字符串，它的值是全局脚本包的名称，该包被导入到所有布局中。上述示例代码还向全局样式包添加了一个 CSS 文件。

全局包就是一个命名包，12.3.6 节将探讨如何创建命名包。

12.3.6　创建命名打包

基于页面的打包是一种为单个页面打包资源文件的简单方法。然而，在某些情况下，需要定义一个包并在多个页面上重用它。全局样式包和全局脚本包都是命名包。开发者也可以自定义命名包，并在任何页面或布局中导入该包。

以下代码定义了一个包含 3 个 JavaScript 文件的命名包。

```
Configure<AbpBundlingOptions>(options =>
{
    options.ScriptBundles
        .Add("MyGlobalScripts", bundle => {
            bundle.AddFiles(
```

```
                    "/libs/jquery/jquery.js",
                    "/libs/bootstrap/js/bootstrap.js",
                    "/scripts/my-global-scripts.js"
                );
            });
    });
```

可以把上述代码放在模块类（通常是 Web 层的模块类）的 ConfigureServices 方法中。options. ScriptBundles 和 options. StyleBundles 是两种类型的包。上述示例代码调用 ScriptBundles 属性创建了一个包含一些 JavaScript 文件的包。

在创建命名包后，可以使用 abp-script-bundle 标签和 abp-style-bundle 标签把命名包导入到页面/视图中，代码如下所示：

```
< abp-script-bundle name = "MyGlobalScripts" />
```

当通过上述代码向页面导入命名包时，开发时的所有文件都是单独添加到页面中的（没有打包和压缩）。默认情况下，在生产环境中将自动打包并压缩这些文件。

12.3.7 控制打包和压缩系统的行为

开发者可以通过 AbpBundlingOptions 选项类来更改打包和压缩系统的默认行为，代码如下：

```
Configure < AbpBundlingOptions >(options =>
{
    options.Mode = BundlingMode.None;
});
```

上述配置代码禁用了打包和压缩逻辑。这意味着在生产环境中，所有的脚本/样式文件都是单独添加到页面中的，而不对它们进行打包和压缩。options. Mode 可接受以下 4 个值中的一个。

（1）Auto(默认值)：在生产环境和演示环境中使用打包和压缩，但是在开发环境中禁用打包和压缩。

（2）Bundle：打包文件（为每个 bundle 创建一个文件）但是不压缩样式/脚本文件。

（3）BundleAndMinify：总是打包和压缩文件，即使在开发环境中。

（4）None：禁用打包和压缩系统。

打包和压缩系统还有一些高级功能，如创建打包贡献者类、从另一个包继承一个包、扩展和定制打包系统等。这些功能对于创建可重用的 UI 模块特别有用。详情参见 ABP 框架的官方文档 https://docs.abp.io/en/abp/latest/UI/AspNetCore/Bundling-Minification。

12.4 菜单

由于菜单由当前主题负责呈现，因此最终的应用程序或模块无法直接修改菜单项。图 12.1 的左侧展示的是主菜单。ABP 框架提供了一个菜单系统，模块和最终的应用程序可以动态地添加新菜单或删除/更改由这些模块添加的菜单项。

开发者可以通过 AbpNavigationOptions 向菜单系统添加菜单贡献者。ABP 框架执行所有贡献者来动态构建菜单，代码如下：

```
Configure<AbpNavigationOptions>(options =>
{
    options.MenuContributors.Add(new MyMenuContributor());
});
```

在上述示例代码中，MyMenuContributor 是一个实现了 IMenuContributor 接口的类。ABP
框架的启动模板解决方案已经包含了一个可以直接使用的菜单贡献者类。IMenuContributor
接口定义了 ConfigureMenuAsync 方法，实现方法如下所示：

```
public class MvcDemoMenuContributor : IMenuContributor
{
    public async Task ConfigureMenuAsync(MenuConfigurationContext context)
    {
        if (context.Menu.Name == StandardMenus.Main)
        {
            //TODO: 配置主菜单
        }
    }
}
```

首先需要考虑的问题是菜单的名称。StandardMenus 类（位于 Volo.Abp.UI.Navigation
命名空间中）以常量的形式定义了以下两个标准的菜单名称。

（1）Main：应用程序的主菜单。

（2）User：用户上下文菜单。单击页眉上的用户名即可打开用户上下文菜单。

上述示例代码检查了菜单名称，并只向主菜单添加菜单项。以下代码向系统中添加了
一个 CRM 菜单项，它还包含两个子菜单项。

```
var l = context.GetLocalizer<MvcDemoResource>();
context.Menu.AddItem(
    new ApplicationMenuItem("MyProject.Crm", l["CRM"])
        .AddItem(new ApplicationMenuItem(
            name: "MyProject.Crm.Customers",
            displayName: l["Customers"],
            url: "/crm/customers")
        ).AddItem(new ApplicationMenuItem(
            name: "MyProject.Crm.Orders",
            displayName: l["Orders"],
            url: "/crm/orders")
        )
);
```

在上述示例代码中，首先获得一个 IStringLocalizer 实例 l，用于本地化菜单项的显示名
称。context.GetLocalizer 是获取本地化服务的快捷方法。开发者可以使用 context.
ServiceProvider 来获取任何想要的服务，并根据自定义逻辑构建菜单。

每个菜单项都应该有一个唯一的名称（如上述示例代码中的 MyProject.Crm.Customers）
和 displayName。url、icon、order 和其他一些选项可以用来控制菜单项的外观和行为。

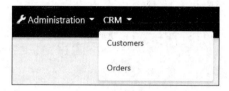

图 12.5　Basic 主题下的菜单项

在使用 Basic 主题的情况下,主菜单的显示效果如图 12.5 所示。

每次呈现菜单时都会调用 ConfigureMenuAsync 方法。对于典型的 MVC/Razor Pages 应用程序来说,每次页面请求中都会调用该方法。通过这种方式,开发者可以动态地定制菜单,并根据条件添加或删除菜单项。在添加菜单项时,通常需要核查权限,代码如下:

```
if (await context.IsGrantedAsync("MyPermissionName"))
{
    context.Menu.AddItem(…);
}
```

context.IsGrantedAsync 方法是核查当前用户是否拥有指定权限的快捷方法,如果想要手动获取和使用 IAuthorizationService,上述代码可以重写为:

```
var authorizationService = context.ServiceProvider.
GetRequiredService<IAuthorizationService>();
if (await authorizationService.IsGrantedAsync("MyPermissionName"))
{
    context.Menu.AddItem()
}
```

在上述示例代码中,通过 context.ServiceProvider 获取 IAuthorizationService 服务,然后调用该服务的 IsGrantedAsync 方法。开发者可以安全地从 context.ServiceProvider 中获取服务,ABP 框架会在菜单构建过程结束后释放这些服务。

也可以在 context.Menu.Items 集合中查找现有的菜单项(由依赖模块添加),来修改或删除它们。

12.5　Bootstrap 标签助手

Bootstrap 是世界上最流行的 UI(HTML/CSS/JS)库之一,它是所有 ABP 框架的主题使用的基础 UI 框架。开发者可以基于 Bootstrap 构建 UI 页面和组件,并且由主题系统设置它们的样式。通过这种方式,模块和应用程序可以独立于主题,并且可以使用任何与 ABP 框架兼容的 UI 主题。

Bootstrap 是一个文档齐全且易于使用的库。然而,在编写基于 Bootstrap 的 UI 代码时存在如下两个问题。

(1) 有些组件需要大量的样板代码。这些代码大部分都是重复的,编写和维护这些代码是乏味的。

(2) 在基于 MVC/Razor Pages 技术的 Web 应用程序中,普通的 Bootstrap 代码不是类型安全的。开发者可能会在类名和 HTML 结构中出现编译时无法捕获的错误。

ASP.NET Core MVC/Razor Pages 有一个标签助手(tag helper)系统来定义可重用组件,并且可以把它们作为页面/视图中的 HTML 标签使用,用法与其他 HTML 标签相同。ABP 框架利用标签助手的强大功能,为 Bootstrap 库的一些组件提供了一组自定义标签。

通过这种方式,开发者可以用更少的代码以类型安全的方式构建基于 Bootstrap 的 UI 页面和组件。

在基于 ABP 框架的应用程序中仍然可以编写原生的 Bootstrap HTML 代码,并且 ABP 框架提供的 Bootstrap 标签不包括全部的 Bootstrap 组件。然而,建议尽可能使用 ABP 框架提供的 Bootstrap 标签。假设有如下代码:

```
< abp - button button - type = "Primary" text = "Click me!" />
```

这里,使用 abp-button 标签在页面上呈现 Bootstrap 按钮。上述示例代码指定了 button-type 和 text,并且在编译时会检查这两个参数。这段代码在运行时被翻译为如下代码:

```
< button class = "btn btn - primary" type = "button">
    Click me!
</button >
```

ABP 框架定义了许多 Bootstrap 标签,这里不再一一介绍,详情参阅 ABP 框架的官方文档 https://docs.abp.io/en/abp/latest/UI/AspNetCore/Tag-Helpers/Index。

12.6 表单和表单验证

ASP.NET Core 为在服务器端准备表单,以及提交、验证和处理表单提供了良好的基础设施。然而,直接使用它提供的基础设施还需要编写一些样板文件和重复代码。ABP 框架通过提供标签助手尽可能地自动完成表单中的验证和本地化工作。首先介绍如何呈现表单元素。

12.6.1 呈现表单元素

abp-input 标签用于根据给定的属性呈现恰当的 HTML 输入框。

假设需要构建一个用于创建新电影(Movie)实体的表单,并且已经创建了一个名为 CreateMovie.cshtml 的 Razor Page,该页面对应的页面模型类如下:

```
public class CreateMovieModel : AbpPageModel
{
    [BindProperty]
    public MovieViewModel Movie { get; set; }

    public void OnGet()
    {
        Movie = new MovieViewModel();
    }

    public async Task OnPostAsync()
    {
        // TODO:处理表单(使用 Movie 对象)
    }
}
```

页面模型类通常派生自 PageModel 类。然而,在上述示例代码中,该类是从 ABP 框架的 AbpPageModel 基类派生出来的，并且该基类提供了一些预注入的服务和辅助方法。这是一个简单的页面模型类。在 OnGet 方法中，创建一个新的 MovieViewModel 实例，并把它绑定到表单元素。这里还定义了一个 OnPostAsync 方法，用于处理提交的表单数据。[BindProperty]用于告诉 ASP. NET Core 把提交的表单数据绑定到 Movie 对象上。

MovieViewModel 类的定义如下：

```
public class MovieViewModel
{
    [Required]
    [StringLength(256)]
    public string Name { get; set; }

    [Required]
    [DataType(DataType.Date)]
    public DateTime ReleaseDate { get; set; }

    [Required]
    [TextArea]
    [StringLength(1000)]
    public string Description { get; set; }

    public Genre Genre { get; set; }
    public float? Price { get; set; }
    public bool PreOrder { get; set; }
}
```

这个对象用于呈现表单元素，并把用户通过表单提交的数据绑定到该对象。需要注意的是，有些属性包含用于验证的数据注解，它们可以自动验证这些属性的值。这里的 Genre 属性是一个枚举，定义如下：

```
public enum Genre
{
    Classic, Action, Fiction, Fantasy, Animation
}
```

接下来介绍视图部分，实现从用户获取输入的电影信息。下面展示在不使用 ABP 框架的情况下如何实现上述需求，从而了解 ABP 框架的优势。首先需要创建一个表单元素，代码如下：

```
< form method = "post">
    <-- TODO: FORM ELEMENTS -->
    < button class = "btn btn - primary" type = "submit">
        Submit
    </button >
</form >
```

在 form 块中，需要为每个表单元素编写代码，然后添加一个 submit 按钮来提交表单。由于完整的表单代码太长，因此这里只展示呈现 Movie. Name 属性所需的代码：

```
< div class = "form - group">
    < label asp - for = "Movie. Name" class = "control - label">
    </label>
    < input asp - for = "Movie. Name" class = "form - control"/>
    < span asp - validation - for = "Movie. Name"class = "text - danger"></span >
</div >
```

上述代码块对于使用过 ASP. NET Core Razor Pages/MVC 和 Bootstrap 创建表单的开发者来说应该非常熟悉。它使用 form-group 把标签、实际的输入框和验证消息区域组合在一起。表单的呈现效果如图 12.6 所示。

图 12.6　包含一个文本输入框的表单

这个表单目前只包含一个与 Name 属性对应的文本输入框。完整的表单还需要为 Movie 类的其他属性编写类似的代码，这将产生大量的重复代码。使用 ABP 框架提供的 abp-input 标签呈现同样的输入框的代码如下所示：

```
< abp - input asp - for = "Movie. Name" />
```

上述代码非常简洁。下面是呈现所有表单元素所需的最终代码。

```
< form method = "post">
    < abp - input asp - for = "Movie. Name" />
    < abp - select asp - for = "Movie. Genre" />
    < abp - input asp - for = "Movie. Description" />
    < abp - input asp - for = "Movie. Price" />
    < abp - input asp - for = "Movie. ReleaseDate" />
    < abp - input asp - for = "Movie. PreOrder" />
    < abp - button type = "submit" button - type = "Primary" text = "Submit"/>
</form >
```

与标准的 Bootstrap 表单代码相比，上述代码要简短很多。这里使用 abp-select 标签来为 Genre 属性创建输入元素。由于 ABP 框架知道 Genre 是 enum 类型，因此使用 enum 的成员创建一个下拉选择框。最终表单的显示效果如图 12.7 所示。

ABP 框架自动在表单的必填项附近添加"＊"字符。ABP 框架读取类属性的类型和数据注解特性，并据此确定需要使用的表单字段。

如果只是想按顺序呈现输入框元素，可以把上述代码块替换为以下代码：

```
< abp - dynamic - form abp - model = "Movie" submit - button = "true" />
```

abp-dynamic-form 标签能够根据模型类自动创建整个表单。

abp-input 标签、abp-select 标签和 abp-radio 标签与类属性的类型对应，用于呈现相应的 UI 元素。如果想要控制表单的布局，并在表单控件之间放置自定义的 HTML 元素，那么可以使用这些标签。此外，abp-dynamic-form 标签能够很方便地创建表单，然而几乎无法控制该表单的布局。无论通过何种方式创建表单，ABP 框架都会自动处理表单验证和本地化过程。

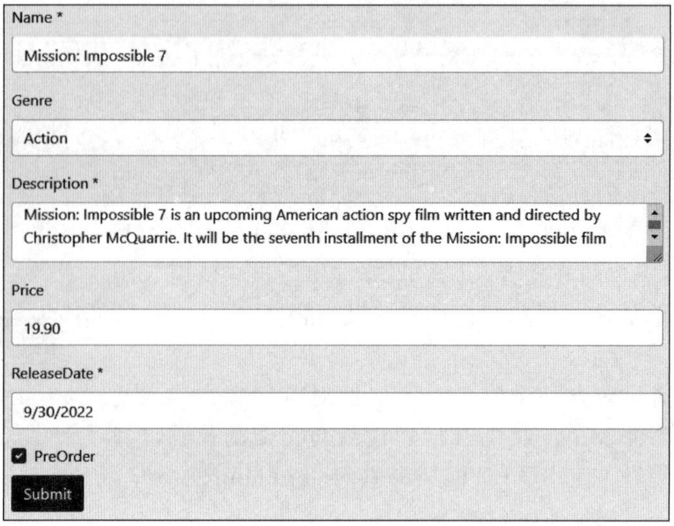

图 12.7　创建新电影使用的表单

12.6.2　验证用户输入

如果在必填字段为空的情况下提交表单,那么将不会提交表单给服务器,还会为每个无效的表单元素显示一条错误信息。图 12.8 展示了在 Name 属性为空的情况下提交表单后显示的错误信息。

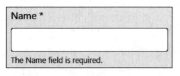

图 12.8　无效的用户输入
（Name 属性为空）

客户端验证是基于 MovieViewModel.Name 属性上的数据注解特性自动完成的。因此,开发者无须为标准验证编写任何验证代码。在所有字段都有效之前,用户不能提交表单。

客户端验证只是为了提高用户体验。绕过客户端验证并向服务器提交无效表单是很容易实现的（通过在浏览器开发者工具中操作或禁用 JavaScript 代码）。因此,服务器端的用户输入验证是必不可少的,这应该在页面模型类的 OnPostAsync 方法中完成。以下代码展示了处理表单提交的常用逻辑。

```
public async Task OnPostAsync()
{
    if (ModelState.IsValid)
    {
        //创建新电影
    }
    else
    {
        Alerts.Danger("Please correct the form fields!");
    }
}
```

在存在任意表单字段无效的情况下,ModelState.IsValid 方法返回 false,这是 ASP.NET Core 的标准功能。开发者应该使用这样的 if 语句来处理用户提交的表单,还可以在 else 语句中添加其他处理逻辑。在上述示例代码中,使用 ABP 框架提供的 Alerts 类向用户展示一条客户端警报消息,效果如图 12.9 所示。

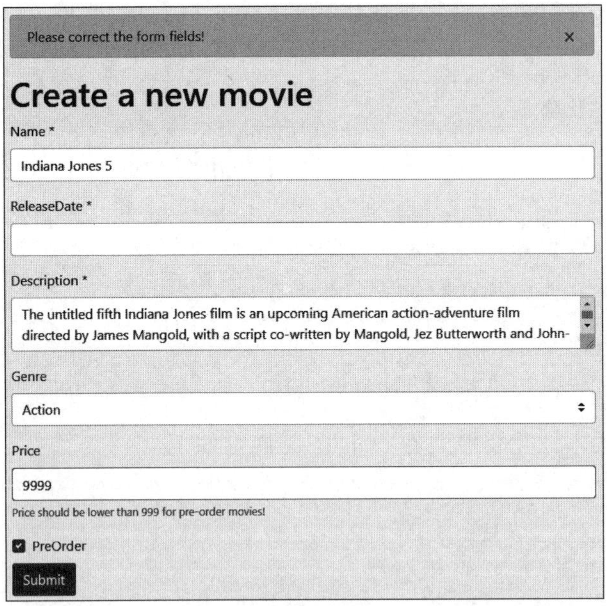

图 12.9　来自服务器的无效表单验证消息

如图 12.9 所示,Price 字段下方有一条自定义的验证错误消息。MovieViewModel 类实现了 IValidatableObject 接口,代码如下:

```
public class MovieViewModel : IValidatableObject
{
    // 省略了属性定义部分的代码
    public IEnumerable < ValidationResult > Validate(ValidationContext validationContext)
    {
        if (PreOrder && Price > 999)
        {
            yield return new ValidationResult(
                "Price should be lower than 999 for pre - order movies!",
                new[] { nameof(Price) }
            );
        }
    }
}
```

上述示例代码中的 Validate 方法中实现了一个复杂的自定义验证逻辑。如果想了解更多关于服务器端验证的内容,可以参阅 7.3 节。这里只需要了解可以在服务器上执行自定义验证逻辑,并把验证消息返回给客户端。

接下来将探讨如何本地化错误信息及表单中的标签元素。

12.6.3　本地化表单

ABP 框架自动根据当前语言本地化错误消息。尝试切换到另一种语言,并在不填写电影名称的情况下提交表单。图 12.10 展示了土耳其语的错误消息。

可以看到,错误消息的文本内容已经变为土耳其语。然而,Name 依然是字段名,没有

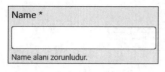

图 12.10 自动本地化验证
错误消息

显示本地化后的文本,因为它是自定义字段名,还没有为它指定本地化文本。

ABP 框架基于约定为表单字段提供本地化文本。开发者只需要在本地化 JSON 文件中定义一条本地化文本,其中键的格式为 DisplayName:< property-name >。本地化电影创建表单中所有字段的本地化资源文件 en. json 的内容如下:

```
"DisplayName:Name": "Name",
"DisplayName:ReleaseDate": "Release date",
"DisplayName:Description": «Description»,
"DisplayName:Genre": «Genre»,
"DisplayName:Price": "Price",
"DisplayName:PreOrder": "Pre - order"
```

土耳其语对应的本地化资源文件 tr. json 的内容如下:

```
"DisplayName:Name": "İsim",
"DisplayName:ReleaseDate": "Yayınlanma tarihi",
"DisplayName:Description": "Açıklama",
"DisplayName:Genre": "Tür",
"DisplayName:Price": "Ücret",
"DisplayName:PreOrder": "Ön sipariş"
```

这样,表单中的标签就可以显示为本地化的文本,并且验证错误信息也已经完全本地化,如图 12.11 所示。

在表单字段本地化键名添加"DisplayName:"前缀是一个建议的约定,这样做不是必需的。在 ABP 框架找不到键名为 DisplayName:Price 的本地化文本的情况下,ABP 框架将搜索键名为 Price 且不包含任何前缀的本地化

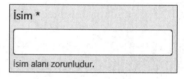

图 12.11 完全本地化的字段标签
和验证错误消息

文本。如果想指定某个属性的本地化文本的键名,可以在该属性上面添加[DisplayName]特性,代码如下:

```
[DisplayName("MoviePrice")]
public float? Price { get; set; }
```

这样设置后,ABP 框架将使用 MoviePrice 作为键名来获取字段名称的本地化文本。

根据约定,abp-select 标签使用枚举类型中的成员作为下拉列表中的项,并对它们进行本地化处理。可以向本地化文件中添加本地化文本条目,格式为< enum-type >.< enum-member >。对于 Genre 枚举类型中的 Action 成员,本地化文本对应的键名为 Genre. Action。如果找不到 Genre. Action 键名,则回退使用 Action 键名。

12.6.4 实现 AJAX 表单

在提交标准表单的情况下,整个页面都将被提交,服务器将重新渲染整个页面。另一种提交表单的方法是使用 AJAX,并且在 JavaScript 代码中处理响应信息。由于浏览器不需要重新加载整个页面及页面的所有资源,因此这种方法比常规的 post 请求快得多。在大部

分情况下,可以在等待时显示一些动画,从而带来更好的用户体验。并且通过这种方式不会丢失页面的状态,还可以使用 JavaScript 代码执行一些智能操作。

　　开发者可以手动处理 AJAX 请求,但是 ABP 框架为一些常用的操作提供了内置方法。开发者可以把 data-ajaxForm＝"true"属性添加到任何表单元素(包括 abp-dynamic-form 元素)中,从而使用 AJAX 提交请求,代码如下所示:

```
< abp - dynamic - form abp - model = "Movie"
                    submit - button = "true"
                    data - ajaxForm = "true"
                    id = "MovieForm" />
```

在使用 AJAX 提交表单的情况下,需要修改服务器端的 post 处理程序,代码如下:

```
public async Task < IActionResult > OnPostAsync()
{
    ValidateModel();
    //创建新电影
    return NoContent();
}
```

　　ValidateModel 方法用于验证用户输入,并在输入模型无效的情况下抛出 AbpValidationException 异常,它由 AbpPageModel 基类定义。如果不想使用该方法,则可以检查 if(ModelState.IsValid),从而添加自定义验证逻辑。在表单有效的情况下,通常会把提交的影片信息保存到数据库。然后可以向客户端返回处理结果。本示例不需要返回数据,因此可以返回 NoContent。

　　在使用 AJAX 提交表单的情况下,通常希望在表单成功提交时提示用户。以下代码通过处理表单的 abp-ajax-success 事件实现该功能。

```
$ (function (){
    $ ('♯MovieForm').on('abp - ajax - success', function(){
        $ ('♯MovieForm').slideUp();
        abp.message.success('Successfully saved, thanks:)');
    });
});
```

　　在上述示例代码中,为表单的 abp-ajax-success 事件注册了一个回调函数。开发者可以在该回调函数中实现所需的任何处理逻辑。例如,调用 JQuery 的 slideUp 方法隐藏表单,然后调用 abp.message.success 方法在 UI 上显示一条成功的信息。12.8 节将再次讨论 abp.message 这个 API。

　　AJAX 请求的异常处理逻辑与整个页面提交的方式不同。在 AJAX 请求中,ABP 框架处理所有异常,并向客户端返回一个合适的 JSON,然后由客户端自动处理错误。假设有一个服务器端的验证错误,服务器返回一条验证错误消息,客户端将显示一个消息框,如图 12.12 所示。

图 12.12　在 AJAX 表单提交中的
服务器端验证错误消息

　　无论发生任何异常，都将显示该消息框，包括自定义异常和 UserFriendlyException。关于异常处理的更改信息，可以参阅 7.4 节。

　　该示例除了使用 AJAX 提交表单并处理异常外，还能够防止由于再次单击 Submit 按钮而重复提交表单，该功能由 ABP 框架实现。它把 Submit 按钮设置为忙碌状态，并把按钮上的文本更改为"Processing…"，直到请求完成。可以通过设置 Submit 按钮的 data-busy-text 属性来修改该文本。

12.7　模态框

　　模态框是创建交互式用户界面必不可少的组件之一。它可以在不改变当前页面布局的情况下从用户获得响应或向用户展示一些信息。

　　Bootstrap 提供了一个模态框组件，但是在页面上显示模态框需要一些样板代码。ABP框架提供了 abp-modal 标签呈现模态框组件，在大部分场景下简化了模态框的使用方法。模态框代码需要放置在打开模态框的页面中，这使模态框难于重用。ABP 框架为模态框提供了 JavaScript API，用于动态加载和控制模态框。它也适用于模态框中有表单的情况。

12.7.1　基础模态框

　　在基于 ABP 框架的应用程序中，建议把模态框定义为单独的 RazorPage（在使用 MVC模式的情况下定义为视图），因此需要创建一个新的 Razor Page。假设新创建的 Razor Page的文件名为 MySimpleModal.cshtml，位于 Pages 文件夹中，它对应的 C#代码如下：

```csharp
public class MySimpleModalModel : AbpPageModel
{
    public string Message { get; set; }

    public void OnGet()
    {
        Message = "Hello modals!";
    }
}
```

　　上述示例代码中包含一个 Message 属性，用于指定模态框中显示的文本信息。视图端的代码如下所示：

```
@page
@model MvcDemo.Web.Pages.MySimpleModalModel
@{
    Layout = null;
}
<abp-modal>
    <abp-modal-header title="My header"></abp-modal-header>
    <abp-modal-body>
        @Model.Message
    </abp-modal-body>
    <abp-modal-footer buttons="Close"></abp-modal-footer>
</abp-modal>
```

在上述示例代码中,Layout ＝ null 语句非常重要,因为要通过 AJAX 请求这个页面,请求的响应信息中应该只包括模态框的内容,不包括标准布局。abp-modal 是一个用于呈现 HTML 模态框的主标签。abp-mode-header、abp-mode-body 和 abp-mode-footer 是用于呈现模态框不同部分的标签,有一些不同的可配置选项。在上述示例代码中,模态框的主体非常简单,只是展示了 Message 中的内容。

至此已经定义好模态框,但是还需要在页面中使用合适的方法打开它。ABP 框架提供了一个名为 ModalManager 的 JavaScript API 来控制模态框。首先,需要在想要打开模态框的页面中创建一个 ModalManager 对象,代码如下:

```
var simpleModal = new abp.ModalManager({
    viewUrl: '/MySimpleModal'
});
```

abp.ModalManager 包含了几个选项,其中最基本的是 viewUrl,用于指定将要加载的模态框的 URL。在得到 ModalManager 后,就可以调用它的 open 方法打开模态框,代码如下:

```
$(function (){
    $('#Button1').click(function (){
        simpleModal.open();
    });
});
```

上述示例代码假设页面中有一个 ID 为 Button1 的按钮。当用户单击该按钮时将打开该模态框,模态框的显示效果如图 12.13 所示。

通常需要在模态框中创建动态内容,因此在打开模态框时需要传递一些参数。可以把一个对象传递给 open 方法,该对象包含创建模态框所需的参数,代码如下:

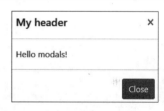

图 12.13　一个简单的模态框

```
simpleModal.open({
    productId: 42
});
```

在上述示例代码中,向模态框传递了 productId 参数,用于指定需要展示详细信息的产品。可以把相同的参数添加到 MySimpleModalModel 类的 OnGet 方法中,从而在该方法中获得所需的值,代码如下:

```
public void OnGet(int productId)
{
    ...
}
```

可以从数据库中获取产品的信息,并在模态框主体中展示产品的详细信息。

12.7.2　模态框中的表单

模态框广泛用于向用户展示表单。ABP 框架提供的 ModalManager API 优雅地为开发者处理了一些任务，包括：

（1）把焦点定位到第一个输入项上。

（2）当按 Enter 键或单击 Save 按钮时，触发验证检查。除非表单完全有效，否则不允许提交表单。

（3）通过 AJAX 提交表单，禁用模态框中的按钮，并显示一个进度图标直到完成保存操作。

（4）在已经输入了一些数据，并单击 Cancel 按钮或关闭模态框时，提示有未保存的数据。

假设在创建新电影时需要显示一个模态框，并且已经创建了一个名为 ModalWithForm.cshtml 的 Razor Page。页面对应的 C♯ 文件与 12.6.4 节类似，代码如下：

```csharp
public class ModalWithForm : AbpPageModel
{
    [BindProperty]
    public MovieViewModel Movie { get; set; }

    public void OnGet()
    {
        Movie = new MovieViewModel();
    }

    public async Task<IActionResult> OnPostAsync()
    {
        ValidateModel();
        //TODO: 创建新电影
        return NoContent();
    }
}
```

OnPostAsync 方法首先验证用户输入。如果表单无效，则抛出一个异常，并由 ABP 框架在服务器端和客户端处理。可以向客户端返回一个响应，但是在上述示例代码中只返回了 NoContent 响应。

模态框的视图端代码略有不同，因为这里混合使用了表单和模态框，具体如下：

```razor
@page
@using Volo.Abp.AspNetCore.Mvc.UI.Bootstrap.TagHelpers.Modal
@model MvcDemo.Web.Pages.ModalWithForm
@{
    Layout = null;
}
<form method="post" asp-page="/ModalWithForm">
    <abp-modal>
        <abp-modal-header title="Create new movie">
        </abp-modal-header>
        <abp-modal-body>
            <abp-input asp-for="Movie.Name" />
            <abp-select asp-for="Movie.Genre" />
            <abp-input asp-for="Movie.Description" />
```

```
                < abp - input asp - for = "Movie.Price" />
                < abp - input asp - for = "Movie.ReleaseDate" />
                < abp - input asp - for = "Movie.PreOrder" />
        </abp - modal - body >
        < abp - modal - footer buttons = "@(AbpModalButtons.Cancel|AbpModalButtons.Save)">
        </abp - modal - footer >
    </abp - modal >
</form >
```

abp-modal 标签放在了 form 组件内部。这里没有把 form 标签放在 abp-modal-body 元素内部，原因是模态框底部的 Save 按钮（用于提交表单）应该在 form 组件内部，因此把 form 作为视图最外层的组件。其余的代码与之前的基本相同，依然是使用 ABP 框架提供的自定义标签来呈现表单元素。

至此，就可以在 JavaScript 代码中打开该模态框了，代码如下：

```
var newMovieModal = new abp.ModalManager({
    viewUrl: '/ModalWithForm'
});
$(function (){
    $('#Button2').click(function (){
        newMovieModal.open();
    });
});
```

模态框中的表单显示效果如图 12.14 所示。

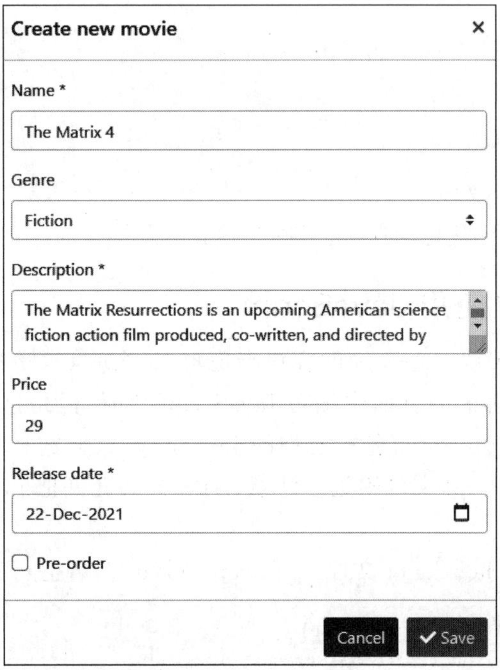

图 12.14　模态框中的表单显示效果

也可以在模态框中使用 abp-dynamic-form 标签，上述代码可以重写为：

```
< abp - dynamic - form abp - model = "Movie"asp - page = "ModalWithForm">
    < abp - modal >
        < abp - modal - header title = "Create new movie!">
        </abp - modal - header >
        < abp - modal - body >
            < abp - form - content/>
        </abp - modal - body >
        < abp - modal - footer buttons = "@(AbpModalButtons.Cancel|AbpModalButtons.Save)">
        </abp - modal - footer >
    </abp - modal >
</abp - dynamic - form >
```

和之前的做法一样，这段代码把 abp-modal 组件放在了 abp-dynamic-form 元素内部。该示例的要点是在 abp-modal-body 元素内部放置了< abp-form-content/>标签。< abp-form-content/>是一个可选标签，用于指定 abp-dynamic-form 标签中的表单输入部分放置的位置。

通常希望在保存过模态框中的表单后执行一些操作。可以为 ModalManager 的 onResult 事件注册一个回调函数，代码如下：

```
newMovieModal.onResult(function (e, data){
    console.log(data.responseText);
});
```

data.responseText 保存着服务器返回的结果数据。例如，可以从 OnPostAsync 方法返回一个 Content 响应，代码如下：

```
public async Task < IActionResult > OnPostAsync()
{
    ...
    return Content("42");
}
```

ABP 框架简化了这些常见的任务，否则开发者需要编写大量的样板代码。

12.7.3 模态框中使用 JavaScript

如果模态框中需要实现一些高级的客户端逻辑，那么就需要编写一些自定义 JavaScript 代码。可以在打开该模态框的页面中编写 JavaScript 代码，但是这样做违背了模块化的初衷，降低了代码的可重用性。最好把模态框的 JavaScript 代码放在一个单独的文件中，理想情况是位于模态框的.cshtml 文件附近。注意，ABP 框架允许把 JavaScript 文件放在 Pages 文件夹下。

为此，创建一个新的 JavaScript 文件，并在 abp.modals 命名空间定义一个函数，代码如下：

```
abp.modals.MovieCreation = function () {
    this.initModal = function(modalManager, args) {
        var $ modal = modalManager.getModal();
        var preOrderCheckbox = $ modal.find('input[name = "Movie.PreOrder"]');
        preOrderCheckbox.change(function(){
```

```
            if (this.checked){
                alert('checked pre-order!');
            }
        });
        console.log('initialized the modal...');
    }
};
```

创建该 JavaScript 类后,可以在创建 ModalManager 实例时把它与模态框关联,代码如下:

```
var newMovieModal = new abp.ModalManager({
    viewUrl: '/ModalWithForm',
    modalClass: 'MovieCreation'
});
```

在每次打开模态框时,ModalManager 都会创建一个 abp.modals.MovieCreation 类的新实例,并在定义了 initModal 方法的情况下调用该方法。initModal 方法需要两个参数:第一个是与该模态框关联的 ModalManager 实例,以便可以调用它的函数;第二个参数是在打开模块框时传递给 open 函数的参数。

可以在 initModal 方法中准备模态框的内容及注册模态框组件所需的回调函数。在前面的示例中,获得了模态框的实例和 JQuery 对象,找到 Movie.PreOrder 复选框对象,并为它的 change 事件注册回调函数,以便用户在勾选它时执行自定义逻辑。

由于还没有把该 JavaScript 文件添加到页面中,因此该示例程序仍然无法正常工作。可以使用以下两种方法把它添加到页面中。

(1) 在打开模态框的页面中使用 abp-script 标签把 JavaScript 文件引入到页面文件中。

(2) 通过设置 ModalManager 的方式来延迟加载 JavaScript 文件。

第一种方法很简单,只需要在想要打开该模态框的页面中添加以下代码:

```
<abp-script src="/Pages/ModalWithForm.cshtml.js" />
```

如果想要延迟加载该模态框的脚本文件,可以配置 ModalManager,代码如下:

```
var newMovieModal = new abp.ModalManager({
    viewUrl: '/ModalWithForm',
    scriptUrl: '/Pages/ModalWithForm.cshtml.js',
    modalClass: 'MovieCreation'
});
```

在上述示例代码中,把该模态框的 JavaScript 文件的 URL 传递给参数 scriptUrl。在首次打开该模态框时,ModalManager 会延迟加载指定的 JavaScript 文件。在第二次打开该模态框(没有刷新整个页面)的情况下,不会再次加载该脚本。

本节主要探讨了表单、验证和模态框的使用方法。这是典型 Web 应用程序的基本组成部分。

12.8　JavaScript API

本节将介绍一些 ABP 框架提供的常用客户端 API。其中一些 API 方便了客户端使用服务器端定义的功能，如身份验证和本地化。另外一些 API 则为 UI 中一些通用的模式提供了解决方案，如消息框和通知。

所有的客户端 JavaScript API 都是定义在 abp 命名空间下的全局对象和函数。首先介绍如何在 JavaScript 代码中获取当前用户的信息。

12.8.1　获得当前用户信息

服务器端使用 ICurrentUser 服务获取当前登录用户的信息。在 JavaScript 代码中，可以使用全局对象 abp.currentUser，代码如下：

```
var userId = abp.currentUser.id;
var userName = abp.currentUser.userName;
```

通过上述方式，就可以获得当前登录用户的 ID 和用户名。下面的 JSON 对象展示了 abp.currentUser 对象包含的所有信息。

```
{
  isAuthenticated: true,
  id: "813108d7 - 7108 - 4ab2 - b828 - f3c28bbcd8e0",
  tenantId: null,
  userName: "john",
  name: "John",
  surName: "Nash",
  email: "john.nash@abp.io",
  emailVerified: true,
  phoneNumber: " + 901112223342",
  phoneNumberVerified: true,
  roles: ["moderator","manager"]
}
```

在用户没有登录的情况下，这些值将都是 null 或 false。abp.currentUser 对象提供了一种获取当前用户信息的简单方法。

12.8.2　检查用户权限

ABP 框架的授权和权限管理系统为定义权限和在运行时检查当前用户的权限提供了强大的支持。在 JavaScript 代码中，可以方便地调用与 abp.auth 相关的 API 来检查权限。

以下代码检查当前用户是否拥有 DeleteProduct 权限。

```
if (abp.auth.isGranted('DeleteProduct')) {
  // TODO: 删除产品
} else {
  abp.message.warn("You don't have permission to delete products!");
}
```

在当前用户被授予给定的权限或策略的情况下,abp.auth.isGranted 返回 true。在上述示例代码中,如果用户没有被授予给定的权限,则调用 ABP 框架的消息 API 展示一条警告消息,可参阅 12.8.5 节。

虽然很少使用这些 API,但是当需要获取所有可用的权限/策略时,可以使用 abp. auth.policies 对象;当需要获取当前用户被授予的所有权限/策略时,可以使用 abp.auth. grantedPolicies 对象。

> **基于权限隐藏部分 UI**
>
> 　　客户端权限检查的一个典型的应用场景是根据用户的权限隐藏某些部分的 UI,如操作按钮。虽然 abp.auth API 可以通过动态获取权限的方式实现上述功能,但是建议在 Razor Pages/视图中尽可能使用标准的 IAuthorizationService 服务来根据权限呈现 UI 元素。

需要注意的是,客户端权限检查只是为了提高用户体验,并不能保证安全性。开发者应该始终需要在服务器端检查权限。

12.8.3　检查租户功能

功能系统(feature system)用于根据当前租户的信息确定开放给该租户的应用程序的功能/特性。第 16 章将详细介绍 ABP 框架的多租户基础设施。本节将主要探讨如何在基于 ASP.NET Core MVC/Razor Pages 技术的 UI 中检查租户的功能。

abp.features API 用于检查当前租户的功能。假设需要实现一个从 Mailchimp(一个云电子邮件营销平台)导入电子邮件列表的功能,并且已经定义了一个名为 MailchimpImport 的功能,可以方便地使用以下代码检查当前租户是否启用了该功能。

```
if (abp.features.isEnabled('MailchimpImport'))
{
    // TODO:从 Mailchimp 导入
}
```

abp.features.isEnabled 只有在给定功能对应的值为 true 时才返回 true。ABP 框架的功能系统也允许开发者定义非布尔类型的功能值。在这种情况下,可以使用 abp.features. get(…)函数获取当前租户的功能值。

在客户端检查租户的功能可以非常方便地执行一些客户端逻辑,但是为了程序的安全性,在服务器端检查租户的功能还是必不可少的。

12.8.4　本地化字符串

ABP 框架的本地化系统的一个强大功能是可以在客户端重用服务器端定义的本地化字符串,开发者不必在 JavaScript 代码中维护另一种本地化库。

在 JavaScript 代码中可以使用 abp.localization API 来访问本地化系统,以下代码演示了该 API 的最简单的用法。

```
var str = abp.localization.localize('HelloWorld');
```

localize 方法需要一个本地化键名作为参数,并且基于当前语言返回该键名对应的本地化字符串值。该方法使用默认的本地化资源。如果需要,可以把本地化资源名作为第二个参数传递给该方法,代码如下:

```
var str = abp.localization.localize('HelloWorld', 'MyResource');
```

上述示例代码把 MyResource 指定为需要使用的本地化资源。在需要本地化位于同一资源中的大量字符串时,可以使用以下更简单的写法:

```
var localizer = abp.localization.getResource('MyResource');
var str = localizer('HelloWorld');
```

这样,就可以使用 localizer 对象从同一个资源中获取本地化文本。

JavaScript 本地化 API 与服务器端的 API 在找不到本地化键名对应的本地化值时的回退逻辑是相同的,都返回本地化键名字符串。

如果本地化字符串包含占位符,那么开发者可以通过传递参数的方式指定占位符对应的值。假设本地化 JSON 文件中有以下本地化资源:

```
"GreetingMessage": "Hello {0}!"
```

可以把占位符处需要的值通过参数传递给 localizer 或 abp.localization.localize 函数,代码如下:

```
var str = abp.localization.localize('GreetingMessage', 'John');
```

对于上述示例,str 的值是“Hello John!”。在有多个占位符的情况下,可以按照占位符的顺序向 localizer 函数传递多个参数。

除了需要本地化文本外,开发者可能还需要知道当前的文化和语言,以便执行一些额外的操作。abp.localization.currentCulture 对象包含关于当前文化和语言的详细信息。此外,abp.localization.languages 的值是当前应用程序中所有可用的语言。大部分情况下,开发者不会直接调用这些 API,因为主题负责向用户展示语言列表,并提供切换当前语言的功能。当然在需要时,可以通过上述 API 访问语言数据。

至此已经介绍完如何在客户端使用 ABP 框架的服务器端提供的功能。

12.8.5　展示消息框

展示阻塞的消息框来通知用户应用程序中发生了重要的事情是非常常见的。本节将探讨如何在应用程序中展示消息框和确认对话框。

abp.message API 用于显示消息框以通知用户,包括以下 4 种。

(1) abp.message.info:展示一般信息。

(2) abp.message.success:展示操作成功消息。

(3) abp.message.warn:展示警告消息。

(4) abp.message.error:展示错误消息。

假设存在如下代码:

```
abp.message.success('Your changes have been successfully saved!', 'Congratulations');
```

上述示例代码调用了 success 方法来展示操作成功消息。第一个参数是消息的正文,第二个参数是可选的,是消息的标题。显示效果如图 12.15 所示。

消息框是阻塞的,意味着页面被阻塞(即不可操作),直到用户单击 OK 按钮为止。

另一种消息框用于确认操作意图。abp.message.confirm 方法用于展示一个需要获取用户响应的对话框,代码如下:

```
abp.message.confirm('Are you sure to delete this product?').then(function(confirmed){
    if(confirmed){
        // TODO:删除产品
    }
});
```

confirm 方法的返回值是 Promise 类型的对象,因此可以通过 then 方法指定一个回调函数,用于在用户单击 Yes 按钮或 Cancel 按钮时执行一些代码。图 12.16 展示了上述代码创建的确认对话框的显示效果。

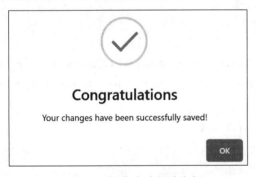

图 12.15　操作成功的消息框

图 12.16　确认对话框

消息框是吸引用户注意力的好方法。还有另外一种方法可以做到这一点,下面将进行介绍。

12.8.6　展示通知

通知以一种非阻塞的方式告知用户发生了某些事件,一般显示在屏幕的右下角,并在几秒后自动消失。通知包括以下 4 种类型。

(1) abp.notify.info:展示一般的通知信息。

(2) abp.notify.success:展示操作成功的通知。

(3) abp.notify.warn:展示警告通知。

(4) abp.notify.error:展示错误通知。

以下代码用于展示一般的通知信息。

```
abp.notify.info(
    'The product has been successfully deleted.',
    'Deleted the Product'
);
```

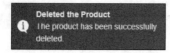

图 12.17　一般的通知信息

第二个参数是通知的标题,它是可选参数。上述示例代码的运行效果如图 12.17 所示。

开发者也可以使用通知的 API 来关闭通知消息框。

本节仅介绍了一些最常用的 API。还有更多可以在 JavaScript 代码中使用的 API,关于它们的细节可以参阅 ABP 框架的官方文档 https://docs.abp.io/en/abp/latest/UI/AspNetCore/JavaScript-API/Index。

12.9　调用 HTTP API

开发者可以使用任意工具或技术在 JavaScript 代码中访问服务器端定义的 HTTP API。ABP 框架集成了以下 3 个方案。

(1) 使用 abp.ajax API,它扩展了 jQuery.ajax API。

(2) 使用动态 JavaScript 客户端代理来访问服务器端的 API。使用该方法调用服务器端的 HTTP API 就像调用 JavaScript 函数一样。

(3) 在开发时生成静态 JavaScript 客户端代理。

12.9.1　abp.ajax API

abp.ajax API 是对标准 jQuery.ajax API 的封装。它能够自动处理所有错误,并在出现错误时向用户展示本地化消息。它还向 HTTP 头部添加了防伪令牌来保护服务器免受跨站请求伪造(Cross-Site Request Forgery,CSRF)攻击。

以下代码使用 abp.ajax API 从服务器获取用户列表。

```
abp.ajax({
  type: 'GET',
  url: '/api/identity/users'
}).then(function(result){
  // TODO:处理返回的结果
});
```

在上述示例代码中,请求类型被指定为 GET。开发者可以为该 API 指定 jQuery.ajax 或 $.ajax 支持的所有标准选项来覆盖默认值。abp.ajax 的返回值为 Promise 类型的对象,可以调用 then 方法添加回调函数,以处理服务器返回的结果。还可以调用 catch 方法添加处理错误的回调函数,调用 always 方法添加在请求结束时执行的回调函数。

以下代码演示了如何手动处理错误。

```
abp.ajax({
  type: 'GET',
  url: '/api/identity/users',
  abpHandleError: false
}).then(function(result){
  // 处理返回的结果
}).catch(function(){
  abp.message.error("request failed :(");
});
```

在 then 方法后通过调用 catch 方法指定了回调函数。在该回调函数中执行错误处理的逻辑。还指定了 abpHandleError：false 选项禁止 ABP 框架自动处理错误，否则 ABP 框架将处理该错误，并向用户展示错误信息。

abp.ajax 是底层 API。通常可以使用动态客户端代理或静态客户端代理访问自己的 HTTP API。

12.9.2　动态客户端代理

第 3 章的示例应用程序已经使用过动态 JavaScript 客户端代理系统。ABP 框架在运行时生成 JavaScript 函数，以方便客户端访问应用程序的所有 HTTP API。

在第 3 章中定义的 IProductAppService 服务包含两个方法，代码如下：

```
namespace ProductManagement.Products
{
    public interface IProductAppService : IApplicationService
    {
        Task CreateAsync(CreateUpdateProductDto input);
        Task < ProductDto > GetAsync(Guid id);
    }
}
```

在客户端中，这些方法都位于相同的命名空间中。例如，通过产品 ID 获取产品详细信息的代码如下：

```
productManagement.products.product
  .get('1b8517c8 - 2c08 - 5016 - bca8 - 39fef5c4f817')
  .then(function (result) {
    console.log(result);
  });
```

productManagement.products 是 C♯代码中 ProductManagement.Products 命名空间的驼峰式写法。product 是 IProductAppService 的简称，规则为：把 IProductAppService 中的 I 前缀和 AppService 后缀移除后，将剩余部分转换为驼峰式写法。因此，C♯代码中的 GetAsync 方法在 JavaScript 代码中对应 get 函数。get 函数的参数与 C♯中方法的参数相同。该函数的返回值为 Deferred 类型的对象，可以链式地调用返回对象的 then 方法、catch 方法或 always 方法来设置回调函数，用法与 abp.ajax API 类似。该方法内部通过调用 abp.ajax API 发送 HTTP 请求。在上述示例代码中，then 函数中的 result 参数存放着服务器返回的 ProductDto 对象。

其他方法的用法与此类似。例如，创建一个新产品的代码如下：

```
productManagement.products.product.create({
  categoryId: '5f568193 - 91b2 - 17de - 21f3 - 39fef5c4f808',
  name: 'My product',
  price: 42,
  isFreeCargo: true,
  releaseDate: '2023 - 05 - 24',
  stockState: 'PreOrder'
});
```

在上述示例代码中,以 JSON 对象的格式把 CreateUpdateProductDto 类型的对象作为参数传递给 create 方法。

在某些情况下,可能需要为 HTTP API 调用设置一些额外的 AJAX 选项,可以把这些选项打包为一个对象作为代理函数的最后一个参数,代码如下:

```
productManagement.products.product.create({
    categoryId: '5f568193 - 91b2 - 17de - 21f3 - 39fef5c4f808',
    name: 'My product',
    //其他值
}, {
    url: 'https://localhost:21322/api/my - custom - url',
    headers: {
        'MyHeader': 'MyValue'
    }
});
```

在上述示例代码中,设置了 HTTP 请求的 URL,并向 HTTP 请求头中添加了一个自定义项。其他选项的详细信息可以参阅 jQuery 的官方文档 https://api.jquery.com/jquery.ajax/。

动态 JavaScript 客户端代理函数是在运行时由应用程序的 /Abp/ServiceProxyScript 端点生成的。该 URL 由主题的布局系统引入到页面中,开发者无须导入任何脚本就可以直接调用这些代理函数。

12.9.3 静态客户端代理

与运行时生成动态客户端代理不同,静态客户端代理是在开发时生成的。开发者可以使用 ABP CLI 生成代理脚本文件。

首先,由于 HTTP API 端点的数据由服务器提供,因此需要运行提供 HTTP API 服务的应用程序。然后,可以使用 generate-proxy 命令生成代理脚本,完整的命令如下:

```
abp generate - proxy - t js - u https://localhost:44349
```

generate-proxy 命令可以接受以下 3 个参数。

(1) -t(必选):需要生成的代理脚本的类型。上述命令中设置为 js 来生成 JavaScript 代理脚本文件。

(2) -u(必选):API 端点的根 URL。

(3) -m(可选):需要生成的代理脚本的模块名称。默认值是 app,用于为应用程序生成代理脚本。在模块化应用程序中,此处可以使用模块的名称。

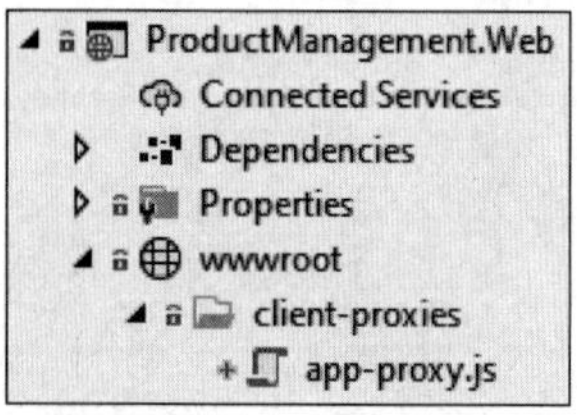

生成的静态 JavaScript 代理脚本文件位于 wwwroot/client-proxies 文件夹中,如图 12.18 所示。

然后,开发者可以把代理脚本文件导入到任意页面中,并像使用动态代理函数那样使用这些静态代理函数。

使用静态代理时不需要启用动态代理系统。ABP 框架默认是启用动态代理系统的。开发者可以通过配置 DynamicJava-

图 12.18 静态 JavaScript 代理脚本文件

ScriptProxyOptions 选项来禁用这项功能,代码如下:

```
Configure<DynamicJavaScriptProxyOptions>(options => {
    options.EnabledModules.Remove("app");
});
```

EnabledModules 列表默认包含 app。在构建模块化应用程序并希望为该模块启用动态 JavaScript 代理时,开发者需要把该模块名显式地添加到 EnabledModules 列表中。

12.10 小结

本章介绍了 ABP 框架中 MVC/Razor Pages UI 的设计理念和基本功能。

主题系统定义了一组基础库和标准布局,开发者可以基于它们构建独立于主题/风格的模块和应用程序,并且能够方便地切换 UI 主题。

然后介绍了整个开发周期都需要用到的打包和压缩系统,探讨了如何在应用程序中导入和使用客户端依赖项,并且讨论了在生产环境中优化这些资源的方法。

ABP 框架通过自定义标签的方式,提供了一种方便的方法创建表单、实现前端数据验证和本地化。还介绍了如何把标准的表单转换为使用 AJAX 提交的表单。

本章还介绍了一些 JavaScript API。通过这些 API,客户端可以调用服务器端提供的功能(如授权和本地化),并且能够方便地展示消息框和通知框。

最后介绍了两种在 JavaScript 代码中访问 HTTP API 的方法。

第 13 章将介绍在 ABP 框架中使用 Blazor UI 的方法,该技术使用 C♯ 而不是 JavaScript 来构建交互式的 Web UI。

第 13 章
使用 Blazor WebAssembly 构建 UI

相对来说,Blazor 是一个比较新的 SPA 框架,它使用 C♯ 而不是 JavaScript 来构建交互式 Web 应用程序。ABP 框架原生支持使用 Blazor 构建 Web UI。

本章将简要讨论什么是 Blazor,以及使用这个新框架的主要优缺点。然后,将继续探讨如何创建基于 Blazor UI 选项的 ABP 框架的解决方案。最后,将介绍 ABP 框架集成 Blazor 的设计理念和架构,并介绍在应用程序开发时用到的一些 ABP 框架提供的基础服务。

13.1 准备工作

若要运行本章的示例程序,需要一个支持 ASP. NET Core 开发的 IDE/编辑器。本章的某些示例需要使用 ABP CLI,安装方法参见第 2 章。读者可以从 GitHub 仓库 https://github.com/PacktPublishing/Mastering-ABP-Framework 下载本章的部分示例代码。

13.2 什么是 Blazor

Blazor 是一个用于构建交互式 Web 应用程序的 SPA 框架,与其他 SPA 框架类似,如 Angular、React 和 Vue. js。然而,Blazor 与它们相比存在一个重要的区别: 开发者可以使用 C♯ 而不是 JavaScript 来构建 Web 应用程序,也就意味着可以在浏览器中运行. NET。Blazor 使用. NET Core 运行时在浏览器中运行. NET 代码(针对 Blazor WebAssembly)。

在浏览器中运行. NET 并不是一件新鲜事。微软的 Silverlight 之前就能够做到这一点。为了运行 Silverlight 应用程序,必须在浏览器上安装一个插件。得益于 WebAssembly 技术,Blazor 在不需要插件的情况下,可以原生地在浏览器中运行。在 https://webassembly. org/上给出的 WebAssembly 的定义为:"WebAssembly(简称 Wasm)是针对堆栈虚拟机设计的一种二进制指令格式。Wasm 被设计为编程语言的可移植编译目标,使客户端和服务器端应用程序能够部署到 Web 上。"

高级语言(如 C♯)可以被编译为 WebAssembly,并能够原生地在浏览器中运行。所有主流的 Web 浏览器都支持 WebAssembly,因此不需要安装任何自定义插件。读者可能会有疑问: Blazor 是不是一个新的 Silverlight? 答案是否定的。

对于. NET 开发者来说,Blazor 有如下 4 个优点。

(1) 可以利用现有的 C♯ 技能开发应用程序,并且可以充分利用 C♯ 语言和运行时的强大功能。

（2）可以使用现有的.NET 库，如开发者喜欢的 NuGet 包。

（3）可以在服务器端和客户端共享代码，如 DTO 类、应用服务契约、本地化和验证代码。

（4）可以使用熟悉的 Razor 语法来构建 UI 页面和组件。

Blazor 除了可以使用 C♯，还可以在 JavaScript 代码中调用 C♯，当然也可以在 C♯ 中调用 JavaScript。这意味着既可以使用现有的 JavaScript 库，还可以在需要的时候编写 JavaScript 代码。

对于.NET 开发者来说，在服务器端和客户端应用程序之间共享 C♯ 代码是一个巨大的优势。ABP 框架也利用这一点，尽可能多地在 MVC/Razor Pages UI 和 Blazor UI 之间共享基础设施代码。在代码层面，许多服务都与 MVC/Razor Pages UI 非常类似。

尽管 Blazor 能给.NET 开发者和软件项目经理带来很多便利，并希望在未来的项目中使用它，但它也有以下 3 个缺点。

（1）在打包后文件大小、初始加载时间和运行性能方面不如其他基于 JavaScript 的框架，如 Angular 和 React。然而，微软正在优化 Blazor 以提高它的性能，如在.NET 6.0 中引入了提前（Ahead-of-Time，AoT）编译。

（2）UI 组件和生态系统还不成熟。

（3）调试不是很方便。

如果在项目中可以忍受这些缺点，那么可以开始使用 Blazor。

Blazor 有两种运行时模型。到目前为止，主要讨论的是第一种，即 Blazor WebAssembly。第二种运行时模型称作 Blazor Server。虽然组件开发模型是相同的，但是托管逻辑和运行时模型是完全不同的。

在 Blazor WebAssembly 模型中，.NET 代码可以基于 Mono 运行时运行在浏览器中，这些代码不必在服务器端运行。由一小段 JavaScript 代码负责下载标准的.NET 动态链接库（Dynamic Link Library，DLL）以初始化运行环境，并在浏览器中运行它们。这个模型与 Angular 和 React 类似，它们都在浏览器中运行客户端的逻辑代码。

然而，Blazor Server 完全在服务器端运行.NET 代码。它会在客户端和服务器之间建立一个实时的 SignalR 连接。浏览器使用 JavaScript 代码通过 SignalR 连接与服务器通信。它向服务器发送事件，然后服务器运行必要的.NET 代码，并把文档对象模型（Document Object Model，DOM）的变化发送到浏览器，最后浏览器修改 DOM 来更新 UI。

与 Blazor WebAssembly 相比，Blazor Server 模型的初始加载时间更短。然而，所有的事件和 DOM 更改都需要与服务器通信，因此需要在服务器和客户端之间建立一个良好且稳定的连接。

本章将重点介绍 Blazor WebAssembly，但是大部分内容也同样适用于 Blazor Server。

接下来开始介绍在 ABP 框架中集成 Blazor 的方法。

13.3　ABP 框架的 Blazor UI 入门

使用 ABP 框架的启动解决方案模板创建新项目有两种方法：直接从 https://abp.io/get-started 下载解决方案；使用 ABP CLI 创建解决方案。这里将介绍第二种方法。如果还没有安装 ABP CLI，可以打开一个命令行，并执行如下命令：

```
dotnet tool install - g Volo.Abp.Cli
```

这样,就可以使用 abp new 命令来创建解决方案,完整的命令如下:

```
abp new DemoApp - u blazor
```

在上述命令中,DemoApp 是解决方案的名称。这里设置了-u blazor 参数指定解决方案使用 Blazor WebAssembly 技术。如果想要使用 Blazor Server,可以把参数设置为-u blazor-server。

这里没有指定数据库提供程序,所以默认使用 Entity Framework Core。如果想要使用 MongoDB,可以把参数设置为-d mongodb。创建解决方案后,需要创建初始数据库迁移。在 src/DemoApp.DbMigrator 目录下执行如下命令:

```
dotnet run
```

该命令以代码优先的方式创建初始数据库迁移代码,并把它应用于数据库。该解决方案包含以下两个应用程序。

（1）托管 HTTP API 并提供身份验证 UI 的服务器（后端）应用程序。

（2）前端 Blazor WebAssembly 应用程序,它包含应用程序的 UI,并负责与服务器通信。

因此,首先运行 DemoApp.HttpApi.Host 服务器应用程序。然后,运行 DemoApp.Blazor 这个提供 UI 的应用程序。单击 Login 按钮,输入 admin 作为用户名,1q2w3E * 作为密码,以登录应用程序。

这个应用程序的细节参见第 2 章。13.4 节将探讨如何验证用户的身份。

13.4　用户身份验证

微软建议使用 OpenID Connect（OIDC）作为 Blazor WebAssembly 应用程序中的身份验证方式。ABP 框架在启动模板中已经预配置了这种方式。

Blazor 应用程序不包含登录、注册或其他与身份验证相关的 UI 页面。它使用带有代码交换验证密钥（Proof Key for Code Exchange,PKCE）的授权代码（authorization code）流把用户重定向到服务器应用程序。服务器处理所有身份验证逻辑并把用户重定向回 Blazor 应用程序。

身份验证的配置信息存储在 wwwroot/appsettings.json 文件中,内容如下:

```
"AuthServer": {
  "Authority": "https://localhost:44306",
  "ClientId": "DemoApp_Blazor",
  "ResponseType": "code"
}
```

在上述配置信息中,Authority 用于指定后台服务器应用程序的根 URL。ClientId 用于指定服务器需要知道的 Blazor 应用程序的名称。ResponseType 被指定为授权代码流。

模块类需要使用上述配置信息,对于该示例来说是 DemoAppBlazorModule 类,代码如下:

```
private static void ConfigureAuthentication(WebAssemblyHostBuilder builder)
{
    builder.Services.AddOidcAuthentication(options =>
    {
        builder.Configuration.Bind("AuthServer", options.ProviderOptions);
        options.UserOptions.RoleClaim = JwtClaimTypes.Role;
        options.ProviderOptions.DefaultScopes.Add("DemoApp");
        options.ProviderOptions.DefaultScopes.Add("role");
        options.ProviderOptions.DefaultScopes.Add("email");
        options.ProviderOptions.DefaultScopes.Add("phone");
    });
}
```

AuthServer 是配置文件中的键名,它与指定的配置键名匹配。如果想要自定义身份验证选项,则可以在该方法中设置。例如,可以修改请求的范围或 OIDC 配置。关于 Blazor WebAssembly 身份验证的更多信息,可以参阅微软的文档 https://docs.microsoft.com/en-us/aspnet/core/blazor/security/webassembly/。

13.5　主题系统

ABP 框架为 Blazor UI 提供了一个主题系统,它与第 12 章介绍的主题系统类似。主题系统为应用程序开发提供了灵活性,使开发的应用程序和模块不必依赖特定的 UI 主题/样式。

Blazor UI 的所有 ABP 框架的主题都依赖一组基础库。Bootstrap 就是这样的一个基础库,它的组件是基于 JavaScript 设计的。一些组件库封装了 Bootstrap 的组件,提供了简单的、方便 Blazor 应用程序调用的. NET API。Blazorise 是这些组件库中的一个。它实际上是一个抽象库,可以与多个 UI 库集成,如 Bootstrap、Bulma 和 Ant Design。ABP 框架的启动模板解决方案使用基于 Bootstrap 的 Blazorise 库。关于 Blazorise 的更多信息及组件的运行效果,可以参阅它的官方网站 https://blazorise.com/。图 13.1 展示了表单组件的运行效果。

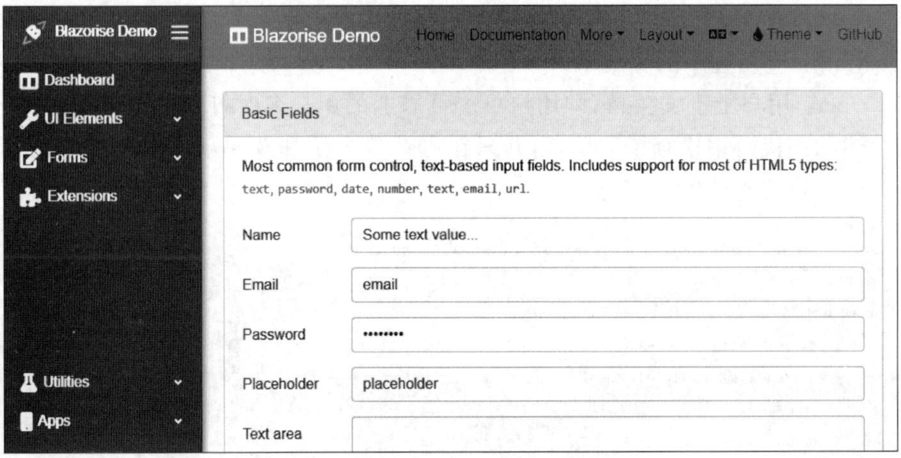

图 13.1　Blazorise Demo：表单组件

ABP 框架的 Blazor UI 除了使用 Blazorise 库外,还使用 Font Awesome 作为 CSS 字体图标库。任何模块或应用程序都可以在页面中使用这些库,而无须显式配置依赖。

UI 主题负责呈现布局,包括页眉、菜单、工具栏、页面警告和页脚。

13.6　菜单

在 ABP 框架的 Blazor UI 中,菜单管理的方式与第 12 章介绍的 MVC/Razor Pages UI 中的菜单管理方式非常类似。

可以使用 AbpNavigationOptions 把贡献者类添加到菜单系统中。ABP 框架通过执行这些贡献者类来动态构建菜单。启动模板解决方案包含一个菜单贡献者类,并已经添加到 AbpNavigationOptions 中,代码如下:

```
Configure<AbpNavigationOptions>(options =>
{
    options.MenuContributors.Add(new DemoAppMenuContributor(context.Services.GetConfiguration()));
});
```

DemoAppMenuContributor 类实现了 IMenuContributor 接口。IMenuContributor 接口定义了 ConfigureMenuAsync 方法。以下代码展示了该接口的实现。

```
public class DemoAppMenuContributor : IMenuContributor
{
    public async Task ConfigureMenuAsync(MenuConfigurationContext context)
    {
        if (context.Menu.Name == StandardMenus.Main)
        {
            //配置主菜单
        }
    }
}
```

在 StandardMenus 类(位于 Volo.Abp.UI.Navigation 命名空间)中以常量的方式定义了以下两个标准菜单名。

(1) Main:应用程序的主菜单。

(2) User:用户上下文菜单,即用户单击页眉上的用户名时打开的菜单。

在上述示例代码中检查了菜单名,并只在主菜单中添加菜单项。以下代码用于向主菜单中添加一个新的子菜单。

```
var l = context.GetLocalizer<DemoAppResource>();
context.Menu.AddItem(
    new ApplicationMenuItem(
        DemoAppMenus.Home,
        l["Menu:Home"],
        "/home",
        icon: "fas fa-home"
    )
);
```

开发者可以使用 context.ServiceProvider 对象从依赖注入容器中获取所需的服务。

context. GetLocalizer 是获取 IStringLocalizer < T >实例的快捷方法。类似地，可以调用 context. IsGrantedAsync 快捷方法来检查当前用户的权限，代码如下：

```
if (await context.IsGrantedAsync("MyPermissionName"))
{
    context.Menu.AddItem(...);
}
```

菜单项是可以嵌套的。以下示例代码用于添加一个 Crm 菜单项，并在该菜单项下添加一个 Orders 子菜单项。

```
context.Menu.AddItem(
    new ApplicationMenuItem(
        DemoAppMenus.Crm,
        l["Menu:Identity"]
    ).AddItem(new ApplicationMenuItem(
        DemoAppMenus.Orders,
        l["Menu:Orders"],
        url: "/crm/orders")
    )
);
```

在上述示例代码中，创建了一个 ApplicationMenuItem 对象，并调用它的 AddItem 方法添加一个子菜单项。可以对 Orders 菜单项执行相同的操作来构建更深层次的菜单。

在创建菜单项时使用了本地化服务和授权服务。

13.7　使用 ABP 框架提供的基础服务

本节将介绍如何在 Blazor 应用程序中使用 ABP 框架提供的基础服务。

13.7.1　用户授权

在 Blazor 应用程序中，通常需要根据用户的权限来隐藏/禁用用户界面上的一些页面、组件和功能。尽管服务器总是验证用户权限以确保系统的安全性，但在客户端的授权检查可以提高用户体验。

就像在服务器端检查用户权限一样，客户端也可以使用 IAuthorizationService 服务以编程的方式检查权限/策略。可以通过依赖注入的方式获得该服务，并调用它的方法，代码如下：

```
public partial class Index
{
    protected override async Task OnInitializedAsync()
    {
        if (await AuthorizationService.IsGrantedAsync("MyPermission"))
        {
            // TODO: ...
        }
    }
}
```

AuthorizationService 服务有不同的使用方式,关于授权系统的详细信息可以参阅 7.2 节。上述示例代码中的类继承自 AbpComponentBase 类。由于该类已经预注入了 AuthorizationService 服务,所以可以直接使用它,而不需要手动注入该服务。AuthorizationService 属性的类型是 IAuthorizationService。

在没有继承 AbpComponentBase 类的情况下,可以使用[inject]特性注入该服务,代码如下:

```
[Inject]
private IAuthorizationService AuthorizationService { get; set; }
```

开发者同样可以在 Razor 组件的视图定义文件中使用 IAuthorizationService 服务。也可以使用其他实现方式以使代码更加整洁。例如,开发者可以在组件上使用[Authorize]特性,使只有通过身份验证的用户可以看到该页面,代码如下:

```
@page "/"
@attribute [Authorize]
<p>This page is visible only if you've logged in</p>.
```

这里[Authorize]特性的用法与服务器端的用法类似。可以传递一个策略/权限名称来验证当前用户是否拥有指定的策略/权限,代码如下:

```
@page "/order - management"
@attribute [Authorize("CanManageOrders")]
<p>You can only see this if you have the necessary permission.</p>
```

可以根据用户的权限来确定是否展示 UI 的某些部分。以下示例代码演示了使用 AuthorizeView 元素根据当前用户是否拥有编辑订单的权限来决定是否展示指定的信息。

```
<AuthorizeView Policy = "CanEditOrders">
    <p>You can only see this if you can edit the orders.</p>
</AuthorizeView>
```

通过这种方式,开发者可以有条件地呈现操作按钮或 UI 的其他部分。

ABP 框架完全兼容 Blazor 的授权系统,开发者可以参阅微软的文档 https://docs.microsoft.com/en-us/aspnet/core/blazor/security 来查看更多的示例和详细信息。

13.7.2 本地化用户界面

Blazor 应用程序与服务端应用程序共享相同的本地化系统 API。开发者可以注入并使用 IStringLocalizer<T>服务来获取当前语言的本地化文本。

以下代码演示在 Razor 组件中使用 IStringLocalizer<T>服务的方法。

```
@using DemoApp.Localization
@using Microsoft.Extensions.Localization
@inject IStringLocalizer<DemoAppResource> L
<h3>@L["HelloWorld"]</h3>
```

在上述示例代码中,使用标准的@inject 指令,并通过指定泛型接口 IStringLocalizer<T>参数的方式指定本地化资源类型,以获取本地化服务的实例。该服务与在应用程序其他地方注入的本地化服务是同一个服务。关于本地化系统的更多详细信息可以参阅 8.6 节。

13.7.3　访问当前用户的信息

在应用程序中,有时可能需要知道当前用户的用户名、电子邮件地址和其他详细信息。开发者可以像在服务器端一样,使用 ICurrentUser 服务访问当前用户的信息。以下示例代码演示了根据当前用户名呈现一条欢迎消息的功能。

```
@using Volo.Abp.Users
@inject ICurrentUser CurrentUser
<h3> Welcome @CurrentUser.Name </h3>
```

除了 Name、Surname、UserName 和 Email 等标准属性外,还可以调用 ICurrentUser.FindClaimValue 方法获取由服务器发布的其他自定义声明。

13.8　使用 ABP 框架提供的 UI 服务

向用户展示消息框、通知消息框和警告框是基本每个应用程序都需要的功能。

13.8.1　展示消息框

消息框用于向用户展示阻塞消息或确认对话框。用户可以单击 OK 按钮关闭消息框,也可以单击 Yes 按钮或 Cancel 按钮决定是否允许接下来的操作。

有 5 种类型的消息框,分别是 Info、Success、Warn、Error 和 Confirm。以下代码向用户展示一条 Success 类型的消息。

```
@page "/"
@inherits DemoAppComponentBase
<Button Color = "Color.Primary" Clicked = "ShowSuccess"> Click me!</Button>
@code
{
    private async Task ShowSuccess()
    {
        await Message.Success("This is a success message!");
    }
}
```

在上述示例代码中,Message 属性的类型为 IUiMessageService,它是由 AbpComponentBase 类(DemoAppComponentBase 类继承自该类)定义的。开发者也可以在组件、页面或服务中手动注入 IUiMessageService 服务。该服务的所有方法都包含一个 title 参数和一个用于定制对话框的 options 委托参数。

上述示例代码定义的消息框的显示效果如图 13.2 所示。

下面的示例代码用于向用户展示一个确认对话框。如果用户单击 Yes 按钮,则执行相应的操作。

图 13.2　不带标题的简单 Success 类型的消息框

```
@page "/"
@inherits DemoAppComponentBase
<Button Color = "Color.Primary" Clicked = "ShowQuestion"> Click me!</Button>
@code
{
    private async Task ShowQuestion()
    {
        var result = await Message.Confirm("Are you sure to delete the product?");
        if (result == true)
        {
            //TODO: ...
        }
    }
}
```

上述示例代码中的 Confirm 方法的返回值为 bool 类型，开发者可以通过该值判断出用户是否单击了 Yes 按钮，显示效果如图 13.3 所示。

图 13.3　确认对话框

13.8.2　展示通知消息框

消息框使用户在单击 OK 按钮前无法操作应用程序 UI 的其他部分。通知是一种非阻塞的消息框，它们显示在屏幕的右下角，并在几秒后自动消失。

有 4 种类型的通知消息框，分别是 Info、Success、Warn 和 Error。下面的代码用于展示一个确认对话框，并在用户接受确认消息时显示 Success 类型的通知框。

```
@page "/"
@inherits DemoAppComponentBase
```

```
< Button Color = "Color,Primary" Clicked = "ShowQuestion"> Click me!</Button >
@code
{
    private async Task ShowQuestion()
    {
        var confirmed = await Message.Confirm("Are you sure to delete the product?");
        if (confirmed)
        {
            //删除产品
            await Notify.Success("Successfully deleted the product!");
        }
    }
}
```

在上述示例代码中,Notify 属性是由 AbpComponentBase 类定义的。开发者也可以注入 IUiMessageService 服务,并在任何需要在 UI 上展示通知消息框时使用它。该服务的所有方法都包含一个 title 参数和一个用于定制消息框的 options 委托参数。图 13.4 展示了上述示例代码中 Notify. Success 方法定义的通知信息框。

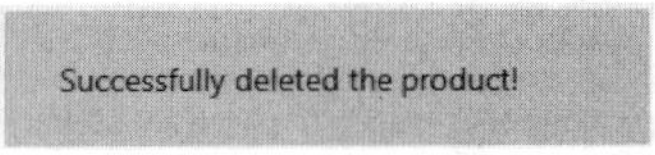

图 13.4　通知信息框

13.8.3　展示警告框

警告框是另一种向用户展示非阻塞消息的方式,在用户不主动关闭它的情况下可以长时间显示。

有 4 种类型的警告框,分别为 Info、Success、Warning 和 Danger。下面的代码用于向用户展示 Success 类型的警告框。

```
@page "/"
@inherits DemoAppComponentBase
< Button Color = "Color. Primary" Clicked = "DeleteProduct"> Click me!</Button >
@code
    {
        private async Task DeleteProduct()
        {
            //删除产品
            Alerts.Success(
            text: "Successfully deleted the product.",
            title: "Deleted!",
            dismissible: true);
        }
    }
```

上述示例代码中的 Alerts 属性是由基类定义的。开发者也可以注入 IAlertManager 服务并调用 IAlertManager. Alerts. Success 方法。

Alert 类的所有方法都需要 text 参数(必选的)、title 参数(可选的)和 dismissible 参数(可选的,默认值为 true)。在 dismissible 参数为 true 的情况下,用户可以通过单击 X 图标关闭它。上述示例代码创建的警告框的显示效果如图 13.5 所示。

警告框由主题负责呈现,通常位于页面顶端。警告框除了有 Info、Success、Warning 和

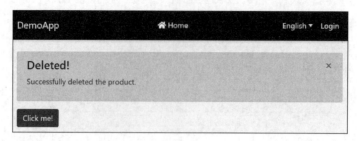

图 13.5　Success 类型的警告框

Danger 这 4 种标准类型外，开发者还可以通过调用它的 Add 方法并指定 AlertType 参数来呈现 Bootstrap 样式的警告框，如 Primary、Secondary 或 Dark。

13.9　调用 HTTP API

开发者可以使用标准的 HttpClient 类发送 HTTP 请求，通过手动设置该类的方式访问服务器端的 HTTP API，也可以使用 ABP 框架提供的 C♯ 客户端代理方便地访问 HTTP API 端点。开发者可以直接在 Blazor UI 中使用应用服务，让 ABP 框架自动处理 HTTP API 调用。

假设已经有一个应用服务接口，代码如下：

```
public interface ITestAppService : IApplicationService
{
    Task < int > GetDataAsync();
}
```

应用服务接口位于 Application. Contracts 项目中（也就是本章的示例解决方案中的 DemoApp. Application. Contracts 项目）。Blazor 应用程序引用了该项目。这样，开发者就可以在客户端上使用 ITestAppService 接口。

应用服务的实现代码位于 Application 项目中（也就是本章的示例解决方案中的 DemoApp. Application 项目）。开发者可以简单地实现 ITestAppService 接口，代码如下：

```
public class TestAppService : ApplicationService, ITestAppService
{
    public async Task < int > GetDataAsync()
    {
        return 42;
    }
}
```

这样，开发者就可以把 ITestAppService 注入任何页面/组件中，就像调用其他本地服务中的方法一样，以标准方法调用的方式使用它，代码如下：

```
public partial class Index
{
    [Inject]
    private ITestAppService TestAppService { get; set; }
```

```
        private int Value { get; set; }

        protected override async Task OnInitializedAsync()
        {
            Value = await TestAppService.GetDataAsync();
        }
    }
```

在上述示例代码中，TestAppService 属性上的标准[Inject]特性用于告诉 Blazor 从 DI 系统中获取该属性的实例。然后重写 OnInitializedAsync 方法，并在该方法中调用 GetDataAsync 方法。众所周知，在组件/页面初始化完成后将调用 OnInitializedAsync 方法。

在 Blazor 应用程序中调用服务器 API 非常简单。在调用 GetDataAsync 方法时，ABP 框架实际上向服务器发起了 HTTP API 调用，完成了许多复杂的操作，包括身份验证、错误处理和 JSON 序列化。程序从 Blazor 项目的 wwwroot/appsettings.json 文件的 RemoteServices 配置中读取服务器的根 URL，配置文件的内容如下：

```
"RemoteServices": {
  "Default": {
    "BaseUrl": "https://localhost:44306"
  }
}
```

本节介绍了在 Blazor 应用程序中使用 ABP 框架动态 C♯客户端代理来访问 HTTP API 的方法。第 14 章还会继续讨论这个话题。

13.10　全局脚本和样式

在 ABP 框架中，向 Blazor Server UI 应用程序中导入脚本和样式文件的方法与向 MVC/Razor Pages UI 应用程序中导入这些文件的方法相同，详情参阅第 12 章。本节讨论向 Blazor WebAssembly 应用程序中导入脚本和样式文件的方法。

Blazor WebAssembly 是一个 SPA 框架，默认只有一个入口，就是位于 wwwroot 文件夹下的 index.html 文件，如图 13.6 所示。

index.html 是一个普通的 HTML 文件。服务器不对它进行任何处理，直接把它发送给浏览器。一个简单的静态文件服务器就可以满足 Blazor WebAssembly 应用程序的部署和运行的需求。浏览器首先加载 index.html 文档，然后加载该文档引入的样式和脚本文件。

打开 index.html 文档，可以看到 ABP:Styles 注释块包含以下代码：

图 13.6　wwwroot 文件夹下的 index.html 文件

```
<!-- ABP:Styles -->
<link href = "global.css?_v = 637649661149948696" rel = "stylesheet"/>
<link href = "main.css" rel = "stylesheet"/>
<!-- /ABP:Styles -->
```

当在 Blazor 项目的根目录中执行如下命令时,ABP CLI 将自动创建并更新上述代码块(包括注释部分)。

```
abp bundle
```

上述命令将创建或重新生成全局样式包。这包含有所有必需的样式,包括.NET 运行时、Blazor 和其他需要使用的库,并对它们进行简化压缩。每当向应用程序中添加新的 Blazor 相关的 ABP NuGet 包/模块时,都需要运行 abp bundle 命令重新生成包含这些必要依赖项的包。

ABP 框架的 bundle 命令能够很好地完成打包所需文件的任务。安装模块时,不需要告诉它全局脚本文件或其他依赖项是什么。只需要运行该命令,就能够得到更新后的可用于生产环境的全局打包文件。每个模块都把自己的依赖项添加到这个包中,ABP 框架根据模块依赖关系的顺序生成最终的打包文件。要想控制这个打包过程,开发者需要定义一个实现 IBundleContributor 接口的类。启动模板解决方案中的 Blazor 项目已经包含了该类,代码如下:

```
public class DemoAppBundleContributor : IBundleContributor
{
    public void AddScripts(BundleContext context)
    {
    }

    public void AddStyles(BundleContext context)
    {
        context.Add("main.css", excludeFromBundle: true);
    }
}
```

AddScripts 方法和 AddStyles 方法用于将 JavaScript 和 CSS 文件添加到全局打包文件中。开发者可以通过操作 context. BundleDefinitions 集合的方式删除或更改现有的文件(这些文件是由应用程序依赖的包添加的),但是基本不需要这样做。在上述示例代码中,excludeFromBundle 参数用于设置在全局打包文件中不包含 main. css 文件,而是单独添加它。开发者也可以删除这个参数,从而实现在 global. css 文件中包含该文件。

与样式打包类似,index. html 文件也包含 ABP:Scripts 部分,代码如下:

```
<!-- ABP:Scripts -->
<script src = "global.js?_v = 637680281013693676"></script>
<!-- /ABP:Scripts -->
```

同样,上述代码块是由 ABP CLI 中的 abp bundle 命令创建并更新的。如果想包含其他文件,可以通过 DemoAppBundleContributor 类的 AddScripts 方法实现。这些文件使用相对于 wwwroot 的路径。

13.11　小结

本章简要介绍了 ABP 框架中的 Blazor UI,探讨了它的架构及在应用程序开发中常用的一些服务。

身份认证是应用程序中最具挑战性的功能之一,ABP 框架提供了一个符合行业标准的解决方案,开发者可以直接在应用程序中使用它。

本章介绍了用于获取当前用户身份信息、检查用户权限和本地化用户界面的服务,还探讨了向用户展示消息框、通知消息框和警告框的服务。

ABP 框架的动态客户端代理极大地简化了访问服务器端 HTTP API 的方法。最后,探讨了如何使用全局打包系统来打包和压缩 Blazor 应用程序中的文件。

本章没有详细介绍 Blazor。建议 Blazor 框架的新手阅读微软的官方文档 https://docs. microsoft. com/en-us/aspnet/core/blazor,或者购买专门介绍该技术的书籍(如 *Web Development with Blazor*)来学习该技术。

本章也没有介绍任何复杂的 UI 组件,如数据表格、模态框和选项卡。它们与开发者使用的 UI 工具包密切相关。ABP 框架支持 Blazorise 库,开发者可以参阅它的官方文档 https://blazorise. com/docs 来了解它的组件的用法。建议阅读 ABP 框架的 Blazor UI 教程 https://docs. abp. io/en/abp/latest/Getting-Started 来了解最常用组件、数据表格和模态框的基本开发模型。

第 14 章将重点介绍如何构建 HTTP API 及如何在客户端中使用它们,也将讨论如何使用 SignalR 库实现在客户端和服务器之间进行实时通信。

第 14 章
构建 HTTP API 和实时服务

发布 HTTP API 端点是允许客户端应用程序使用所开发应用程序功能的一种常见的方法。由于几乎所有的联网设备都已经实现了 HTTP 协议，因此可以通过 HTTP API 把应用程序的功能开放给任何客户端。

本章将探讨如何让项目为外部提供 HTTP API 服务，如何使用 ABP 框架提供的动态和静态（预生成的）客户端代理来方便地从客户端应用程序访问这些 HTTP API，以及如何在基于 ABP 框架的应用程序中使用微软的 SignalR 库实现实时的服务器-客户端通信。

14.1 准备工作

若想要运行本章的示例程序，需要一个支持 ASP. NET Core 开发的 IDE/编辑器。本章的某些示例需要使用 ABP CLI，因此需要安装 ABP CLI，安装方法参见第 2 章。读者可以从 GitHub 仓库 https://github. com/PacktPublishing/Mastering-ABP-Framework 下载本章的部分示例代码。

14.2 构建 HTTP API

本节将首先基于 ASP. NET Core 应用开发的标准方法创建 HTTP API，然后介绍 ABP 框架如何自动把标准应用服务转化为 HTTP API 端点。

14.2.1 创建 HTTP API 项目

当使用 ABP 框架的启动解决方案模板创建应用程序或模块时，其中已经包含了为该应用程序提供所有功能的 HTTP API。如果需要，也可以创建一个不包括应用程序 UI 的 HTTP API 端点项目。

在使用 ABP 框架创建新的解决方案时，可以把参数设置为-u none，完整的命令如下：

```
abp new ApiDemo - u none
```

这里的 ApiDemo 是项目的名称。通过上述命令可以新建一个不包含 UI、只有 HTTP

API 端点的解决方案。在 Visual Studio 打开该解决方案，项目结构如图 14.1 所示。

　　首先需要运行 ApiDemo.DbMigrator 应用程序创建数据库，以便后续 HTTP API 能够正常运行。右击 ApiDemo.DbMigrator 项目，选择 Set as Startup Project 选项，然后按 Ctrl ＋ F5 键运行该项目。如果使用的不是 Visual Studio，可以在 ApiDemo.DbMigrator 项目的根目录中打开一个命令行，并且执行 dotnet run 命令。

图 14.1　使用 ABP CLI 创建的 HTTP API 解决方案

　　然后，可以运行 ApiDemo.HttpApi.Host 项目启动 HTTP API 应用程序。HTTP API 应用程序默认显示 Swagger UI，如图 14.2 所示。

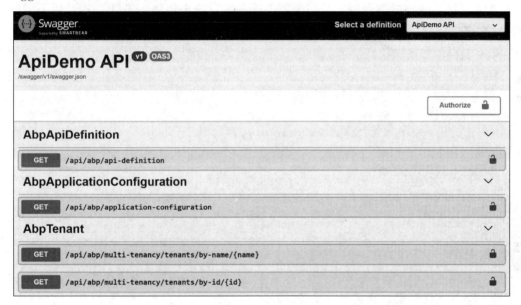

图 14.2　Swagger UI

　　Swagger UI 是一个非常有用的工具，可以用于浏览和测试项目中的 HTTP API 端点。开发者可以通过单击 Authorize 按钮登录到应用程序，默认用户名是 admin，默认密码是 1q2w3E＊。登录后就可以测试那些需要授权的 API。

　　例如，可以使用/api/identity/roles 端点获得系统中定义的角色列表。这个端点需要授权才能访问，因此首先需要使用 Authorize 按钮登录。登录后，单击 Role 组下的/api/identity/roles 端点，然后单击 Try it out→Execute 按钮访问该端点。然后，服务器返回一个 JSON 字符串，具体如下所示：

```
{
  "totalCount": 1,
  "items": [
    {
      "name": "admin",
      "isDefault": false,
```

```
    "isStatic": true,
    "isPublic": true,
    "concurrencyStamp": "1f23ae3a – 85d8 – 4656 – b094 – 00e605e28e4e",
    "id": "92692d73 – 4acb – ca9f – 4838 – 39ff4cdf25e4",
    "extraProperties": {}
    }
  ]
}
```

至此，已经讲解完如何使用 ABP 框架创建和启动 HTTP API 类型的解决方案。接下来将介绍如何使用 ASP.NET Core 控制器向解决方案中添加 API。

14.2.2　创建 ASP.NET Core 控制器

ASP.NET Core 控制器提供了一个方便的基础设施来创建 HTTP API。以下示例代码公开了两个用于获取产品列表和更新产品信息的 HTTP 端点。

```
[ApiController]
[Route("products")]
public class ProductController : ControllerBase
{
    [HttpGet]
    public async Task < ProductDto > GetListAsync()
    {
        // 实现该方法
    }

    [HttpPut]
    [Route("{id}")]
    public async Task UpdateAsync(Guid id, ProductUpdateDto input)
    {
        // 实现该方法
    }
}
```

ProductController 类继承自 ControllerBase 类。建议从 ControllerBase 类而不是从 Controller 类派生 API 控制器类，因为 Controller 类包含一些与视图相关的功能，而 API 控制器用不到这些功能。开发者也可以从 AbpControllerBase 类派生 API 控制器类，该类预先注入了一些 ABP 框架的服务，并把它们赋值给类的属性。

在控制器类上添加[ApiController]特性可以为该类启用 ASP.NET Core 默认的专门为 API 定制的行为，如自动的 HTTP 400 响应及路由相关的注解。

在上述示例代码中，[Route]特性用于定义 API 对应的 URL，[HttpGet]和[HttpPut]特性用于定义该 API 端点对应的 HTTP 方法。

ABP 框架完全兼容 ASP.NET Core 的标准结构，开发者可以参阅微软的文档 https://docs.microsoft.com/en-us/aspnet/core/web-api 了解创建 API 控制器的所有细节。

当解决方案是分层结构时，通常控制器类只是封装了应用服务。例如，假设有一个 IProductAppService 服务，它实现了与产品相关的用例，并且希望把它的方法发布为 HTTP API 端点。下面的代码定义了一个 API 控制器，它把所有的请求委派给底层应用服务处理。

```
[ApiController]
[Route("products")]
public class ProductController : ControllerBase
{
    private readonly IProductAppService _productAppService;

    public ProductController(IProductAppService productAppService)
    {
        _productAppService = productAppService;
    }

    [HttpGet]
    public async Task < ProductDto > GetListAsync()
    {
        return await _productAppService.GetListAsync();
    }

    [HttpPut]
    [Route("{id}")]
    public async Task UpdateAsync(Guid id, ProductUpdateDto input)
    {
        await _productAppService.UpdateAsync(id, input);
    }
}
```

　　如果不使用 ABP 框架,那么开发者必然需要定义这样的控制器类来定义路由、HTTP
方法和端点的其他 HTTP 相关的细节。然而,ABP 框架可以自动把应用服务发布为
HTTP API 端点,接下来将详细介绍。

14.2.3　ABP 框架的自动 API 控制器系统

　　ABP 框架的自动 API 控制器系统根据约定能自动把应用服务转换为 API 控制器。按
照以下代码配置 AbpAspNetCoreMvcOptions 即可启用该功能。

```
Configure < AbpAspNetCoreMvcOptions >(options =>
{
    options.ConventionalControllers.Create(typeof(ApiDemoApplicationModule).Assembly);
});
```

　　上述配置代码应该放在解决方案中的 UI 层或 HTTP API 层。对于本章的示例解决方
案来说,位于 ApiDemo.HttpApi.Host 项目中的 ApiDemoHttpApiHostModule 类。options
.ConventionalControllers.Create 方法的参数需要一个 Assembly 对象,该方法查找该
Assembly 对象中的所有应用服务类,并根据预定义的约定把它们公开为控制器。当从启动
模板创建一个新的 ABP 框架的解决方案时,已经做好上述配置,因此开发者不需要编写任
何配置代码。

　　假设已经定义一个应用服务,代码如下:

```
public class ProductAppService : ApiDemoAppService, IProductAppService
{
    public Task < ProductDto > GetListAsync()
    {
        //实现该方法
    }

    public Task UpdateAsync(Guid id, ProductUpdateDto input)
    {
        //实现该方法
    }
}
```

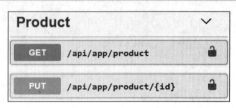

图 14.3　在 Swagger UI 中由自动 API 控制器
生成的 HTTP API 端点

ProductAppService 类 定 义 在 ApiDemo . Application 项目中,而 IProductAppService 接口定义在 ApiDemo. Application. Contracts 项目中。在不进行任何额外配置的情况下运行该解决方案,在 Swagger UI 上可以看到如图 14.3 所示的 HTTP API 端点。

由于 ABP 框架对 ASP. NET Core 进行了配置,因此 ProductAppService 成为一个控制器。ABP 框架根据相关的 C♯方法的名称自动确定应用服务方法对应的 HTTP 方法,如以 Get 开头的方法对应 HTTP GET 方法。路由也是根据约定自动确定的。开发者可以参阅官方文档 https://docs. abp. io/en/abp/ latest/API/Auto-API-Controllers 了解确定 HTTP 方法和路由相关的所有约定及自定义选项的详细信息。

何时手动定义控制器

在使用 ABP 框架时,通常开发者不需要手动定义 API 控制器。然而,开发者仍然可以使用标准的方法定义控制器。手动定义控制器的一个优点是,开发者可以充分利用 HTTP 层的特性来定制自己的 API。

在做了上述配置的程序集中,ABP 框架把所有的应用服务转换为 API 控制器。若想要禁止把特定的应用服务转换为 API 控制器,可以在该应用服务类上添加带 false 参数的[RemoteService]特性,代码如下:

```
[RemoteService(false)]
public class ProductAppService : ApiDemoAppService, IProductAppService
{ /* … */ }
```

ABP 框架在应用服务上还支持 ASP. NET Core 的 ApiExplorer 功能。通过这种方式,开发者可以控制 API 端点是否显示在 Swagger UI 上。如果想要公开某个 HTTP 端点但是不希望在 Swagger UI 上展示该端点,那么可以把[RemoteService]特性的 IsMetadataEnabled 参数设置为 false,即[RemoteService(IsMetadataEnabled = false)]。

ABP 框架可以自动把应用服务发布为 HTTP API 供远程客户端调用,同时开发者可以在需要的时候使用标准的方法创建 ASP. NET Core 的控制器。

14.3　访问 HTTP API

从客户端应用程序调用 HTTP API 通常需要处理许多常见的和重复的逻辑。对于发送到服务器的每个 HTTP 请求，开发者需要处理授权、对象序列化、异常处理等问题。ABP框架可以通过动态客户端代理和静态（生成的）客户端代理来自动处理这个过程。

12.9 节和 13.9 节已经介绍过 ABP 框架的客户端代理系统的用法，本节不再赘述。

14.3.1　使用 ABP 框架的动态客户端代理

经过简单的配置，开发者就能够使用动态客户端代理来访问服务器端的 HTTP API。动态（dynamic）意味着代理的代码是在运行时动态生成的。ABP 框架的动态客户端代理支持两种类型的客户端应用程序：. NET 和 JavaScript。

1. 使用动态.NET 客户端代理

通过 ABP 框架的启动模板创建的解决方案把应用层分成了两个项目。项目名称以 Application. Contracts 结尾的项目包含应用服务的接口和DTO，而项目名称以 Application 结尾的项目实现了这些接口。图 14. 4 展示了 Application. Contracts项目和 Application 项目中包含 IProductAppService接口及 ProductAppService 类的源文件。

把接口和实现分离的一个优点是：对于. NET 客户端应用程序来说，可以重用 ApiDemo. Application. Contracts 项目，而不需要让客户端应用程序引用应用服务的实现。

图 14.4　应用层被分解为两个项目

. NET 客户端应用程序可以通过引用 ApiDemo. Application. Contracts 项目并配置. NET 客户端代理系统的方式，像使用本地服务一样调用 HTTP API。下面的示例代码展示了在客户端应用程序中配置动态代理的方法。该配置位于 ApiDemo. HttpApi. Client 项目中的 ApiDemoHttpApiClientModule 中。

```
public override void ConfigureServices(ServiceConfigurationContext context)
{
    context.Services.AddHttpClientProxies(
        typeof(ApiDemoApplicationContractsModule).Assembly
    );
}
```

AddHttpClientProxies 方法需要一个 Assembly 类型的参数，并为该 Assembly 中的所有应用服务接口创建动态代理。在上述示例代码中，把 ApiDemo. Application. Contracts项目中模块类所在的程序集作为参数传递给 AddHttpClientProxies 方法。在新建的 ABP框架的解决方案中，HttpApi. Client 项目包含上述配置代码。因此，任何引用了 HttpApi. Client 项目的. NET 客户端应用程序在无须任何配置的情况下，都能够直接调用这些

HTTP API。

通过上述配置,开发者可以通过 DI 系统调用 ApiDemo. Application. Contracts 项目中的任意应用服务接口,就像使用本地服务一样。关于在 Blazor WebAssembly 客户端应用程序中使用这些接口的详细信息可以参阅 13.9 节。

只要配置并使用.NET 客户端代理,ABP 框架就能够自动处理这些繁杂的逻辑,并向服务器发送 HTTP 请求。当然,为了发送请求,ABP 框架需要知道服务器的根 URL。根 URL 可以在客户端应用程序的 appsettings. json 文件中配置,详情参见 ApiDemo. HttpApi . Client. ConsoleTestApp 项目,代码如下:

```json
{
  "RemoteServices": {
    "Default": {
      "BaseUrl": "http://localhost:53929/"
    }
  }
}
```

可以看出,实际上可以定义多个服务器端点。通过这种方式,客户端应用程序可以访问多个服务器的 HTTP API。默认情况下使用 Default 配置项对应的 HTTP API。开发者可以添加第二个远程服务的配置信息,代码如下:

```json
{
  "RemoteServices": {
    "Default": {
      "BaseUrl": http://localhost:53929/
    },
    "BookStore": {
      "BaseUrl": "http://localhost:48392/"
    }
  }
}
```

然后,指定 AddHttpClientProxies 方法的 remoteServiceConfigurationName 参数从配置文件获取对应的配置,代码如下:

```
context. Services. AddHttpClientProxies(
    typeof(BookStoreApplicationContractsModule). Assembly,
    remoteServiceConfigurationName: "BookStore"
);
```

开发者可以向动态客户端代理添加失败时的重试逻辑,关于配置选项的更多详细信息可以参阅官方文档 https://docs. abp. io/en/abp/latest/API/Dynamic-CSharp-API-Clients。

ABP 框架提供了一个特殊的 API 端点,它把 API 的定义公布给客户端。该端点包含应用服务契约和 HTTP API 端点之间的映射关系。该端点的 URL 是/api/abp/api-definition。客户端应用程序首先访问该端点以获得访问该服务器其他端点的详细信息。

如前所示,ABP 框架降低了.NET 客户端访问 HTTP API 的难度。

2. 使用动态 JavaScript 客户端代理

与 .NET 动态客户端代理类似,ABP 框架能够动态创建代理从 JavaScript 应用程序访问服务器的 HTTP API 端点。ABP 框架提供了一个特殊的端点,该端点返回一个 JavaScript 文件,其中包含所有 HTTP API 端点的代理函数。该端点的 URL 是/Abp/ServiceProxyScript,已经被添加到当前主题的布局中,开发者可以直接使用 JavaScript 代理函数访问这些 HTTP API。

下面的代码是应用服务代理脚本的一部分,它包含了 14.2.3 节中创建的 ProductAppService 类的代理函数。

```
apiDemo.products.product.getList = function(ajaxParams) {
  return abp.ajax( $ .extend(true, {
    url: abp.appPath + 'api/app/product',
    type: 'GET'
  }, ajaxParams));
};

apiDemo.products.product.update = function(id, input, ajaxParams) {
  return abp.ajax( $ .extend(true, {
    url: abp.appPath + 'api/app/product/' + id + '',
    type: 'PUT',
    dataType: null,
    data: JSON.stringify(input)
  }, ajaxParams));
};
```

在上述示例代码中,ABP 框架为 ProductAppService 类的方法创建了两个 JavaScript 函数。调用 getList 函数可以获取产品列表,代码如下所示:

```
apiDemo.products.product.getList().then(function(result){
    // 处理返回的结果
  });
```

访问 HTTP API 非常简单。授权、验证、异常处理、CSRF 和其他细节都由 ABP 框架处理。服务器返回的结果,即产品列表(数组),被存储在 result 参数中。如果想了解该主题的更多信息,可以参阅 12.9.2 节。

14.3.2　使用 ABP 框架的静态(生成的)客户端代理

动态代理系统通过完全自动化的方式生成代理,以从客户端应用程序访问 HTTP 端点。它在运行时根据动态获得的端点配置来生成代码。

然而,静态客户端代理系统(ABP v5.0 自带该功能)在运行时不需要获取 API 的定义,因为它在开发时生成客户端代理的代码。静态客户端代理系统的缺点是,每当服务器的代码更改时,都需要重新生成客户端代理的代码。但是,因为代理的代码是在开发时生成的,不需要任何运行时的信息,所以静态客户端代理比动态客户端代理稍微快一些。

在客户端需要访问位于 API 网关后的多个微服务的 HTTP API 时,动态客户端代理系统无法直接使用,因为 API 网关无法从单个端点组合并返回所有微服务的 API 定义。使用开发时生成的静态客户端代理就不存在这个问题。

在任何情况下,开发者若想使用静态客户端代理,可以直接使用 ABP CLI 生成客户端代码。

1. 生成静态 C# 客户端代理

由于静态客户端代理需要实现应用服务接口,且用法与动态客户端代理类似,所以为了创建静态客户端代理,客户端应用程序/项目应该引用服务端定义的应用服务接口。在实践中,客户端应用程序应该引用目标应用程序的 Application.Contracts 项目。

在使用 ABP CLI 生成代理类时,服务端应用程序需要处于运行状态,因为 ABP CLI 需要从服务端获取 API 的定义。服务端启动并运行后,在客户端应用程序/项目的根目录下使用 generate-proxy 来生成客户端代理的代码,完整的命令如下:

```
abp generate - proxy - t csharp - u https://localhost:44367
```

https://localhost:44367 是服务端应用程序的 URL。-t 参数用于指定客户端的编程语言,在上述示例中使用的是 csharp。

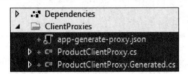

图 14.5　生成的客户端代理文件

图 14.5 展示了运行 generate-proxy 命令生成的项目文件。

首先,ABP CLI 向项目中添加了 app-generate-proxy.json 文件,其中包含从 https://localhost:44367/api/abp/api-definition 端点获得的 API 定义。然后,ABP 框架根据这个文件获得有关 API 端点的信息,并发起合适的 HTTP 请求。

在 ProductClientProxy.Generated.cs 文件中定义了代理类,该类实现了 IProductAppService 接口。这样,开发者就可以把 IProductAppService 接口注入到任何需要该服务的类中,并像调用本地服务一样使用该代理。ABP 框架负责发起合适的 HTTP API 请求。

在 ProductClientProxy.cs 文件中定义了一个部分类,用于添加一些额外的方法和自定义类。每当执行 generate-proxy 命令时,将重新生成 ProductClientProxy.Generated.cs 文件,因此如果修改了该类,更改将被覆盖。然而,因为 ABP 框架不会重新生成或修改 ProductClientProxy.cs 文件,所以可以安全地编辑该文件。该文件用于留给开发者放置那些自定义类的代码。

2. 生成静态 JavaScript 客户端代理

使用 ABP CLI 为 HTTP API 生成 JavaScript 客户端代理的方法与生成.NET 客户端代理的方法类似,唯一的区别是-t 参数需要设置为 js,完整的命令如下:

```
abp generate - proxy - t js - u https://localhost:44367
```

JavaScript 客户端代理系统是基于 jQuery 实现的,与 ABP 框架的 MVC/Razor Pages UI 兼容。关于 JavaScript 静态客户端代理的用法及代码生成细节可以参阅 12.9.3 节。

3. 生成静态 Angular 客户端代理

ABP 框架还对 Angular UI 集成提供了官方支持,本书不涉及这方面的内容。ABP CLI 的 generate-proxy 命令原生支持 Angular UI。开发者可以把-t 参数设置为 ng 为 Angular 生成 TypeScript 代理代码,完整的命令如下:

```
abp generate - proxy - t ng - u https://localhost:44367
```

ABP CLI 为 Angular 客户端代理创建了服务类和 DTO 类,因此开发者可以直接注入代理来访问 HTTP API,而不需要处理底层的 HTTP 细节。可以参阅 ABP 的官方文档 https://docs.abp.io/en/abp/latest/UI/Angular/Service-Proxies 了解 Angular 客户端代理的详细信息。

4. 生成其他类型的客户端代理

ABP 框架为其支持的客户端类型提供了开箱即用的客户端代理生成功能。建议对 ABP 框架支持的客户端类型使用 ABP CLI 生成代理的代码。然而,开发者可能会在客户端中使用其他类型的语言、框架或库,并希望生成客户端代理,而不是手动编写它们。在这种情况下,开发者可以使用支持 Swagger/OpenAPI 规范的工具生成客户端代理的代码,因为从 ABP 框架的启动模板创建的解决方案是完全兼容 Swagger/OpenAPI 规范的。有很多工具可以读取 Swagger/OpenAPI 规范并生成客户端代理的代码,如 NSwag 工具。

本节主要介绍了基于 ABP 框架在客户端应用程序中访问服务器端 HTTP API 的方法。接下来将探讨如何使用微软的 SignalR 库与服务器建立实时通信通道。

14.4 在 ABP 框架中使用 SignalR

客户端应用程序可以方便地使用 REST 风格的 HTTP API 访问服务器端提供的功能。然而,REST 风格的 HTTP API 也存在一些局限性:只有客户端应用程序才能够调用服务器端的 API,而服务器无法方便地启动客户端上的某个操作。WebSocket 技术使在浏览器和服务器之间建立双向通信通道,从而相互独立地发送消息成为可能。因此,基于 WebSocket 技术,服务器可以通知浏览器,向浏览器发送数据,并在客户端应用程序中触发某个操作。

SignalR 是一个由微软开发的基于 WebSocket 技术的库,它通过抽象 WebSocket 细节简化了服务器和客户端之间的通信。开发者可以直接从服务器调用客户端上定义的方法,反之亦然。

ABP 框架并没有为 SignalR 提供太多扩展功能,只提供了一个简单的集成包,可以帮助开发者自动处理一些常见的任务。接下来将介绍如何在解决方案中安装和配置 SignalR。

14.4.1 使用 ABP 框架的 SignalR 集成包

Volo. Abp. AspNetCore. SignalR 是用于在 ABP 框架的服务器端应用程序中集成 SignalR 的 NuGet 包。可以使用 ABP CLI 安装这个包。在需要添加一个服务器端 SignalR 端点的项目的根目录中,打开命令行,并执行如下命令:

```
abp add - package Volo. Abp. AspNetCore. SignalR
```

ABP CLI 将安装 NuGet 包,并添加 ABP 框架的模块依赖。该命令还会把 SignalR 添加到 DI 系统中,并配置 Hub。因此,安装后不需要编写额外的配置代码。接下来将介绍如何创建 SignalR 中的 Hub,并在需要的时候对它做一些额外的配置。

1. 创建 Hub

SignalR 中的 Hub 用于创建高级管道来处理客户端-服务器间的通信。要使用 SignalR,需

要至少定义一个 Hub。创建 Hub 非常简单,只需要从 Hub 基类派生一个新类,代码如下:

```
public class MessagingHub : Hub
{
}
```

ABP 框架自动把上述 Hub 注册到 DI 系统中,并配置好端点映射。该 Hub 的 URL 是/signalr-hubs/messaging。Hub 的 URL 以/signalr-hubs/开始,后面是转换为短横线命名法(kebab-case)并删除 Hub 后缀的 Hub 类的名称。开发者可以在 Hub 类上添加 [HubRoute]特性来为其指定一个其他的 URL,代码如下:

```
[HubRoute("/the - messaging - hub")]
public class MessagingHub : Hub
{
    //...
}
```

当然,新创建的 Hub 类也可以继承自 AbpHub 类。AbpHub 类提供了一些公共的服务,如 ICurrentUser、ILogger 和 IAuthorizationService,这些服务被预先注入到基类中,并把它们赋值给基类中的属性,开发者无须手动注入它们。

2. 配置 Hub

ABP 框架自动把项目中定义的 Hub 映射到默认的端点上,并做了基础配置,开发者如果需要自定义 Hub 的配置,则可以把配置写在模块类的 ConfigureServices 方法中,代码如下:

```
Configure < AbpSignalROptions >(options =>
{
    options. Hubs. AddOrUpdate(
        typeof(MessagingHub),
        config =>                    //额外的配置信息
        {
            config. RoutePattern = "/the - messaging - hub";
            config. ConfigureActions. Add(hubOptions =>
            {
                hubOptions. LongPolling. PollTimeout = TimeSpan. FromSeconds(30);
            });
        }
    );
});
```

在上述示例代码中,配置了 MessagingHub,设置了一个自定义的路由,并更改了 LongPolling 选项。

ABP 框架的 SignalR 集成包并没有新增很多功能,但是简化了 ABP 框架的服务端应用程序对 SignalR 库的集成和配置工作。接下来将介绍从客户端应用程序连接 SignalR 中的 Hub 的方法。

14.4.2　配置 SignalR 客户端

从客户端应用程序连接到 SignalR 中的 Hub 的具体方法取决于开发者的客户端类型。

本节将探讨如何把 SignalR 客户端库安装到基于 ASP. NET Core MVC UI 的 ABP 框架的应用程序中。其他类型的客户端(如 TypeScript 客户端或. NET 客户端)可以参阅微软的官方文档 https://docs. microsoft. com/en-us/aspnet/core/signalr。

首先需要使用如下命令把名为@abp/signalr 的 NPM 包添加到 Web 项目中:

```
npm install @abp/signalr
```

该命令将安装这个 NPM 包,并更新 Web 项目中的 package. json 文件。然后,开发者需要运行 ABP CLI 的 install-libs 命令把 SignalR 的 JavaScript 文件复制到项目的 wwwroot/libs 文件夹中。

安装完成后,就可以通过把 SignalR 的 JavaScript 文件导入到页面中来使用 SignalR。开发者可以使用 ABP 框架提供的 abp-script 标签和为 SignalR 预定义的 SignalRBrowser-ScriptContributor 导入所需的 JavaScript 文件,代码如下:

```
@using Volo. Abp. AspNetCore. Mvc. UI. Packages. SignalR
@section scripts {
    < abp - script type = "typeof(SignalRBrowserScriptContributor)" />
}
```

建议使用 SignalRBrowserScriptContributor,因为它始终能够从正确的路径导入正确版本的脚本文件,开发者在升级 SignalR 包时不需要修改上述代码。

在基于 ABP 框架的应用程序中使用 SignalR 与在常规的 ASP. NET Core 应用程序中使用它没有区别。因此,SignalR 的具体用法可以参阅微软提供的文档 https://docs. microsoft. com/en-us/aspnet/core/signalr。开发者也可以在 ABP 框架的官方示例 https://docs. abp. io/en/abp/latest/Samples/Index 中找到关于 SignalR 使用的完整示例程序。

14.5 小结

本章介绍了基于 ABP 框架和 ASP. NET Core 实现服务器-客户端通信的不同方法。ABP 框架尽最大可能自动处理通信过程中的一些任务。

首先,介绍了使用标准的 ASP. NET Core 控制器创建 REST 风格的 HTTP API 的方法,并探讨了 ABP 框架如何根据应用服务自动创建这样的控制器。

然后,讨论了从不同客户端访问 HTTP API 的各种方法。ABP 框架通过提供动态或静态的客户端代理,简化了从客户端应用程序访问服务器端 API 的操作。虽然开发者可以按照自己的方式完成这些操作,但是使用完全集成的客户端代理是访问 HTTP API 的最佳方式。

最后,探讨了如何使用预构建的集成包为基于 ABP 框架的应用程序安装和使用 SignalR。SignalR 基于 WebSocket 技术,实现了服务器和客户端之间的双向通信,因此服务器也可以在需要的时候主动向客户端发送消息。

第 5 部分
其他

第 5 部分(第 15～17 章)涵盖不同主题,包括 ABP 框架提供的基础设施。本部分将介绍 ABP 框架如何处理模块化问题,并通过一个示例展示开发者如何创建自己的模块。该部分还将探讨 ABP 框架提供的用于构建 SaaS 应用程序的多租户基础设施。第 17 章将讨论如何为基于 ABP 框架的应用程序创建单元测试和集成测试。

第 15 章
模块化系统

模块化应用程序开发是一项艰巨的任务。开发者想要把一个大的系统分割成更小的模块,实现彼此之间的隔离。然而,这样做将在集成这些模块并在实现它们之间的互相通信时遇到困难。

模块化是 ABP 框架的基本设计目标之一,它为构建真正的模块化系统提供了必要的基础设施。

本章将介绍. NET 平台中模块化的含义和级别,大部分内容将探讨 Payment 模块,它是为 EventHub 示例解决方案创建的。开发者将能够了解到模块的结构、应用程序模块的开发要点及如何把模块安装到主应用程序中。

15.1 准备工作

EventHub 项目的源代码可以从 GitHub 上通过 https://github.com/volosoft/eventhub 克隆或下载。如果想要在本地开发环境中运行本章的示例程序,需要安装一个支持 ASP. NET Core 应用程序开发的 IDE/编辑器。如果想使用 ABP CLI 创建模块,需要安装 ABP CLI,详情参阅 2.2 节。

15.2 模块化简介

模块(module)是软件行业中使用最多的概念之一。本节将解释. NET 和 ABP 框架中模块化的具体含义。

模块化是一种软件设计技术,它把大型解决方案的代码库分割为较小的、独立的模块,这些模块可以独立开发。进行模块化应用程序开发有以下两个主要原因。

(1) 降低复杂度:把一个大的代码库分解成一些较小的、独立的模块能够更容易地开发和维护解决方案。

(2) 提高可重用性:构建一个模块并在多个应用程序中重用它可以减少代码重复并节省开发时间。

接下来,将从技术和设计的角度探讨两个不同级别模块之间的区别。

15.2.1   类库和 NuGet 包

大多数编程语言和框架都有模块的概念。通常,模块是一组一起开发和发布(部署)的代码文件(类和其他资源)。

模块为更大的应用程序提供一些组件和服务。一个模块可能依赖其他模块,并且可以使用依赖模块提供的组件和服务。

在 .NET 平台中,一个模块通常由一个程序集组成。开发者可以创建一个类库项目,然后在其他库和应用程序中使用它。可以为类库创建 NuGet 包,并将它们公开发布在 NuGet.org 上。如果这个库是私有的,可以在自己的公司里托管一个私有的 NuGet 服务器。使用 NuGet 包系统可以方便地向项目中添加库。NuGet.org 上已经发布了数千个软件包。

ABP 框架本身是按照模块化的原则设计的。它包含数百个 NuGet 包,每个包为应用程序提供不同的基础设施,其中包括 Volo.Abp.Validation、Volo.Abp.Authorization、Volo.Abp.Caching、Volo.Abp.EntityFrameworkCore、Volo.Abp.BlobStoring、Volo.Abp.Auditing 和 Volo.Abp.Emailing。这些包都可以在开发应用程序时使用。

如果想了解 ABP 框架的模块包的原理,可以参阅 5.2 节。15.2.2 节将讨论应用程序模块,它通常由多个包(类库项目)组成。

15.2.2   应用程序模块

应用程序模块可以看作是应用程序的纵向切片。应用程序模块一般有如下 8 个特征。

(1)定义一些业务对象,如聚合、实体和值对象。

(2)为其定义的业务对象实现业务逻辑。

(3)为业务对象提供数据库集成和映射。

(4)包括应用服务、数据传输对象和 HTTP API(控制器)。

(5)可以包含与其提供的功能相关的用户界面组件和页面。

(6)可能需要向应用程序的 UI 上添加菜单、布局或工具栏。

(7)发布和处理分布式事件。

(8)对一个普通的应用程序来说,可能还包含其他更多的功能和细节。

基于用户的需求和目标,一个应用程序存在如下 4 个隔离级别(isolation level)。

(1)紧密耦合的模块:模块可以是具有单个数据库的大型单体应用的一部分。其他模块可以使用该模块的实体和服务,并通过连接模块数据库表来执行数据库查询。在这种情况下,模块之间会紧密耦合。

(2)界限上下文:模块可以是大型单体应用程序的一部分,但它对其他模块隐藏其内部域对象和数据库表。其他模块只能使用该模块集成的服务和订阅该模块发布的事件。其他模块不能在 SQL 查询中使用该模块的数据库表。不同模块甚至可以为了特定需求使用不同类型的 DBMS。这就是领域驱动设计中的界限上下文模式。如果开发者未来想要把自己的单体应用程序转换为微服务解决方案,那么这样的模块对转换为微服务模块非常友好。

(3)通用模块:通用模块一般可以独立于应用程序存在,它可以集成到不同的应用程序中。使用通用模块的应用程序可能需要依赖该模块提供的功能,使用通用模块时可能需要一些集成代码。通用模块可能会提供一些配置选项和一些可定制的地方,但不会对使用该模块的应用程序做出假设。基础设施模块(如身份管理模块和多语言模块)就属于这一类。另外,15.3 节将要介绍的 Payment 模块也是一个通用模块。

(4) 插件模块：插件模块是一个完全隔离和可重用的模块。其他模块不会直接依赖该模块。开发者可以方便地把该模块添加到当前解决方案中,或者从当前解决方案中删除它,不会影响其他模块和应用程序。如果其他模块需要使用该模块,则可以直接使用由该模块最终的共享库提供的标准抽象类或接口。在这种情况下,即使该模块实现了这些抽象类或接口,其他模块也可以通过重新实现这些相同的抽象来替换原始的实现。即使其他模块以某种方式使用了该模块,它们也可以在删除该模块时继续按照预期工作。这意味着该模块对于应用程序来说是可选和可移除的。

ABP 框架的目标之一是提供一个方便的基础设施来开发任何类型的应用程序模块。它提供了构建真正模块化系统所需的基础设施。它还提供了一些预构建的应用程序模块,开发者可以直接在自己的应用程序中重用它们,其中包含如下 4 个模块。

(1) 账户模块提供登录、注册、忘记密码、社交登录集成等与认证相关的功能。

(2) 身份模块管理系统中的用户、角色和它们的权限。

(3) 租户管理模块用于创建和管理 SaaS/多租户系统中的租户。

(4) CMS Kit 模块为应用程序提供 CMS 的基本功能,如页面、标签、评论和博客。

在创建新的 ABP 框架的解决方案时,账户模块、身份模块、租户管理模块及其他一些模块已经以 NuGet 包的方式预先安装好。

所有的预构建模块都是可扩展且可定制的。然而,如果开发者需要根据自己的需求完全定制一个模块,也可以下载该模块的源代码并把其包含在自己的解决方案中。

15.3　构建 Payment 模块

开发者可以研究预构建的 ABP 框架的模块的源代码,从而了解如何构建它们及如何集成到自己的应用程序中,这样可以看到模块化开发的不同实现细节。本节将探讨 Payment 模块,它是为本书创建的一个简单而真实的示例。当一个组织希望升级到高级账户时,EventHub 解决方案使用该模块实现收付款功能。在书中展示该模块一步一步的开发过程是不可能的,因此本节仅探讨该模块实现中的一些基本问题,以便开发者能够理解该模块的结构,并据此构建自己的模块。

15.3.1　新建应用程序模块

ABP CLI 的 new 命令提供了一个命令行选项,可以用于创建可重用应用程序模块解决方案,完整的命令如下：

```
abp new Payment - t module
```

上述命令中指定使用模块模板(-t module),并指定 Payment 为模块名称,创建解决方案。打开新建的解决方案后,将看到如图 15.1 所示的解决方案结构。

模块启动模板包含了非常多的项目,因为该解决方案支持多个 UI 和数据库选项,还包含一些测试/演示项目。以下一些项目可以删除。

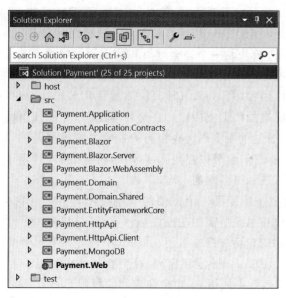

图 15.1　由 ABP CLI 创建的新应用程序模块解决方案的结构

（1）host 文件夹中的项目是一些演示应用程序，用于在不同体系结构的应用程序中运行该模块。这些项目不是模块的组成部分，只用于手动测试该模块。该模块将被安装到 EventHub 解决方案中并进行测试，因此这些宿主项目都可以删除。

（2）由于主项目的 UI 使用的是 MVC/Razor Pages，因此删除所有 Blazor.＊项目。

（3）由于这个模块只需要支持 EF Core，因此删除与 MongoDB 相关的项目。

（4）由于该模块不需要支持 Angular UI，因此删除 angular 文件夹（没有显示在图 15.1 中）。

清理之后，该模块的解决方案包含 12 个项目，其中 4 个用于单元测试和集成测试，如图 15.2 所示。组成该模块的 8 个项目都是类库项目，不能单独部署。这些类库被可执行应用程序（如 EventHub）使用。

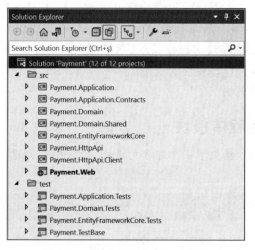

图 15.2　清理后的 Payment 模块

这个解决方案结构和分层已经在 9.3 节详细介绍过，这里不再重复。然而，由于 Payment 模块需要有多个应用程序层，因此需要修改这个结构。

15.3.2　重构 Payment 模块解决方案

Payment 模块需要安装到 EventHub 解决方案中。需要注意的是，EventHub 解决方案有以下两个 UI 应用程序。

（1）公共网站。系统的终端用户使用它来创建和报名参加活动。这个应用程序包含一个 MVC/Razor Pages UI。

（2）管理网站。由 EventHub 系统管理员使用，它是一个 Blazor WebAssembly 应用程序。

为了支持这种体系结构，Payment 模块需要以下两个 UI 应用层。

（1）包含 MVC/Razor Pages UI 的应用层，由 EventHub 公共网站使用。最终用户将使用该 UI 进行支付。

（2）包含 Blazor WebAssembly UI 的应用层，有 EventHub 管理应用程序使用。管理员将使用该 UI 查看付款报告。

添加了与管理端相关的层并重新组织解决方案文件夹后，解决方案的结构如图 15.3 所示。

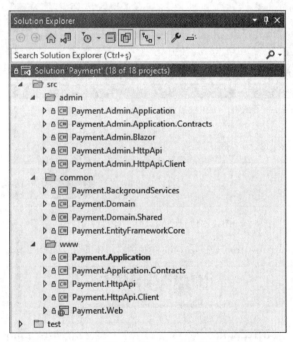

图 15.3　包含管理端的 Payment 模块解决方案

向解决方案中添加了 Payment. Admin. Application、Payment. Admin. Application . Contracts、Payment. Admin. Blazor、Payment. Admin. HttpApi 和 Payment. Admin. HttpApi . Client 项目，还添加了用于定期执行一些后台任务的 Payment. BackgroundServices 项目。

解决方案文件夹反映了该解决方案的整体结构：admin 应用程序（使用 Blazor UI）和 www（公共）应用程序（使用 MVC/Razor Pages UI）。这两个应用程序都要使用 common 文件夹中的项目，可见领域层代码和数据库集成代码是共享的。

15.3.3 支付流程

Payment 模块的唯一职责是从用户获得付款。该模块内部使用 PayPal 作为支付网关。Payment 模块是通用的,可以被任何类型的应用程序使用。使用 Payment 模块的应用程序需要实现一些关于启动支付流程和处理支付结果相关的集成逻辑。本节将介绍 EventHub 集成该模块的流程。

EventHub 应用程序使用 Payment 模块从用户获得一笔付款,从而把免费组织账户升级为高级组织账户。在该应用程序中,高级组织账户拥有更多的权利。

某个组织的所有者在访问组织的详细信息页面时,将在页面看到一个 Upgrade to Premium 按钮,如图 15.4 所示。

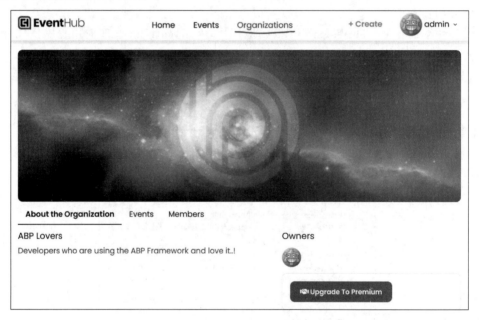

图 15.4　EventHub 组织详情页面

单击 Upgrade to Premium 按钮后,将导航到费用页面,如图 15.5 所示。

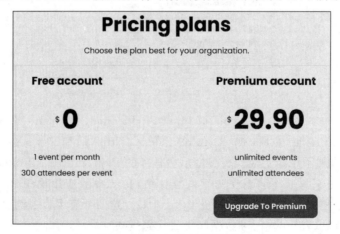

图 15.5　EventHub 费用页面

这个页面将展示账户类型及它们之间的差异。单击该页面中的 Upgrade to Premium 按钮,将导航到 Payment 模块定义的订单(支付前)页面,如图 15.6 所示。

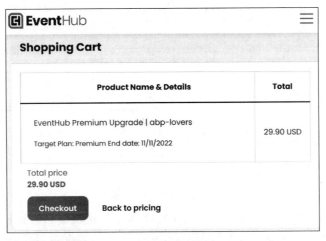

图 15.6　订单(支付前)页面

订单(支付前)页面一般位于 Payment 模块内部,并且独立于应用程序。可以通过 URL(如/Payment/PreCheckout? paymentRequestId ＝ 3a002186-cb04-eb46-7310-251e45fc6aed)把页面重定向到订单(支付前)页面。然而,在这之前要使用 IPaymentRequestAppService 服务的 CreateAsync 方法获得一个支付请求 ID。该功能在 EventHub. Web 项目中的 Pages/Pricing. cshtml. cs 文件中实现。

EventHub 应用程序重写了该模块的 UI 部分,以适配 EventHub 的 UI 设计。该示例演示了如何在最终应用程序中定制模块。EventHub 应用程序在 Pages/Payment 文件夹下定义了 PreCheckout. cshtml 和 PostCheckout. cshtml,如图 15.7 所示。

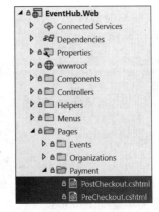

图 15.7　Payment 模块的订单视图

这些页面自动覆盖 Payment 模块中相应的页面,因为它们与 Payment 模块定义的页面路径相同。这些页面没有对应的. cshtml. cs 文件,它们不会改变页面的行为,只是改变了页面的显示效果。

图 15.8 展示了参与支付过程的主要组件和支付的流程。

在单击费用页面(图 15.5)中的 Upgrade to Premium 按钮后,会从该页面跳转到 Payment 模块的订单(支付前)页面。单击该页面上的 Checkout 按钮(图 15.6)后,会从该页面跳转到 PayPal,它是一个第三方支付系统,Payment 模块集成了该支付系统。一旦在 PayPal 上完成支付,就会从该页面跳转到应用程序的支付后页面,该页面向用户展示一条感谢信息。

当支付成功时,Payment 模块将发布一条名为 PaymentRequestCompletedEto 的分布式事件(在 Payment. Domain. Shared 项目中定义),EventHub 应用程序订阅并处理该事件(使用 EventHub. Domain 项目中的 PaymentRequestEventHandler 类)。它查找完成支付的用户和组织,把他们升级为高级组织账户,并发送一封感谢用户升级账户的电子邮件。

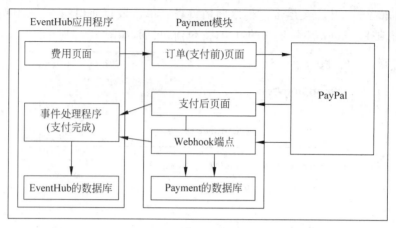

图 15.8　支付流程

在某些罕见的情况下,从 PayPal 返回该应用程序时可能会出现错误,这时该程序无法知道支付是否成功。为了解决这个问题,支付模块提供了一个 Webhook 端点,PayPal 可以通过该端点通知该程序支付操作的状态。Webhook 请求由 PaymentRequestController(在 Payment.HttpApi 项目中定义)处理。如果操作成功,则发布 PaymentRequestCompletedEto 事件,从而使 EventHub 应用程序可以异步升级组织账户。

15.3.4　定义配置选项

Payment 模块用到了 PayPal,因此应用程序必须配置 PayPal 账户信息。该项目采用选项模式(参阅 5.5 节)提供配置信息,应用程序可以使用 PayPalOptions 类配置 PayPal 账户信息,代码如下所示:

```
Configure<PayPalOptions>(options =>
{
    options.ClientId = "...";
    options.Secret = "...";
});
```

也可以从项目的配置文件(appsettings.json 文件)中获取这些配置信息。在定义了配置信息的情况下,Payment 模块可以通过 Payment:PayPal 键读取配置选项的值。配置信息的格式如下所示:

```
"Payment": {
  "PayPal": {
    "ClientId": "...",
    "Secret": "...",
    "Environment": "Sandbox"
  }
}
```

这是通过以下代码(位于 Payment.Domain 项目中的 PaymentDomainModule 类)实现的:

```
Configure<PayPalOptions>(configuration.GetSection("Payment:PayPal"));
```

默认情况下,最好从配置文件中获取 PayPal 的账户信息。

至此已经介绍完 Payment 模块的主要内容。该模块的代码结构与典型的 ABP 框架的应用程序结构没有太大区别。读者可以浏览该模块的源代码,以深入理解该模块的工作原理。

15.4　把 Payment 模块安装到 EventHub 中

模块本身不是一个可运行的项目。它应该被安装到更大的应用程序中,作为应用程序的一部分运行。本节将介绍如何在 EventHub 解决方案中安装 Payment 模块。

15.4.1　设置项目依赖

Payment 模块所在的解决方案包含十余个项目,参见图 15.3。类似地,EventHub 解决方案也包含很多个项目,其中有三个应用程序: 管理员端应用程序、公共应用程序和账户(IdentityServer)应用程序。

要想把 Payment 模块集成到 EventHub 解决方案中,EventHub 解决方案的每层都需要依赖(使用)Payment 模块相应的层。图 15.9 展示了 EventHub 中的项目需要依赖的 Payment 模块中的项目。

EventHub项目	Payment模块项目
EventHub.Domain.Shared	Payment.Domain.Shared
EventHub.Domain	Payment.Domain
EventHub.EntityFrameworkCore	Payment.EntityFrameworkCore
EventHub.BackgroundServices	Payment.BackgroundServices
EventHub.Application.Contracts	Payment.Application.Contracts
EventHub.Application	Payment.Application
EventHub.HttpApi	Payment.HttpApi
EventHub.HttpApi.Client	Payment.HttpApi.Client
EventHub.Web	Payment.Web
EventHub.Admin.Application.Contracts	Payment.Admin.Application.Contracts
EventHub.Admin.Application	Payment.Admin.Application
EventHub.Admin.HttpApi	Payment.Admin.HttpApi
EventHub.Admin.HttpApi.Client	Payment.Admin.HttpApi.Client
EventHub.Admin.Web	Payment.Admin.Blazor

图 15.9　EventHub 与 Payment 模块中的项目的依赖关系

根据图 15.9 为 EventHub 解决方案中的每个项目添加相应的项目引用。例如,向 EventHub.Domain 项目添加 Payment.Domain 项目依赖。这样,就可以在应用程序的领域层中使用 Payment 模块的实体。

Visual Studio 不支持把解决方案外部的本地项目作为项目的依赖项(本书称为外部项目依赖项)。然而,开发者可以手动把 ProjectReference 元素添加到目标项目的 csproj 文件中。把以下代码添加到 EventHub.Domain.csproj 文件中:

```
< ProjectReference Include =
    "..\..\modules\payment\src\Payment.Domain\Payment.Domain.csproj" />
```

当添加了这样的外部项目依赖项时,Visual Studio 无法自动解析它。开发者需要打开一个命令行,并运行 dotnet restore 命令。只有在添加新的项目依赖项或删除现有依赖项时才需要运行该命令。此外,在 EventHub 解决方案用到 Payment 模块的情况下,可以使用 dotnet build/graphBuild 命令。虽然很少需要这样做,但是它可以解决 Visual Studio 无法在依赖模块中解析某些类型的问题。

在添加了项目依赖后,还需要添加 ABP 框架的模块依赖。向 EventHubDomainModule 类添加 PaymentDomainModule 依赖的代码如下:

```
[DependsOn(
    ...,
    typeof(PaymentDomainModule)
)]
public class EventHubDomainModule : AbpModule
{ ... }
```

开发者需要手动设置所有项目的依赖项。

15.4.2　数据库集成

Payment 模块需要一些数据库表才能正常工作。Payment 模块的表可以放在 EventHub 的主数据库中。如果这样做,那么该系统就只有一个数据库。也可以为 Payment 模块创建一个单独的数据库。如果这样做,那么该系统就有两个数据库。EventHub 解决方案更倾向于使用第一种方法,因为更容易实现和管理。本节还将介绍如何在一个项目中使用多个数据库。

1. 单数据库

下面介绍如何在 EventHub 应用程序的主数据库中创建 Payment 模块所需的数据库表。

EventHub 解决方案的 EventHub.EntityFrameworkCore 项目中有一个 EventHubDbContext 类,该类主要用于把实体映射到数据库表。Payment 模块定义了一个 ConfigurePayment 扩展方法,该方法在 DbContext 类的 OnModelCreating 方法中被调用,从而实现在主数据库模型中添加 Payment 模块所需的数据库模型(参见 EventHub.EntityFrameworkCore 项目中的 EventHubDbContext 类),代码如下:

```
protected override void OnModelCreating(ModelBuilder builder)
{
    base.OnModelCreating(builder);
    ...
    builder.ConfigurePayment(); // 添加这行代码
    builder.ConfigureEventHub();
}
```

在上述示例代码中,builder.ConfigurePayment 是由 Payment 模块(位于 Payment

.EntityFrameworkCore 项目的 PaymentDbContextModelCreatingExtensions 类中)定义
的。在 OnModelCreating 方法中添加该方法后,在命令行中运行以下命令向 EventHub 解
决方案添加一个新的数据库迁移(在 EventHub.EntityFrameworkCore 项目的根目录下运
行该命令)。

```
dotnet ef migrations add Added_Payment_Module
```

这个命令创建一个新的迁移文件。然后,使用以下命令把这个新的迁移应用到数据
库中。

```
dotnet ef database update
```

这样就完成了数据库集成的所有操作。Payment 模块将会用 EventHub 数据库存储它
的数据。该解决方案只使用了一个数据库,其中包含应用程序所需的所有表。

2. 多数据库

下面介绍如何把 EventHub 解决方案更改为 Payment 模块拥有单独的数据库。
EventHub 解决方案使用 PostgreSQL 作为数据库提供程序,使用微软的 SQL Server 作为
Payment 模块的数据库提供程序。

笔者在一个单独的分支中实现了上述需求,并在 GitHub 上提交了一个 PR(Pull
Request),这样,读者可以从以下链接看到所做的所有更改。

(1) GitHub 分支的 URL:https://github.com/volosoft/eventhub/tree/payment-sepr-db。

(2) PR URL:https://github.com/volosoft/eventhub/pull/74。

这里介绍所做的主要更改。

首先,需要在 EventHub.EntityFrameworkCore 项目中再创建一个名为 EventHub-
PaymentDbContext 的 DbContext 类来管理数据库迁移,代码如下:

```
[ReplaceDbContext(typeof(IPaymentDbContext))]
[ConnectionStringName(PaymentDbProperties.ConnectionStringName)]
public class EventHubPaymentDbContext
    : AbpDbContext < EventHubPaymentDbContext >,IPaymentDbContext
{
    public DbSet < PaymentRequest > PaymentRequests { get;set; }

    public EventHubPaymentDbContext(DbContextOptions < EventHubPaymentDbContext > options)
        : base(options)
    {}
    protected override void OnModelCreating(ModelBuilder modelBuilder)
    {
        base.OnModelCreating(modelBuilder);
        modelBuilder.ConfigurePayment();
    }
}
```

上述示例代码通过[ReplaceDbContext]特性替换 Payment 模块中 IPaymentDbContext 接
口的默认实现。还使用了[ConnectionStringName]特性来指定该类使用 appsettings.json

文件中名称为 Payment 的连接字符串,而不是使用名称为 Default 的连接字符串。最后调用 Payment 模块的 modelBuilder. ConfigurePayment 扩展方法来配置数据库映射关系。

Payment 模块不依赖特定的 DBMS。该模块依赖 Volo. Abp. EntityFrameworkCore 包,而该包与 DBMS 无关。由于需要使用 SQL Server 数据库,因此需要为 EventHub . EntityFrameworkCore 项目添加依赖包 Volo. Abp. EntityFrameworkCore. SqlServer。根据 ABP 框架的要求,还需要在 EventHubEntityFrameworkCoreModule 类上添加 [DependsOn] 特性,并指定所依赖的模块类为 AbpEntityFrameworkCoreSqlServerModule。

在运行 EF Core 的命令行工具时,需要一个 DbContext 工厂类(本示例中为 EventHub-PaymentDbContextFactory 类)来创建一个相关的 DbContext 类的实例。EventHub-PaymentDbContextFactory 类的具体实现可以参阅它的源代码。该类使用名称为 Payment 的连接字符串和 UseSqlServer 扩展方法把 SQL Server 配置为数据库提供程序。这样就需要在 EventHub. DbMigrator 项目的 appsettings. json 文件中添加名为 Payment 的连接字符串,代码如下:

```
"ConnectionStrings": {
  "Default": "Host = localhost;
             Database = EventHub;
             Username = root;
             Password = root;
             Port = 5432",
  "Payment": "Server = (LocalDb)\\MSSQLLocalDB;
             Database = EventHubPayment;
             Trusted_Connection = True"
},
```

由于已经为 DbContext 类添加了 [ConnectionStringName] 特性(PaymentDbProperties . ConnectionStringName 的值为 Payment),因此 ABP 框架将自动为新的 DbContext 类的实例使用这个名为 Payment 的连接字符串。还需要把名为 Payment 的连接字符串添加到所有的 appsettings. json 文件中,该文件已经包含了一个名为 Default 的连接字符串。

还需要把创建的 EventHubPaymentDbContext 类添加到 DI 系统中并对它进行配置。为此,需要更改 EventHubEntityFrameworkCoreModule 类中的 ConfigureServices 方法,代码如下:

```
public override void ConfigureServices(ServiceConfigurationContext context)
{
    context. Services. AddAbpDbContext < EventHubDbContext >(options =>
    {
        options. AddDefaultRepositories();
    });
    context. Services. AddAbpDbContext < EventHubPaymentDbContext >();
    Configure < AbpDbContextOptions >(options =>
    {
        options. UseNpgsql();
        options. Configure < EventHubPaymentDbContext >(opts =>
        {
            opts. UseSqlServer();
```

```
        });
    });
}
```

AddAbpDbContext<EventHubPaymentDbContext>方法用于向 DI 系统中注入新的
DbContext 类。Configure<EventHubPaymentDbContext>(…)代码段用于将该 DbContext
类使用的数据库提供程序设置为 SQL Server。其他的 DbContext 类将继续使用
PostgreSQL(调用 UseNpgsql 函数以全局的方式把 DbContext 类配置为使用 PostgreSQL)。

EventHub.DbMigrator 应用程序本来仅为主数据库执行数据库迁移。现在,解决方案
中有了第二个数据库,这就需要修改 EventHub.DbMigrator 应用程序,以便能够对
Payment 模块执行数据库迁移。实现这个需求很简单,只需要把以下代码添加到
EntityFrameworkCoreEventHubDbSchemaMigrator 类的 MigrateAsync 方法中:

```
await _serviceProvider
    .GetRequiredService<EventHubPaymentDbContext>()
    .Database
    .MigrateAsync();
```

在迁移数据库时,这个类由 EventHub.DbMigrator 应用程序使用。因此,在运行
EventHub.DbMigrator 应用程序时,也会为 Payment 数据库执行数据库迁移。

最后一个更改是从 EventHub 解决方案的主数据库中删除 Payment 表,并在
EventHubDbContext 类中删除以下代码:

```
builder.ConfigurePayment();
```

然后,使用 EF Core 的命令行工具创建一个数据库迁移(在 EventHub.EntityFrameworkCore
项目的根目录下运行命令),完整的命令如下:

```
dotnet ef migrations add "Remove_Payment_From_Main_Database" -- context EventHubDbContext
```

与标准用法不同,这里添加了--context EventHubDbContext 参数。由于在 EventHub.
EntityFrameworkCore 项目中有两个 DbContext 类,因此这里需要指定使用的是哪个
DbContext 类。在创建迁移后(删除 Payment 表),就可以使用以下命令把更改应用到数据
库中:

```
dotnet ef database update -- context EventHubDbContext
```

这样,主数据库中就没有 Payment 表了。但是还没有创建 Payment 模块所需的数据
库。为此,使用 EF Core 的命令行工具为 Payment 模块的数据库执行数据库迁移(在
EventHub.EntityFrameworkCore 项目的根目录下运行命令),完整的命令如下:

```
dotnet ef migrations add "Initial_Payment_Database" - context EventHubPaymentDbContext --
output - dir "MigrationsPayment"
```

上述命令除了把 context 参数指定为 EventHubPaymentDbContext 外,还通过 output-
dir 参数来指定存放创建的迁移类文件的文件夹。默认的文件夹名称是 Migrations,该文件夹

已经被 EventHubDbContext 类使用,EventHubPaymentDbContext 类不能再使用该目录。这个命令把使用的文件夹名指定为 MigrationsPayment。EventHub.EntityFrameworkCore 项目中新创建的存放迁移类的文件夹如图 15.10 所示。

这样,就可以运行数据库更新命令了(在 EventHub.EntityFrameworkCore 项目的根目录下运行命令),完整的命令如下:

```
dotnet ef database update -- context EventHubPaymentDbContexts
```

如果此时查看数据库,则可以看到 Payment 模块所需的数据库表(只需要一个数据库表),如图 15.11 所示。

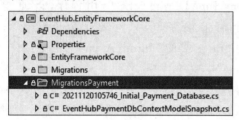

图 15.10　Payment 模块对应的存放数据库
迁移类的文件夹

图 15.11　Payment 模块所需的
数据库表

至此已完成所有的配置。现在,Payment 模块将使用 SQL Server 数据库,而应用程序的其他部分将继续使用 PostgreSQL 数据库。

> **关于 DbMigrator 应用程序**
>
> 　前文使用 dotnet ef 命令行工具来更新数据库模型。也可以通过运行 DbMigrator 应用程序来把更改应用到数据库中。由于修改后的 EntityFramework-CoreEventHubDbSchemaMigrator 类也支持为第二个数据库执行迁移,因此 DbMigrator 应用程序可以为这两个数据库执行迁移。

如前文所述,通过创建新的 DbContext 类执行数据库迁移,可以把其他模块设置为使用它们自己的数据库。在上述示例中,把新的 DbContext 类添加到了 EventHub.EntityFrameworkCore 项目中。也可以创建一个新项目,在其中创建新的 DbContext 类并管理迁移。在这种情况下,就不需要为 EF Core 命令指定 context 参数和 output-dir 参数了。但是,建议使用一个项目以减少解决方案中的项目数量。

15.5　小结

本章首先阐述了模块化的概念,以及什么是紧密耦合的模块、界限上下文、通用模块和插件模块,还介绍了如何使用 ABP CLI 创建新模块。

然后探讨了 Payment 模块的结构,并介绍了如何把它集成到 EventHub 解决方案中,以及通过设置项目依赖项来手动安装 Payment 模块到 EventHub 解决方案的步骤。

最后介绍了两种集成 Payment 模块所需数据库表的方法。单数据库方法很简单,意味着 EventHub 应用程序与 Payment 模块之间共享相同的数据库。而多数据库方法可以为

Payment 模块所需的数据库表指定专门的数据库,这使 Payment 模块可以使用不同于主应用程序的 DBMS。

建议读者查看 Payment 模块和 EventHub 解决方案的源代码,从而了解它们结构的细节。也建议读者查看 ABP 框架的文档 https://docs.abp.io/en/abp/latest/Best-Practices/Index,从而深入地理解模块化,并学习构建可重用的通用应用程序模块的最佳实践。

第 16 章将介绍多租户,它主要用于构建 SaaS 应用程序。

第 16 章
多租户

多租户是创建 SaaS 解决方案的常见模式,可以实现一个部署实例同时为多个客户服务。多租户是 ABP 框架的基本设计原则之一,该框架的其他功能都是兼容多租户的。

本章首先阐述什么是多租户及 ABP 框架如何帮助开发者开发多租户解决方案。然后介绍 ABP 框架为开发多租户应用程序提供的基础设施,以及构建和控制应用程序中多租户的方法。还将介绍如何设计应用程序的功能,以让不同租户拥有不同的应用程序功能。通过本章的学习,读者将了解与多租户相关的基础知识,并能够使用 ABP 框架构建多租户应用程序。

16.1　准备工作

若想要运行本章的示例程序,需要一个支持 ASP. NET Core 应用程序开发的 IDE/编辑器。读者可以从 GitHub 仓库 https://github. com/PacktPublishing/Mastering-ABP-Framework 下载本章的部分示例代码。

16.2　多租户简介

本节将介绍 SaaS 和多租户的概念、创建 SaaS 解决方案的优点及作为多租户应用程序框架的 ABP 为开发者提供了什么。

16.2.1　什么是 SaaS

基于 SaaS 模型构建、部署和销售软件解决方案已经变得非常流行。客户通常购买带有订阅模式的 SaaS 解决方案并在线使用,而不是下载并安装到自己的服务器上(称作本地部署)。

构建 SaaS 解决方案有以下 3 个优点。

(1) 由于客户可以共享服务器、数据库和其他资源,因此可以最大限度地利用这些资源。

(2) 向系统中添加新客户(租户)非常方便,而且通常能够自动完成。

(3) 与为每个客户单独部署相比,维护和升级系统更容易。

此外,使用 SaaS 解决方案也对客户有利。与本地部署相比,他们在软件和主机上的花费的费用将更少。用户可以根据使用程度来付费。他们也不需要关心维护和升级的问题,只需要支付购买服务的费用。

虽然 SaaS 解决方案有利于托管,但是 SaaS 解决方案的开发成本较高,并需要考虑运行时的一些问题。

SaaS 解决方案通常在客户之间共享资源。一些主要的可共享资源包括数据库、缓存和应用程序服务器。在客户间共享资源时,数据隔离、安全性和性能是开发者需要关心的主要问题。

除了共享资源外,应用程序的设置、功能和权限应该针对每个客户进行定制,而不会相互影响。

16.2.2 什么是多租户

多租户是一种用于构建 SaaS 解决方案的架构模式。它定义和控制客户如何安全高效地访问资源,以及如何方便地为每个客户定制应用程序。

ABP 框架提供了一个完整的多租户基础设施。它不仅定义了应该如何设计应用程序和领域代码、如何访问共享资源(如数据库和缓存)、如何为每个客户定制应用程序的配置信息等,还尽可能自动完成它们。

多租户系统有以下两个术语。

(1)租户(tenant):使用系统并为其付费的客户。客户拥有自己的用户和数据,这些数据与其他租户隔离。

(2)主机(host):管理系统和租户的公司。

开发者可以为租户用户和主机用户创建单独的应用程序,也可以共建单个应用程序,使某些应用程序功能仅供租户用户或主机用户使用。ABP 框架的启动模板解决方案使用第二种方法,因为它更容易开发和部署。

16.2.3 数据库架构

多租户系统需要考虑的最基本的问题之一是如何共享和分离不同租户的数据库,有以下 3 种常见的方法。

(1)单数据库:所有租户的数据都存储在一个共享数据库中。在这种情况下,由于数据库表是共享的,因此需要格外小心地处理数据隔离问题。

(2)每个租户拥有一个数据库:每个租户都有自己的专用数据库,开发者需要动态地连接到当前用户的租户数据库。

(3)混合模式:其中一些租户拥有自己的数据库,而其他租户则根据分组使用一个或多个数据库。

ABP 框架在框架级别支持混合模式,允许每个租户拥有单独的数据库连接字符串。然而,启动模板和开源租户管理模块仅支持单数据库模式。开发者如果希望对每个租户使用一个数据库或混合模式,则需要定制租户管理模块。

图 16.1 展示了 ABP 框架的多租户基础设置的主要组件及其之间的关系。

ABP 框架的目标是尽可能自动地处理与多租户相关的逻辑,并使应用程序代码不受多

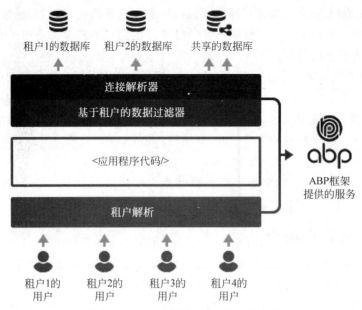

图 16.1   ABP 框架的多租户基础设置

租户影响。ABP 框架从 HTTP 请求中解析出当前租户的信息。它可以根据域（子域）名、Cookie、HTTP 头部和其他参数确定当前请求是哪个租户发起的。如果租户有单独的连接字符串，那么该框架使用当前租户的信息自动选择合适的连接。如果租户使用共享数据库，那么它能够自动过滤数据，从而使租户不会意外访问另一个租户的数据。

至此，已经介绍完多租户的概念和 ABP 框架中多租户的基本逻辑。接下来将介绍 ABP 框架为多租户提供的基础设施。

16.3   ABP 框架为多租户提供的基础设施

本节将探讨 ABP 框架的多租户系统的基础设施和功能，还将介绍 ABP 框架如何理解当前租户并实现租户间的数据隔离、如何获得当前租户的信息及如何在不同租户间切换。

16.3.1   启用和禁用多租户

ABP 框架的启动模板解决方案默认支持多租户。启动模板解决方案包含以下代码，专门用于启用或禁用多租户，这段代码在 .Domain.Shared 项目的 MultiTenancyConsts 类中。

```
public static class MultiTenancyConsts
{
    public const bool IsEnabled = true;
}
```

把 IsEnabled 的值设置为 false 就可以禁用多租户。解决方案的某些地方会用到这个常量，如在 .Domain 项目的模块类中使用该常量设置 AbpMultiTenancyOptions.IsEnabled 选项的值，代码如下：

```
Configure<AbpMultiTenancyOptions>(options =>
{
    options.IsEnabled = MultiTenancyConsts.IsEnabled;
});
```

　　ABP 框架使用 AbpMultiTenancyOptions. IsEnabled 来启用或禁用与多租户相关的功能、页面和组件。在把 AbpMultiTenancyOptions. IsEnabled 设置为 false 的情况下运行应用程序,登录表单上的租户切换框和主菜单上的租户管理页面将不再显示。然而,这样做并没有删除与多租户相关的数据库表,接下来将探讨如何实现。

　　禁用多租户并不会从数据库中删除与多租户相关的数据库表。开发者可以让相关的数据库表保持原样,它们将是空的/不再使用。通过这种方式,可以在以后方便地为应用程序重新启用这项功能。

　　如果不希望数据库中存在与多租户相关的表,可以在 . EntityFramework 项目的 DbContext 类中删除以下代码:

```
builder.ConfigureTenantManagement();
```

　　然后,从 DbContext 类中移除 ITenantManagementDbContext 接口的实现。开发者需要从类中移除 Tenants 属性和 TenantConnectionStrings DbSet 属性。最后,删除 DbContext 类上的[ReplaceDbContext(typeof(ITenantManagementDbContext))]特性。经过上述修改后,数据库模型中与租户管理模块相关的表将被删除。

　　开发者可以添加一个新的数据库迁移,以从数据库中删除这些表。在 . EntityFramework 项目的根目录下运行如下命令:

```
dotnet ef migrations add Removed_TenantManagement
```

　　然后,运行如下命令把更改应用到数据库中:

```
dotnet ef database update
```

　　通过上述操作,数据库中就不会包含与多租户相关的表。开发者也可以从解决方案的项目中删除 Volo. Abp. TenantManagement. * 这些 NuGet 包及使用这些包的代码。这些操作是可选的。建议保留它们以方便之后为应用程序启用多租户,因为只要把 AbpMultiTenancyOptions. IsEnabled 选项设置为 false,这些包和代码就不起任何作用了。

16.3.2　解析当前租户

　　如图 16.1 所示,所有来自用户的请求都在执行应用程序之前经过了租户解析组件。这样,应用程序就获得了当前租户的信息。

　　截获传入的请求是由 ABP 框架的多租户中间件完成的。在启动模板解决方案的所有 . Host 项目中,ABP 框架的模块类的 OnApplicationInitialization 方法都包含如下代码块:

```
if (MultiTenancyConsts.IsEnabled)
{
```

```
    app.UseMultiTenancy();
}
```

这个中间件需要添加到认证中间件之后(因为租户解析需要使用用户的认证凭证),授权中间件之前(因为 ABP 框架对用户授权需要使用它的租户信息)。

多租户中间件从 HTTP 请求中解析当前租户的信息,并设置用于获取当前租户信息的 ICurrentTenant 接口中的属性。16.3.3 节将详细介绍 ICurrentTenant 接口,这里先介绍 ABP 框架如何从 HTTP 请求中确定当前租户。

当前租户信息从 HTTP 请求的参数中获取,检查这些参数的顺序如下:

(1) 如果用户(或客户端)已经通过身份验证,那么将从身份验证凭证(根据身份验证方法的不同,有可能在 Cookie 中或 HTTP 头部中)的声明中获取当前租户的 ID 和名称。

(2) 在配置了 AbpTenantResolveOptions 的情况下,租户的名称从域(子域)名获取。

(3) 在当前 HTTP 请求包含 __tenant 查询字符串参数的情况下,使用该参数获取租户名称或 ID。

(4) 在当前 HTTP 请求包含 __tenant 路由参数的情况下,使用该参数获取租户名称或 ID。

(5) 在 HTTP 请求头包含 __tenant 参数的情况下,使用该参数获取租户名称或 ID。

(6) 在 HTTP 请求中包含 __tenant 参数的 Cookie 值时,使用该参数获取租户名称或 ID。

如果 ABP 框架从上述任何一个步骤中解析出了租户信息,那么它将跳过后续的步骤。如果在 HTTP 请求中没有解析出租户信息,则假定当前用户为主机用户。在新创建的解决方案中,所有的选项都已经预先配置好,并能够正常工作,因此通常不需要为解决方案编写太多的配置代码。开发者只需要关注如何从域名解析租户信息,这是生产环境中建议使用的租户解析方法。

以下代码展示了如何在模块类的 ConfigureServices 方法中配置从域名解析租户信息的规则。

```
Configure<AbpTenantResolveOptions>(options =>
{
    options.AddDomainTenantResolver("{0}.yourdomain.com");
});
```

AddDomainTenantResolver 方法需要一个域名格式的字符串作为参数,其中{0}部分与租户名匹配。这就意味着,在租户名称(Tenant 类的 Name 属性)是 acme 的情况下,acme 租户下的用户进入系统使用的 URL 是 acme.yourdomain.com。

一旦 ABP 框架解析出了租户信息,就可以使用了。

16.3.3　使用当前租户的信息

如前所述,ABP 框架在执行用户的业务逻辑代码之前已经确定了租户。开发者可以使用 ICurrentTenant 服务获取当前租户的信息。以下代码演示了如何在任意类中使用 ICurrentTenant 服务。

```
public class MyService : ITransientDependency
{
    private readonly ICurrentTenant _currentTenant;

    public MyService(ICurrentTenant currentTenant)
    {
        _currentTenant = currentTenant;
    }

    public async Task DoItAsync()
    {
        Guid? tenantId = _currentTenant.Id;
        string tenantName = _currentTenant.Name;
    }
}
```

在上述示例代码中，注入了 ICurrentTenant 服务，并访问了当前租户的 Id 属性和 Name 属性。如果当前用户是主机用户，则 Id 属性和 Name 属性返回 null，这意味着租户不可用。一些 ABP 框架的基类已经预注入了 ICurrentTenant 服务，因此开发者可以直接使用 CurrentTenant 属性，代码如下：

```
public class MyAppService : ApplicationService
{
    public async Task DoItAsync()
    {
        Guid? tenantId = CurrentTenant.Id;
    }
}
```

由于 ApplicationService 基类已经定义了 CurrentTenant（ICurrentTenant 类型），因此这里可以直接使用它，而不需要手动注入 ICurrentTenant 服务。

ICurrentTenant 没有其他重要的属性。如果需要获取当前租户的更多信息/数据，可以根据租户的 Id 属性从数据库中查询。

大部分情况下，应用程序代码中只用到当前租户，但是有时可能需要改变当前租户。

16.3.4　切换租户

ABP 框架也需要使用 ICurrentTenant 服务来自动隔离租户间的数据，以防止意外访问其他租户的数据。然而，在某些情况下，开发者可能需要在同一个 HTTP 请求中处理多个租户的数据，此时就需要临时切换租户。ICurrentTenant 服务不仅可以获取当前租户的信息，还可以用于把当前租户切换为所需的租户，代码如下：

```
public class MyAppService : ApplicationService
{
    public async Task DoItAsync(Guid tenantId)
    {
        // using 块前的代码
        using (CurrentTenant.Change(tenantId))
```

```
        {
            // using 块内部的代码
            // CurrentTenant.Id 等于 tenantId
        }
        // 在 using 块后的代码
    }
}
```

如果在 using 块前面获取 CurrentTenant.Id 属性,则租户 ID 是通过解析 HTTP 请求得到的,详情参见 16.3.2 节。CurrentTenant.Change 方法把当前租户更改为给定的租户,因此在 using 块中,CurrentTenant.Id 属性返回的是期望的租户 ID,即传入 Change 方法的租户 ID。例如,开发者如果在 using 块内部从共享数据库执行数据库查询操作,那么 ABP 框架将会使用指定的租户数据,而不是由多租户中间件解析出来的租户数据。一旦离开 using 块,CurrentTenant.Id 属性的值自动恢复为原来的值。在应对少量切换租户的需求时,开发者可以安全地以嵌套的方式调用 CurrentTenant.Change 方法。如果想切换到主机上下文,可以把 null 传递给 Change 方法。一定要在 using 块中调用 Change 方法,从而避免影响方法周围的上下文。

除了切换到所需的租户外,还可以完全禁用租户数据隔离功能。

16.3.5 禁用数据隔离

在多租户应用程序中,数据隔离非常重要。它保证只查询当前租户的数据。然而,在某些情况下,应用程序可能需要查询整个数据库,包括所有租户的数据。

8.3 节介绍了 ABP 框架的数据过滤系统。ABP 框架使用相同的数据过滤系统来过滤当前租户的数据。因此,可以使用相同的数据过滤 API 暂时禁用多租户过滤器,代码如下:

```
public class ProductAppService : ApplicationService
{
    private readonly IRepository< Product, Guid > _productRepository;

    public ProductAppService(IRepository< Product, Guid > productRepository)
    {
        _productRepository = productRepository;
    }

    public async Task< long > GetTotalProductCountAsync()
    {
        using (DataFilter.Disable< IMultiTenant >())
        {
            return await _productRepository.GetCountAsync();
        }
    }
}
```

上述示例代码从数据库中查询所有租户的产品总数。在 using 块中禁用了多租户数据过滤器,因此仓储在数据库的所有记录上执行查询操作。

虽然禁用多租户过滤器非常方便,但有一个重要的限制,即只适用于单数据库模式。如果租户有专用的数据库,则无法查询该租户的数据。目前还没有一种直接的方法可以在多个数据库上执行查询操作,并把查询结果聚合为单个结果集。

除了技术上的限制外,查询所有租户的数据还存在一个设计问题。理想情况下,多租户软件应该设计为所有的租户都有它们自有的部署,使用独立的数据库和应用服务。16.5 节将再次讨论这个问题。

至此,已经介绍完访问和更改当前租户的方法。接下来将介绍如何设计多租户兼容的实体。

16.3.6 为领域实体启用多租户支持

ABP 框架的设计目标是使应用程序在代码层面感觉不到多租户的存在,并尽可能自动完成与多租户相关的任务。让实体类支持多租户非常简单,只需要让实体类实现 IMultiTenant 接口,代码如下:

```
public class Product : AggregateRoot<Guid>, IMultiTenant
{
    public Guid? TenantId { get; set; }
    public string Name { get; set; }
}
```

在上述示例代码中,Product 聚合根实体实现了 IMultiTenant 接口,并定义了 TenantId 属性。在 ABP 框架中,租户的标识符类型始终是 Guid。TenantId 属性为可空类型,这样租户端和主机端都可以使用 Product 实体。如果 TenantId 属性为 null,则该实体属于主机端。通过把 TenantId 属性全部设置为 null,还可以方便地把应用程序转换为单租户的自有(on-premises)应用程序。

当创建一个新的实体对象(上述示例中的 Product 对象)时,ABP 框架会使用 ICurrentTenant.Id 属性自动设置 TenantId 的值。ABP 框架还负责把其保存到正确的数据库中,并从正确的数据库中查询它们,或者在使用单数据库的情况下过滤租户数据。

16.4 功能系统

大多数 SaaS 解决方案为客户提供不同的软件包。每个包都有一组不同的应用程序功能,订阅价格也各不相同。ABP 框架提供了一个功能系统来定义这些应用程序功能,然后为个别租户禁用或启用这些功能。

16.4.1 定义功能

在使用一个功能之前,需要首先定义它。创建一个派生自 FeatureDefinitionProvider 的新类(通常位于启动模板解决方案的 .Application.Contracts 项目中),重写 Define 方法,代码如下:

```
public class MyAppFeatureDefinitionProvider : FeatureDefinitionProvider
{
    public override void Define(IFeatureDefinitionContext context)
    {
```

```
        var myGroup = context.AddGroup("MyApp");
        myGroup.AddFeature(
            "MyApp.StockManagement",
            defaultValue: "false",
            displayName: L("StockManagement"),
            isVisibleToClients: true);
        myGroup.AddFeature(
            "MyApp.MaxProductCount",
            defaultValue: "100",
            displayName: L("MaxProductCount"));
    }

    private ILocalizableString L(string name)
    {
        return LocalizableString.Create<MtDemoResource>(name);
    }
}
```

为了创建更加模块化的系统，以分组的方式创建功能，其中每个模块定义自己的组。在上述示例程序中，为最终的应用程序创建了一个功能组。然后在该组下定义了以下两个功能。

（1）用于启用或禁用租户的库存管理功能。

（2）用于限制产品实体的数量。

功能的值实际上就是字符串，如上述示例代码中的 false 和 100。然而，布尔类型的值（true 和 false）可以按照约定用于条件查询。

ABP 框架自动查找从 FeatureDefinitionProvider 类派生的类，并把它们注册到 DI 系统中，因此开发者不需要在任何地方注册它们。定义功能后，就可以检查当前租户是否拥有该项功能。16.4.3 节将介绍如何把功能分配给租户。

16.4.2 核查功能

检查当前租户是否拥有某项功能的方法有很多种。最简单的方法是使用[RequiresFeature]特性，可以用在方法或类上。

1. 使用[RequiresFeature]特性

下面的示例代码使用[RequiresFeature]特性限制只有拥有该功能的租户才能使用这个类。

```
[RequiresFeature("MyApp.StockManagement")]
public class StockAppService : ApplicationService, IStockAppService
{
}
```

这样，在调用 StockAppService 服务的每个方法时，都会自动检查当前租户是否拥有 MyApp.StockManagement 功能，并在未授权访问时抛出异常。

[RequiresFeature]特性也可以用在方法上面，示例代码如下：

```
public class ProductAppService : ApplicationService
{
    ...
    [RequiresFeature("MyApp.StockManagement")]
    public async Task < long > GetStockCountAsync()
    {
        return await _productRepository.GetCountAsync();
    }
}
```

在这种情况下,只有 GetStockCountAsync 方法被限制,而 ProductAppService 服务中没有[RequiresFeature]特性的其他方法不受影响。

[RequiresFeature]特性的使用非常方便,但是只能在功能值为布尔类型(值为 true 和 false)时使用。对于更复杂的场景,需要使用 IFeatureChecker 服务。

2. 使用 IFeatureChecker 服务

IFeatureChecker 服务允许开发者通过编程的方式获取和检查租户是否拥有某项功能。可以像注入其他服务一样注入该服务。下面的示例代码检查当前租户是否启用了 MyApp.StockManagement 功能。

```
public async Task < long > GetStockCountAsync()
{
    if (await FeatureChecker.IsEnabledAsync("MyApp.StockManagement"))
    {
        return await _productRepository.GetCountAsync();
    }
    // TODO: 其他处理逻辑或抛出异常(错误信息)
}
```

IsEnabled 方法只在功能值为 true(字符串类型)时返回 true。如果在租户没有启用该功能时有相应的处理逻辑,那么比较适合调用 IsEnabledAsync 方法。如果只想检查一个功能是否启用,并在没启用时抛出异常,那么比较适合调用 CheckEnabledAsync 方法,代码如下:

```
public async Task < long > GetStockCountAsync()
{
    await FeatureChecker.CheckEnabledAsync("MyApp.StockManagement");
    return await _productRepository.GetCountAsync();
}
```

如果当前租户没有启动给定的功能,CheckEnabledAsync 方法将抛出 AbpAuthorization-Exception 异常。然而,如果需要在方法执行前检查是否启用了某项功能,那么使用[RequiresFeature]特性将会更简单。

在功能值为非布尔类型时,适合使用 IFeatureChecker 服务。例如,在 16.4.1 节定义了 MyApp.MaxProductCount 功能,它的值是数值类型,所以不能简单地检查它是启用还是禁用,程序需要知道对于当前租户来说它的值是什么。

下面的示例代码演示了在创建新产品之前检查当前租户允许创建的最大产品数量。

```
public async Task CreateAsync(string name)
{
    var currentProductCount = await _productRepository.GetCountAsync();
    var maxProductCount = await FeatureChecker.GetAsync<int>("MyApp.MaxProductCount");
    if (currentProductCount >= maxProductCount)
    {
        // TODO: 抛出业务异常
    }
    // TODO: 继续创建产品
}
```

FeatureChecker.GetAsync<T>方法返回给定功能的值,并把它转换为泛型参数指定的类型。这里,MyApp.MaxProductCount 的值是数字类型,因此把它转换为 int 类型,然后把它与当前租户的产品数量进行比较。IFeatureChecker 服务还定义了 GetOrNullAsync 方法,该方法返回功能值的原始字符串,或在功能值没有定义的情况下返回 null。

> **检查其他租户的功能**
>
> 　　IFeatureChecker 服务只适用于检查当前租户的功能值。开发者如果有其他租户的 ID,并想检查其他租户的功能值,那么需要切换到目标租户(参见 16.3.4 节),然后使用 IFeatureChecker 服务。

[RequiresFeature]特性和 IFeatureChecker 服务只能在服务器端使用,但是还需要在客户端应用程序中获取和核查功能值。

3. 在客户端中核查功能

当定义一个功能时,开发者需要在客户端知道它的值。例如,如果当前租户没有启用 MyApp.StockManagement 功能,那么开发者通常需要在应用程序页面隐藏相关的 UI 元素,并禁止从客户端向服务器发送与该功能对应的 HTTP API 请求。

ABP 框架提供了多个 UI 选项,并为每个选项提供了不同的 API 以在客户端核查功能。例如,ABP 框架为 MVC/Razor Pages UI 提供了全局的 abp.features(JavaScript API)来核查功能,示例代码如下:

```
if (abp.features.isEnabled('MyApp.StockManagement'))
{
    // TODO: ...
}
```

关于 abp.features 的更多细节可以参阅 12.8.3 节。

此外,ABP 框架的 Blazor UI 同样可以使用 IFeatureChecker 服务核查租户的功能。其他 UI 类型可以参阅 ABP 框架的官方文档 https://docs.abp.io/en/abp/latest/Features。

至此,已经介绍完如何获取和检查当前租户的功能值。16.4.3 节将介绍如何为租户设置功能值。

16.4.3　管理租户的功能

在框架层面上,ABP 框架不关心功能值存储在哪里及如何修改它们。ABP 框架只定义了一个 IFeatureStore 接口,实现该接口就可以获取功能的当前值。然而,让每个开发者都实现这个接口并不是好的做法,因为大部分情况下,实现是相似的,没有必要浪费时间重复实现它。

ABP 框架提供了功能管理模块,该模块实现了 IFeatureStore 接口,并为租户提供了修改功能值的 UI 和 API。由 ABP 框架的启动模板解决方案创建的新解决方案中,已经预先安装了功能管理模块。接下来将介绍功能管理的 UI 模态框和功能管理的 API。

1. 功能管理的 UI 模态框

功能管理模块可以自动创建模态框来设置功能的值。开发者需要先定义每个功能,并指定功能值的类型。在 MyFeatureDefinitionProvider 类中按照以下代码更新功能的定义:

```
myGroup.AddFeature(
    "MyApp.StockManagement",
    defaultValue: "false",
    displayName: L("StockManagement"),
    isVisibleToClients: true,
    valueType: new ToggleStringValueType());
myGroup.AddFeature(
    "MyApp.MaxProductCount",
    defaultValue: "100",
    displayName: L("MaxProductCount"),
    valueType: new FreeTextStringValueType(new NumericValueValidator()));
```

在上述代码中,向 AddFeature 方法中添加了 valueType 参数。第一个是 ToggleString-ValueType,这表明该功能有一个开关样式的值(布尔值)。第二个是 FreeTextStringValueType,这表明该功能有一个需要通过文本框修改的值。NumericValueValidator 指定了值的验证规则。

一旦正确定义了这些值的类型,功能管理模块就可以自动呈现必要的 UI 来设置特性的值。为了打开功能管理模态框,需要以授权的主机用户登录到应用程序,并通过主菜单导航到租户管理页面,选择 Action→Features 选项,如图 16.2 所示。

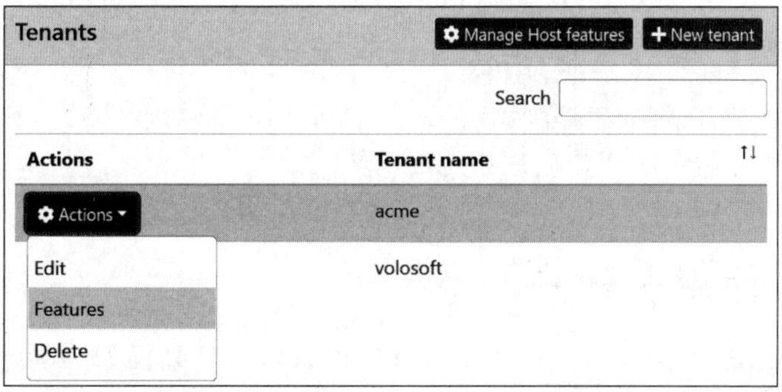

图 16.2　租户管理页面中的 Features 操作

打开一个模态框,如图 16.3 所示。

在模态框的左侧显示的是组名,开发者也可以本地化组的显示名称。当单击 MyApp组时,右侧就会展示出设置功能值所需的表单元素。该 UI 是由功能管理模块动态创建的。MyApp.StockManagement 功能对应 UI 上的一个复选框,MyApp.MaxProductCount

图 16.3　模态框

功能对应 UI 上的一个数字文本框。通过这种方式,可以方便地为每个租户设置功能值。除了使用 UI 设置功能值外,还可以以编程的方式调用功能管理的 API 来设置功能值。

2. 功能管理的 API

功能管理模块提供了 IFeatureManager 服务来以编程的方式为租户设置功能值。下面的示例代码演示为给定的租户启用 MyApp. StockManagement 功能。

```
public class MyCustomerService : DomainService
{
    private readonly IFeatureManager _featureManager;

    public MyCustomerService(IfeatureManager featureManager)
    {
        _featureManager = featureManager;
    }

    public async Task EnableStockManagementAsync(Guid tenantId)
    {
        await _featureManager.SetForTenantAsync(
            tenantId,
            "MyApp.StockManagement",
            "true"
        );
    }
}
```

在上述示例代码中,通过构造函数注入了 IFeatureManager 服务。然后,调用 SetForTenantAsync 方法为给定的租户启用指定的功能。

16.5　何时使用多租户

多租户是创建 SaaS 解决方案的一个很好的模式,而 ABP 框架为创建多租户应用程序提供了一个完整的基础设施。然而,并不是所有的应用程序都应该是 SaaS,也不是所有的 SaaS 应用程序都应该是多租户的。ABP 框架的多租户系统有一些假设,并在构建该框架时做了一些设计决策。本节将讨论这些假设和决策,来帮助开发者确定 ABP 框架的多租户系统是否适合自己的解决方案。

在基于 ABP 框架开发多租户应用程序时,应该假设每个租户都有一个隔离的生产环境,那么将会有以下 3 个限制。

（1）不应该在一次数据库查询中处理多个租户的数据。如果这样做，就需要假定租户数据库是共享的，因为从不同（并且可能是隔离的）环境中的多个数据库执行查询操作在技术上并不简单。

（2）一个租户的用户不能登录到另一个租户的系统中。这意味着不能为单个用户分配多个租户，因为用户数据是完全隔离的。ABP 框架允许在不同租户中使用相同的电子邮件地址或用户名，但它们实际上是不同的用户，在数据库中有不同的密码和标识符，彼此之间没有任何关系。

（3）不能在不同租户间共享角色及它们的权限。

如果两个租户拥有不同的生产环境，并且不能互相访问，那么这些限制是很自然的。ABP 框架假设以多租户系统为设计目标的应用程序可以为客户私有部署，而不需要更改任何代码（除了 AbpMultiTenancyOptions.IsEnabled 选项）。

这些假设并不意味着租户间完全不能共享数据。如果一个实体没有实现 IMultiTenant 接口，那么它将被不同租户共享使用，并始终存储在中央（主机）数据库中。此外，还可以切换租户来临时访问其他租户的数据。但是，开发者需要考虑该逻辑如何在私有环境中工作，或者取消该解决方案对私有环境部署的支持。

是否使用多租户这样的困惑大部分情况下是由于只从技术角度考虑多租户，而没有考虑多租户的设计目的导致的。例如，假设需要开发一个电子商城应用程序，其中供应商可以管理和销售他们的产品；个人客户能够查看产品列表、搜索产品、把产品添加到购物车及支付。如果假设供应商有自己的产品，并且供应商后台用户可以管理这些产品，那么这个应用程序可能看起来像一个多租户系统。如果使用 ABP 框架的多租户系统，那么所有的数据隔离都能自动完成。虽然从技术角度看，它存在一些类似于多租户系统的需求，但作为统一的平台，电子商城应用可能还有一部分需要综合所有供应商数据的功能。在多租户系统中，客户（租户）就像拥有整个系统一样。在电子商城应用中，供应商不是租户，它不能像在私有系统中那样孤立地使用该应用程序。因此，如果按照多租户的方式开发该系统，那么以后就必须处理数据共享和集成的问题，然而这样的系统中，数据共享/集成的部分远多于数据隔离的部分。

16.6 小结

本章介绍了 ABP 框架提供的基础设施，探讨了 ABP 框架如何确定当前租户并实现租户间的数据隔离，以及如何在需要时切换到另一个租户或完全禁用数据隔离。

ABP 框架提供的另一个重要功能是功能系统。本章介绍了通过创建功能提供类来定义功能的方法，并探讨了检查当前租户功能值的不同方法。

这样就可以开发多租户应用程序，并且不同租户可以拥有应用程序中的不同功能。

第 17 章将介绍不同级别的自动化测试方法，并探讨如何为基于 ABP 框架的解决方案创建单元测试和集成测试。

第 17 章
自动化测试

构建自动化测试是创建可维护软件解决方案的常见做法,也是一种验证软件功能的快速且可重复的方法。ABP 框架和 ABP 框架的启动模板解决方案在设计时就考虑到了可测试性。第 3 章已经介绍了一个使用 ABP 框架编写简单集成测试的示例。

本章将介绍 ABP 框架提供的测试基础架构,并探讨为基于 ABP 框架的解决方案构建单元测试和集成测试的方法。本章还将介绍为测试准备种子数据、模拟数据库、测试不同的对象等内容,以及自动化测试的基础知识,如断言、模拟和替换服务、处理异常。

17.1 准备工作

如果想要在本地开发环境中运行本章的示例程序,需要安装一个支持 ASP. NET Core 应用程序开发的 IDE/编辑器。本章引用了一些 EventHub 项目的代码作为示例代码,具体参见第 4 章。

17.2 ABP 框架的测试基础设施

ABP 框架的启动模板解决方案包含已经配置好的测试项目,可以用于为解决方案构建单元测试和集成测试。虽然可以在不了解这些项目完整结构的情况下编写测试代码,但最好还是要深入理解这些项目,以便能够了解它们的工作原理,并在需要的时候能对它们进行定制。

17.2.1 测试项目概览

图 17.1 展示了在新建 ABP 框架的解决方案时创建的测试项目。

图 17.1 展示了 ProductManagement 解决方案中的测试项目,该解决方案使用 MVC/Razor Pages 作为 UI 框架和 Entity Framework Core(EF Core)作为数据库提供程序。如果使用不同的 UI 和数据库提供程序,测试项目列表则略有不同,但基本逻辑是相同的。各个项目具体如下。

(1) ProductManagement. Application. Tests:测试应用层的代码可以放在该项目中。

(2) ProductManagement. Domain. Tests:测试领域层的代码可以放在该项目中。

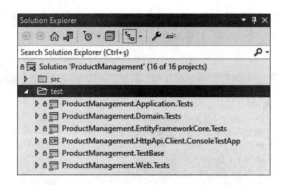

图 17.1　ABP 框架的启动模板解决方案中的测试项目

（3）ProductManagement. EntityFrameworkCore. Tests：开发者可以在这个项目中为 EF Core 集成代码构建测试，如自定义仓储。该项目还为测试配置了一个 SQLite 内存数据库。

（4）ProductManagement. HttpApi.Client.ConsoleTestApp：它是一个简单的控制台应用程序，用于手动测试应用程序的 HTTP API 端点。该项目不是自动化测试的一部分，本章不涵盖该项目。

（5）ProductManagement.TestBase：它是一个被其他测试项目共享使用的项目。该项目引用了一些基本的第三方测试库，并包含预置数据和其他一些基本配置代码。它一般不包含任何测试类。

（6）ProductManagement. Web. Tests：测试 MVC/Razor Pages UI 的代码可以放在该项目中。

该解决方案需要依赖一些第三方库，接下来将进行介绍。

17.2.2　测试项目依赖的库

ProductManagement. TestBase 项目引用了以下 4 个 NuGet 包。

（1）xunit：它是. NET 平台最流行的测试框架之一。

（2）Shouldly：一个用于以简单易读的格式编写断言代码的库。

（3）NSubstitute：一个用于在单元测试中模拟对象的库。

（4）Volo. Abp. TestBase：ABP 框架提供的包，用于辅助为集成 ABP 框架的项目创建测试类。

17.3 节和 17.4 节将介绍使用这些第三方库的基础知识。

17.2.3　运行测试

本节将介绍两种运行测试的方法。第一种方法是使用支持运行测试代码的 IDE，以 Visual Studio 为例。单击 Test→Test Explorer 选项，打开 Test Explorer 窗口，如图 17.2 所示。

Test Explorer 能够自动发现解决方案中的所有测试，并允许开发者运行部分或全部测试。图 17.2 展示了运行所有测试且所有测试都成功时的结果。这张截图来自第 3 章构建的 ProductManagement 应用程序，它的源代码可以从 https://github. com/PacktPublishing/Mastering-ABP-Framework 下载。

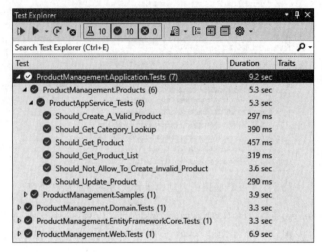

图 17.2　Test Explorer 窗口

Visual Studio 默认逐个运行这些测试,因此需要很长时间。可以单击 Test Explorer 中齿轮图标旁边的箭头,并单击 Run Tests In Parallel 选项来并行运行测试,从而显著减少运行所有测试所需的时间,如图 17.3 所示。

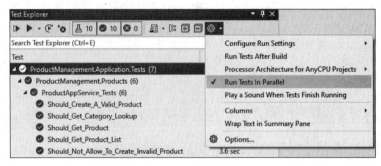

图 17.3　并行运行测试

ABP 框架和启动模板解决方案是支持并行运行测试的,这些测试之间不会互相影响。

第二种方法是在解决方案的根目录下执行 dotnet test 命令。它能够自动发现并运行所有测试,并在命令行中展示测试结果。如果所有测试都成功,则该命令退出,并返回 0 (success);如果存在任何测试失败的情况,则该命令退出,并返回 1。在构建持续集成 (Continuous Integration,CI)流水线的情况下,该命令尤其有用。

至此已经介绍完 ABP 框架的解决方案的测试结构,以及运行自动化测试的方法。接下来介绍如何构建测试。

17.3　单元测试

本节将介绍不同类型的单元测试。首先介绍如何测试一个静态类,然后介绍如何为没有依赖关系的类编写测试代码。接着将讨论如何为一个需要依赖其他服务的类模拟该依赖关系,以及如何为该类编写单元测试代码。

17.3.1　测试静态(无状态)类

没有状态和外部依赖的静态类是最容易测试的类。EventUrlHelper 是一个静态类(位于 EventHub 解决方案中的 EventHub.Domain 项目中),用于把活动的标题转换为符合 URL 规则的字符串。EventUrlHelper 类对应的测试类(位于 EventHub 解决方案中的 EventHub.Domain.Tests 项目中)的源代码如下:

```
public class EventUrlHelper_Tests
{
    [Fact]
    public void Should_Convert_Title_To_Proper_Urls()
    {
        var url = EventUrlHelper.ConvertTitleToUrlPart("Introducing ABP Framework!");
        Assert.Equal("introducing - abp - framework", url);
    }
}
```

测试类应该是 public 的,否则 Test Explorer 无法发现它。[Fact]特性是由 xUnit 库定义的。任何包含[Fact]特性的公共方法都被认为是测试用例,并能自动被 Test Explorer 发现。开发者可以为方法指定任何想要的名称,但是建议使用该示例中使用的命名规则。开发者甚至可以为该方法指定一个更具体的名字,如 Should_Convert_Url_To_Kebab_Case,并且只测试与 kebab_case(短横线命名法)相关的功能。

上述示例中的测试代码非常简单,调用了 EventUrlHelper.ConvertTitleToUrlPart 方法,并把一个示例标题字符串作为参数传递给该函数,然后把结果与期望值进行比较。Assert 类是由 xUnit 库定义的,包含许多断言方法。只有当给定的两个参数字符串相等时,该测试才会成功。否则,在 Test Explorer 中将在该测试用例上显示一个红色的图标,并输出一条错误信息,指出测试出了什么问题。

开发者可以在 Test Explorer 中右击一个特定的测试来运行它,并查看运行的结果,如图 17.4 所示。

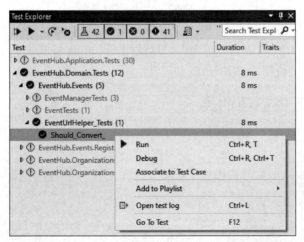

图 17.4　在 Visual Studio 的 Test Explorer 中运行特定的测试

另一个 xUnit 定义的常见特性是[Theory]，它为测试方法提供一些参数，并为每个参数集执行测试。假设需要测试不同的活动 URL，则需要重写上述测试方法，代码如下：

```
public class EventUrlHelper_Tests
{
    [Theory]
    [InlineData("Introducing ABP Framework!","introducing-abp-framework")]
    [InlineData("Blazor: UI Messages","blazor-ui-messages")]
    [InlineData("What's new in .NET 6","whats-new-in-net-6")]
    public void Should_Convert_Title_To_Proper_Urls(string title, string url)
    {
        var result = EventUrlHelper.ConvertTitleToUrlPart(title);
        result.ShouldBe(url);
    }
}
```

xUnit 分别为每个[InlineData]特性指定的参数集运行该测试方法，并把 title 参数和 url 参数设置为给定的值。此时再次查看 Test Explorer，将展示上述代码定义的测试用例，如图 17.5 所示。

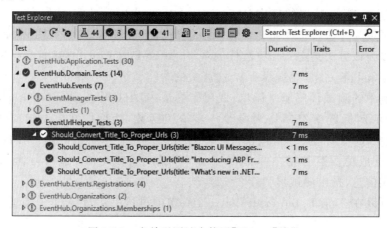

图 17.5　在单元测试中使用[Theory]特性

在上述示例代码中，还使用了 Shouldly 库定义断言。result.ShouldBe(url)表达式比 Assert.Equal(url,result)表达式更简单。可以使用 Shouldly 库定义的扩展方法编写测试代码，后续的示例代码中将使用这种写法。

17.3.2　测试无依赖项的类

有些类（如实体）可能不依赖其他服务。测试这些类相对简单，因为不需要为这些类的正常工作准备依赖项。

测试 Event 类构造函数的代码如下所示：

```
public class Event_Tests
{
    [Fact]
    public void Should_Create_A_Valid_Event()
    {
```

```
            new Event(
                Guid.NewGuid(),
                Guid.NewGuid(),
                "1a8j3v0d",
                "Introduction to the ABP Framework",
                DateTime.Now,
                DateTime.Now.AddHours(2),
                "In this event, we will introduce the ABP Framework..."
            );
        }
    }
```

在上述示例代码中，创建对象时指定了一个合适的参数列表，这样就不会抛出异常，测试成功。下面的示例代码测试了一种异常情况。

```
[Fact]
public void
    Should_Not_Allow_End_Time_Earlier_Than_Start_Time()
{
    var exception = Assert.Throws<BusinessException>(() =>
    {
    new Event(
        Guid.NewGuid(),
        Guid.NewGuid(),
        "1a8j3v0d",
        "Introduction to the ABP Framework",
        DateTime.Now,                    // 开始时间
        DateTime.Now.AddDays(-2),    // 结束时间
        "In this event, we will introduce the ABP Framework..."
        );
    });
    exception.Code.ShouldBe(EventHubErrorCodes.EventEndTimeCantBeEarlierThanStartTime);
}
```

在上述测试代码中，结束时间比开始时间提前了 2 天。通过调用 Assert.Throws<T>方法希望构造函数能够抛出 BusinessException 异常。如果 Throws 方法中的代码库抛出 BusinessException 类型的异常，则测试通过，否则测试失败。最后还使用了 ShouldBe 扩展方法检查了错误代码。

接下来编写测试 Event 类的另一种方法的代码。以下代码创建了一个有效的 Event 对象，然后修改它的开始时间和结束时间，最后检查这些时间是否被成功修改。

```
[Fact]
public void Should_Update_Event_Time()
{
    // Arrange
    var evnt = new Event(
        Guid.NewGuid(),
        Guid.NewGuid(),
        "1a8j3v0d",
        "Introduction to the ABP Framework",
```

```
        DateTime.Now,
        DateTime.Now.AddHours(2),
        "In this event, we will introduce the ABP Framework..."
    );
    var newStartTime = DateTime.Now.AddHours(1);
    var newEndTime = DateTime.Now.AddHours(2);

    //Act
    evnt.SetTime(newStartTime, newEndTime);

    //Assert
    evnt.StartTime.ShouldBe(newStartTime);
    evnt.EndTime.ShouldBe(newEndTime);
    evnt.GetLocalEvents().ShouldContain(x => x.EventData is EventTimeChangingEventData);
}
```

上述示例完全遵循 AAA(Arrange-Act-Assert)测试模式,具体含义如下。

(1) Arrange 部分准备需要处理的对象。

(2) Act 部分执行需要测试的实际代码。

(3) Assert 部分检查执行结果是否符合预期。

建议使用注释行分隔测试方法的主体,来明确地展示出测试和断言的部分。在上述示例代码中,调用 Event 类的 SetTime 方法修改活动的时间。SetTime 方法还发布了一个本地事件,因此在 Asset 部分还检查了它。

如前所述,如果要测试的类没有外部依赖项,则可以简单地创建一个该类的实例,并使用它执行需要测试的方法。

17.3.3　测试包含依赖项的类

大部分服务都依赖其他服务。开发者可以使用 DI 系统通过构造函数注入的方式获得服务的实例。单元测试的目的是测试一个与其他类隔离的类,因此单元测试通常只有一个失败的原因。在测试目标类时,应该以某种方式排除依赖关系。通过这种方式,测试结果只会受到目标类的影响,而不会受到其他类的影响。

模拟(mocking)是单元测试中用到的一种技术,它用伪实现替换目标类所需的依赖项,这样测试类就不会受到目标类依赖项的影响。

接下来展示一个测试 EventRegistrationManager 类中 IsPastEvent 方法的示例。IsPastEvent 方法参数为 Event 类型。EventRegistrationManager 是一个领域服务,它的构造函数需要 3 个外部服务作为参数,代码如下:

```
public class EventRegistrationManager : IDomainService
{
    ...
    public EventRegistrationManager(
        IEventRegistrationRepository eventRegistrationRepository,
        IGuidGenerator guidGenerator,
        IClock clock)
    {
        _eventRegistrationRepository = eventRegistrationRepository;
```

```
        _guidGenerator = guidGenerator;
        _clock = clock;
    }

    public bool IsPastEvent(Event @event)
    {
        return _clock.Now > @event.EndTime;
    }
}
```

开发者应该把这 3 个外部服务的实例传递给该服务的构造函数,才能创建 EventRegistrationManager 对象。以下代码展示了如何为该类的 IsPastEvent 方法编写测试代码。

```
public class EventRegistrationManager_UnitTests
{
    [Fact]
    public void IsPastEvent()
    {
        var clock = Substitute.For<IClock>();
        clock.Now.Returns(DateTime.Now);

        var registrationManager = new EventRegistrationManager(null, null, clock);

        var evnt = new Event(
            Guid.NewGuid(),
            Guid.NewGuid(),
            "1a8j3v0d",
            "Introduction to the ABP Framework",
            DateTime.Now.AddDays(-10), // 开始时间
            DateTime.Now.AddDays(-9), // 结束时间
            "In this event, we will introduce the ABP Framework..."
        );

        registrationManager.IsPastEvent(evnt).ShouldBeTrue();
    }
}
```

测试代码首先调用 NSubstitute 库中的 Substitute.For<T>方法来创建一个伪造的 IClock 对象。clock.Now.Returns(DateTime.Now)语句对上述伪造对象进行了配置,使无论何时访问 clock.Now 属性都返回 DateTime.Now。这样做是因为 IsPastEvent 方法需要访问 clock.Now 属性。为了正确测试该方法,开发者需要了解被测试的方法的内部实现细节。

因为 IsPastEvent 方法不会使用 IEventRegistrationRepository 服务和 IGuidGenerator 服务,所以把 null 传递给 EventRegistrationManager 类的构造函数中的这两个参数。

最后,把创建的 Event 类的实例传递给 EventRegistrationManager 类的 IsPastEvent 方法,并检查方法执行的结果。

接下来展示一个更加复杂的示例。测试 EventRegistrationManager 类的 RegisterAsync 方法,代码如下所示:

```
[Fact]
public async Task
    Valid_Registrations_Should_Be_Inserted_To_Db()
{
    var evnt = new Event(/* 一些有效的 argument */);
    var user = new IdentityUser(/* 一些有效的 argument */);

    var repository = Substitute.For<IEventRegistrationRepository>();
    repository.ExistsAsync(evnt.Id, user.Id).Returns(Task.FromResult(false));
    var clock = Substitute.For<IClock>();
    clock.Now.Returns(DateTime.Now);
    var guidGenerator = SimpleGuidGenerator.Instance;

    var registrationManager = new EventRegistrationManager(
        repository, guidGenerator, clock
    );

    await registrationManager.RegisterAsync(evnt, user);

    await repository
        .Received()
        .InsertAsync(
            Arg.Is<EventRegistration>(
                er => er.EventId == evnt.Id && er.UserId == user.Id)
        );
}
```

首先,创建了 Event 对象和 IdentityUser 对象,因为 RegisterAsync 方法需要这两个对象作为参数。然后,模拟了 EventRegistrationManager 类所需的依赖项。因为 RegisterAsync 方法需要用到所有的依赖项,所以必须模拟所有这些对象。上述示例代码配置了一个伪仓储,并在调用它的 ExistsAsync 方法时返回 false。RegisterAsync 方法调用 ExistsAsync 方法来检查用户是否重复报名参加相同的活动。

在执行 RegisterAsync 方法后,需要以某种方式检查报名是否成功。调用 NSubstitute 库中的 Received 方法来检查仓储的 InsertAsync 方法是否被 EventRegistration 对象调用并传递了指定的活动和 UID 作为参数。

与集成测试相比,单元测试有以下两个主要优势。

(1) 由于只有被测试的类被真正地执行,其他类都是模拟的,且通常没有运行成本,因此单元测试的运行速度很快。

(2) 单元测试失败时,很容易查找到问题的原因。如果一个类不能正常工作,那么只有针对该类的测试才会失败,因此开发者能够很容易地找到问题的根源。

然而,当类有依赖项时,编写和维护单元测试是困难的。单元测试也无法验证被测试的类是否能在与其他服务集成时正常工作。解决这个问题就需要集成测试。

17.4　集成测试

本节将介绍如何为集成到 ABP 框架和其他基础设施组件中的服务构建自动化测试。本节将首先介绍 ABP 框架的集成测试的基础知识,然后探讨如何在集成测试中使用数据库及如何创建初始测试数据，最后介绍如何为仓储、领域服务和应用服务编写测试代码。

17.4.1　基于 ABP 框架的集成测试

ABP 框架提供了一个名为 Volo. Abp. TestBase 的 NuGet 包，其中包括一个用于集成测试的基类 AbpIntegratedTest < TStartupModule >。开发者可以继承这个类编写基于 ABP 框架的集成测试代码。一个继承该类的测试类的代码如下：

```
public class SampleTestClass : AbpIntegratedTest < MyTestModule >
{
    private IMyService _myService;

    public SampleTestClass()
    {
        _myService = GetRequiredService < IMyService >();
    }

    [Fact]
    public async Task TestMethod()
    {
        await _myService.DoItAsync();
    }
}
```

在这个示例中，SampleTestClass 类继承自 AbpIntegratedTest < MyTestModule >类，其中 MyTestModule 是启动模块类。MyTestModule 应该依赖 AbpTestBaseModule，代码如下：

```
[DependsOn(typeof(AbpTestBaseModule))]
public class MyTestModule : AbpModule
{
}
```

在 SampleTestClass 的构造函数中，通过调用 GetRequiredService 方法得到了一个示例服务，并把它赋值给一个类的成员变量。由于集成测试的环境与运行时的环境类似，所有的基础设施都是可用的，因此可以从 DI 系统中获取服务。开发者不需要关心服务间的依赖关系。最后，在上述测试方法中调用了示例服务的一个方法。

虽然编写集成测试非常简单，但是启动模板中的测试项目里还有很多其他代码。例如 EventHubTestBaseModule 类（位于 EventHub 解决方案中 EventHub. TestBase 项目中）就包含一些其他代码，如禁用后台作业和授权的代码、添加一些测试数据的代码和一些其他类型的配置代码。

17.4.2　模拟数据库

在构建集成测试时，数据库是需要考虑的最基本要素之一。假设解决方案中使用的数据库为 SQL Server。使用真实的 SQL Server 数据库存在一些基本问题：由于不同测试将使用同一个数据库，因此测试之间会互相影响；某个测试更新数据库后可能会破坏后续测试所需的数据；可能无法并行运行测试；由于被测试的应用程序将作为外部进程与 SQL Server 通信，因此测试执行的速度将会很慢；测试环境还需要安装 SQL Server，并保证它是可用的。

EF Core 提供了一个内存数据库,但功能非常有限。例如,它不支持事务,也不能执行 SQL 命令。因此,不建议使用它。

ABP 框架启动模板已经为 EF Core 配置好 SQLite 内存数据库(使用 Mongo2Go 库为 MongoDB 提供内存数据库)。SQLite 是一个真正的关系数据库管理系统,对于大多数应用程序来说已经足够了。

在 EventHubEntityFrameworkCoreTestModule 类(位于 EventHub 解决方案的 EventHub.EntityFrameworkCore.Tests 项目中)中查看 SQLite 数据库的设置。它在内存中为每个测试用例创建单独的 SQLite 数据库,在数据库中创建表,并添加测试所需的种子数据。通过这种方式,每个测试方法都可以以相同的初始状态运行,且不影响其他测试。接下来将介绍如何添加测试所需的种子数据。

17.4.3　预置测试数据

针对空数据库编写测试是不太实际的。假设想要查询数据库中的活动或想要测试报名参加活动的代码是否有效。首先需要向数据库中插入一些实体。为每个测试准备数据库是非常烦琐的。可以在数据库中创建一些每个测试都需要的初始实体。

ABP 框架的启动模板解决方案使用 ABP 框架的种子数据系统把一些初始化数据写入数据库中,详情参见 EventHubTestDataSeedContributor 类(位于 EventHub 解决方案的 EventHub.TestBase 项目中)。该类在数据库中创建了一些用户、组织和活动,开发者可以假设存在一些初始数据,直接编写测试代码。

至此,已经介绍完 ABP 框架为测试提供的基础设施、模拟数据库和预置数据。接下来将介绍如何为仓储编写集成测试代码。

17.4.4　测试仓储

EventRegistrationRepository_Tests 类(位于 EventHub 解决方案的 EventHub.Domain.Tests 项目中)的代码如下:

```
public class EventRegistrationRepository_Tests
    : EventHubDomainTestBase
{
    private readonly IEventRegistrationRepository _repository;
    private readonly EventHubTestData _testData;

    public EventRegistrationRepository_Tests()
    {
        _repository = GetRequiredService<IEventRegistrationRepository>();
        _testData = GetRequiredService<EventHubTestData>();
    }
    // 在此处定义测试方法
}
```

上述类继承了 EventHubDomainTestBase 类,间接继承了 AbpIntegratedTest<T>类,该类在 17.4.1 节中介绍过。因此,在构造函数中,可以从 DI 系统中获取 IEventRegistrationRepository 服务和 EventHubTestData 服务。读者可以自行查看 EventHubTestData 类(位于 EventHub 解决方案的 EventHub.TestBase 项目中)的源代码。该类基本上保存着所有预置到数据库中的实体的 Id 值，以便在测试中使用它们。

EventRegistrationRepository_Tests 类的第一个测试方法的代码如下：

```
[Fact]
public async Task Exists_Should_Return_False_If_Not_Registered()
{
    var exists = await _repository.ExistsAsync(
        _testData.AbpMicroservicesFutureEventId,
        _testData.UserJohnId);
    exists.ShouldBeFalse();
}
```

上述的测试代码中，执行了 ExistsAsync 方法，并核查返回结果是否为 false。由于用户 John 还没有报名参加给定的活动，因此该方法返回 false。开发者预先知道这个结果，因为正是开发者把这些初始数据插入到数据库的（参阅 17.4.3 节）。另一个测试的代码如下：

```
[Fact]
public async Task Exists_Should_Return_True_If_Registered()
{
    await _repository.InsertAsync(
        new EventRegistration(
            Guid.NewGuid(),
            _testData.AbpMicroservicesFutureEventId,
            _testData.UserJohnId));

    var exists = await _repository.ExistsAsync(
        _testData.AbpMicroservicesFutureEventId,
        _testData.UserJohnId);
    exists.ShouldBeTrue();
}
```

在上述代码中，在数据库中添加了报名参加活动的记录，因此这时调用 ExistsAsync 方法期望的返回值为 true。通过这种方式，开发者可以为特定的测试准备数据库来获得预期的测试效果。

ABP 框架的仓储提供了 GetQueryableAsync 方法，因此可以直接在数据库上可以使用 LINQ。以下代码演示了它的使用方法。EventHub 中不包含该测试代码，它是专门为演示 Queryable 用法的示例代码。

```
[Fact]
public async Task Test_Querying()
{
    var queryable = await _repository.GetQueryableAsync();
    var exists = await queryable.Where(
        x => x.EventId == _testData.AbpMicroservicesFutureEventId &&
            x.UserId == _testData.UserJohnId
        ).FirstOrDefaultAsync();
    exists.ShouldBeNull();
}
```

这个方法使用 LINQ 扩展方法中的 Where 和 FirstOrDefaultAsync 查询给定的用户是否报名参加指定的活动。如果运行这个测试，那么它会抛出一个 ObjectDisposedException

类型的异常,原因是 GetQueryableAsync 方法需要一个活动的 UoW(参阅6.6节)。测试基类中提供了 WithUnitOfWorkAsync 方法在 UoW 中执行代码,因此上述测试代码可以修改为如下代码:

```
[Fact]
public async Task Test_Querying_With_Uow()
{
    await WithUnitOfWorkAsync(async () =>
    {
        var queryable = await _repository.GetQueryableAsync();
        var exists = await queryable.Where(
            x => x.EventId == _testData.AbpMicroservicesFutureEventId &&
                x.UserId == _testData.UserJohnId
        ).FirstOrDefaultAsync();
        exists.ShouldBeNull();
    });
}
```

开发者可以查阅 WithUnitOfWorkAsync 方法的源代码。该方法只使用 IUnitOfWork-Manager 创建了一个 UoW 作用域。

至此,已经介绍了一些为仓储创建测试的方法,开发者可以以同样的方式测试任何服务(已经注册到 DI 系统中)。

17.4.5   测试领域服务

测试领域服务与测试仓储类似,因为开发者还应该关心领域服务的 UoW。下面的示例代码来自 EventManager_Tests 类(位于 EventHub 解决方案的 EventHub. Domain. Tests 项目中)中的测试用例。

```
[Fact]
public async Task Should_Update_The_Event_Capacity()
{
    const int newCapacity = 42;
    await WithUnitOfWorkAsync(async() =>
    {
        var @event = await _eventRepository.GetAsync(
            _testData.AbpMicroservicesFutureEventId);
        await _eventManager.SetCapacityAsync(
            @event,
            newCapacity
        );
    });

    var @event = await _eventRepository.GetAsync(
        _testData.AbpMicroservicesFutureEventId);
    @event.Capacity.ShouldBe(newCapacity);
}
```

该测试的目的是检查 EventManager 领域服务在增加活动容量时是否能够正常工作。它调用 WithUnitOfWorkAsync 方法创建一个 UoW 作用域,并在该作用域中调用 SetCapacityAsync 方法,因为该方法内部调用了 LINQ 扩展方法 CountAsync,需要一个活动的 UoW。如果不想在每个用例中都测试领域服务的内部实现,那么建议在测试中使用领域服务和仓储时,总是开启一个 UoW。在 UoW 代码块之后,从数据库中重新查询相同的活动,以核查该活动的容量是否已经更新。

读者可以浏览 EventHub.Domain.Tests 项目中的 EventManager_Tests 类和其他测试类来了解关于测试的更多详细信息及更多测试用例。

17.4.6 测试应用服务

本节将介绍另一个用于测试 EventRegistrationAppService 类(在 EventHub 解决方案的 EventHub.Application 项目中定义)的测试类。EventRegistrationAppService_Tests(位于 EventHub 解决方案的 EventHub.Application.Texts 项目中)是该应用服务类的测试类。读者可以在解决方案中查看这些测试类的源代码。本节将展示该类的部分内容来探讨它是如何工作的。

首先介绍测试"当前用户报名参加一个活动"功能的代码,具体如下所示:

```
[Fact]
public async Task Should_Register_To_An_Event()
{
    Login(_testData.UserAdminId);

    await _eventRegistrationAppService.RegisterAsync(
        _testData.AbpMicroservicesFutureEventId
    );

    var registration = await GetRegistrationOrNull(
        _testData.AbpMicroservicesFutureEventId,
        _currentUser.GetId()
    );
    registration.ShouldNotBeNull();
}
```

首先把当前用户设置为 admin 用户,因为 EventRegistrationAppService.RegisterAsync 方法用于为当前用户报名参加某个活动。下面的代码展示了 Login 方法的具体实现。

```
private void Login(Guid userId)
{
    _currentUser.Id.Returns(userId);
    _currentUser.IsAuthenticated.Returns(true);
}
```

上述代码配置了_currentUser 对象,使得在访问它的 Id 属性时返回给定的 userId 的值。_currentUser 是 ICurrentUser 类型的模拟对象。模拟对象是在 AfterAddApplication 方法中配置的,代码如下所示:

```
protected override void AfterAddApplication(IServiceCollection services)
{
    _currentUser = Substitute.For<ICurrentUser>();
    services.AddSingleton(_currentUser);
}
```

　　这个方法覆盖了 AbpIntegratedTest＜T＞基类的 AfterAddApplication 方法。可以重写这个方法，在初始化阶段完成之前对 DI 配置进行最后的修改。这里使用 NSubstitute 库创建了一个模拟对象，并把该对象添加为单例服务。通过这种方式，改变了它的值，且所有使用 ICurrentUser 的服务都会受到影响。注意，从 DI 获取服务时，返回的是最后注册的类/对象。

　　设置当前用户后，测试方法就可以正常调用 EventRegistrationAppService.RegisterAsync 方法。最后，检查数据库是否保存了报名参加该活动的信息。GetRegistrationOrNull 方法的源代码如下：

```
private async Task＜EventRegistration＞GetRegistrationOrNull(Guid eventId, Guid userId)
{
    return await WithUnitOfWorkAsync(async () =>
    {
        return await _eventRegistrationRepository
            .FirstOrDefaultAsync(
                x => x.EventId == eventId && x.UserId == userId
        );
    });
}
```

　　由于 FirstOrDefaultAsync 方法需要一个活动的 UoW，因此这里再次调用了 WithUnitOfWorkAsync 方法。

　　基于 ABP 框架编写集成测试很简单，且大部分情况下都很直接。开发者很少需要模拟服务和处理测试目标服务的依赖项。

　　集成测试的运行速度比单元测试慢，但是集成测试允许开发者把不同组件集成在一起进行测试，并可以测试数据库查询。建议在解决方案中根据实际情况平衡好单元测试与集成测试。

17.5　小结

　　编写测试代码是构建任何类型软件解决方案的常见做法。ABP 框架提供了基础设施来帮助开发者为自己的应用程序编写测试代码。

　　本章通过示例程序探讨了使用 ABP 框架构建单元测试和集成测试的方法。一些示例来自 EventHub 解决方案，该解决方案还包含一些更复杂的测试，建议读者浏览它们的源代码。至此，开发者应该能够编写自动化测试来测试服务端代码。本章还介绍了 ABP 框架的启动模板解决方案的结构，如何模拟数据库，以及如何处理异常、UoW、预置种子数据、对象模拟和其他一些测试中常见的问题。

　　这是本书的最后一章。如果已经阅读完本书，并跟着书中的示例程序进行了练习，那么将学到 ABP 框架的基本原理、特性和最佳实践。接下来可以基于 ABP 框架的构建解决方案来实现自己的软件。在开发过程中开发者可以参考本书，也可以在 https://docs.abp.io 上查看 ABP 框架的文档以了解 ABP 的更多细节和最新信息。